全国统计科学研究项目"中国大城市群人居环境指标构建与评价研究"
(2019LY37)、上海高校青年教师培训资助计划（ZZGCD15122）、上海市哲学社会
科学规划一般项目"上海'体医结合'发展思路与对策研究"（2019BGL019）

诗意地栖居

多空间尺度的
人居环境评价研究

李陈 等 / 著

上海书店出版社
SHANGHAI BOOKSTORE PUBLISHING HOUSE

目　录

第一章　全国空间尺度的人居环境评价研究

第二章　区域空间尺度的人居环境评价研究

第三章 城市空间尺度的人居环境评价研究

第四章　城市化与人居环境研究

第五章　城镇体系与区域经济差异

第一章

全国空间尺度的
人居环境评价研究

第一节　中国地级及以上城市宜居度时空特征及关联分析

良好的人居环境是人类不断追寻的目标，是人类社会进步的表征，也是可持续发展的标志之一。以往研究中，国内外学者分别对宜居城市的内涵（宁越敏，1999；任致远，2005）、特征（Douglass，2002；吴良镛，2009；张文忠，2006；董晓峰，2009）、标准（王录仓，2009）做出界定。由于地理学区域及时空尺度差异性的基本特征，宜居城市评价标准不一（李陈，2013；李雪铭，2012；甄峰，2009）。因此，通过对中国286座地级及以上城市的宜居度评价，反映城市宜居度空间格局，可为国家可持续发展和宜居城市建设提供参考。

一、数据与方法

（一）指标评价体系构建

在充分参考前人指标体系构建的基础上（张文忠，2006；董晓峰，2009；宁越敏，2002），由指标构建的可行性、可操作性和数据可获取性原则，从资源、环境、居住、社会、经济等角度构建宜居城市指标体系（表1.1.1）。指标涉及居住温馨度、资源承载度、环境优美度、生态安全度、设施完善度、经济富裕度、社会保障度。

指标体系的设计尽量采用均值和比例的形式，从而消除城市等级效应的影响，指标体系既考虑正向因素，如工业用水重复利用率，又考虑负向因素，如城市等级失业率。

表 1.1.1　宜居城市指标体系

一级指标	二级指标	三　级　指　标
宜居度	居住温馨度	人均居住面积（m^2）；居住用地占建成区面积比重（%）；住房投资占总固定资产投资比重（%）；人口密度（人／km^2）；
	资源承载度	人均城市用地面积（m^2）；工业用水重复利用率（%）；
	环境优美度	人均绿地面积（m^2）；建成区绿化覆盖率（%）；
	生态安全度	pm10 日均值超标率（%）；年空气质量好于或等于二级标准的天数比例（%）；城镇生活污水处理率（%）；生活垃圾无害化处理率（%）；
	设施完善度	人均城市道路面积（m^2）；每万人拥有公共汽车（标台）；人均居民年用水量（t）；人均居民年用电量（kwh）；通信指数；人均邮政电信业务量（元）；
	经济富裕度	职工平均工资（元）；人均社会消费品零售额（元）；人均 GDP（元）；第三产业产值占 GDP 比重（%）；
	社会保障度	城镇登记失业率（%）；万人拥有医生数（人）。

　　※注：pm10 和空气质量是城市生态环境测量的重要指标，由于 2005 年和 2010 年 286 个地级及以上城市数据难以获取，pm10 日均值超标率、年空气质量好于或等于二级标准的天数比例的数据分别选自 2007 年和 2009 年的《中国环境质量报告》，分别对应 2007 年和 2009 年的数据；通信指数系电话数、移动电话数和国际互联网数比人口数的平均值。

　　（二）数据来源与处理

　　数据来源于中国统计出版社出版的《中国城市统计年鉴 2006》和《中国城市统计年鉴 2011》；中国建筑工业出版社出版的《中国城市建设统计年报 2005》；中国计划出版社出版的《中国城市建设

统计年鉴 2010》；中国环境科学出版社出版的《2009 中国环境质量报告》和《2007 中国环境质量报告》。缺少香港、澳门、三沙市、台湾省的城市数据，拉萨大部分数据缺失不纳入评价体系中，研究对象部分指标缺失的数据采用取中位数、平均值、趋势外推等方法补充。

（三）研究方法

1. 熵值法

熵值法是一种能够反映出指标信息熵值的效用价值的方法，能够对宜居城市等多元指标体系综合评价。

（1）非负化平移，消除评价指标负值 $\gamma_{ij} = \dfrac{x_{ij} - \bar{x}_j}{s_j} + 3$

（2）计算第 j 项指标下第 i 个方案指标值所占的比重 $P_{ij} = \dfrac{\gamma_{ij}}{\sum\limits_{i=1}^{m} \gamma_{ij}}$

（3）计算第 j 项指标的熵值 $e_j = -k \sum\limits_{i=1}^{m} p_{ij} \ln P_{ij}$

公式（3）中，$k>0$；In 为自然对数；$e_j \geqslant 0$。如果 γ_{ij} 对于给定的 j 全部相等，那么：$P_{ij} = \dfrac{x_{ij}}{\sum\limits_{i=1}^{m} \gamma_{ij}} = \dfrac{1}{m}$，此时，$e_j$ 取极大值，即 $e_j = -k \sum\limits_{i=1}^{m} \dfrac{1}{m} \ln\left(\dfrac{1}{m}\right) = k \ln m$，若设 $k = \dfrac{1}{\ln m}$，有 $0 \leqslant e_j \leqslant 1$。

（4）计算第 j 项指标的差异性系数 $\delta_j = 1 - e_j$，当 δ_j 越大时，指标值越重要。

（5）定义权数 $w_j = \dfrac{\delta_j}{\sum\limits_{j=1}^{m} \delta_j}$

（6）计算总和得分值 $M_i = \sum_{j=1}^{n} w_j P_{ij}$

2. 地理空间加权法

由于空间数据存在复杂性、变异性等特征，GWR 模型假定区域之间的关联因素具有异质性，使得局部空间分析更加解决现实。Fotheringham（1996）等提出地理加权回归（Geographically Weighted Regression，缩写 GWR）以来，该方法的空间计量得到广泛应用。GWR 模型是在线性回归模型基础上的扩展，是对局部空间关系的估计。因此，在应用该模型之前须对数据进行全局估计，然后进行局部空间关系分析。

GWR 自变量的回归系数随着空间位置的不同而变化，GWR 模型的回归系数通过加权最小二乘法进行局部估计，其权重按照 Tobler 第一定律的思想确定。GWR 模型的一般形式为：

$$\gamma_i = \sum_{j=1}^{p} \beta_j(u_i, \ v_i) x_{ij} + \varepsilon_i, \quad i = 1, 2, \cdots, n; \ j = 1, 2, \cdots, n$$

$$(1)$$

公式（1）中，x_{i1}, x_{i2}, $\cdots$, x_{ip} 为自变量 x_1, x_2, $\cdots$, x_p 在空间位置（u_i, v_i）出的观察值，β_i 为待估计系数，ε_i 是误差项，待估计系数 β_i 通过加权最小二乘法计算。

二、宜居度时空分析

利用 MS Excel 软件计算出 2005 和 2010 年宜居度综合得分。得分分布显示，2005 年呈现陡峭的"倒钟"分布，2010 年演进为不陡的"倒钟"。表明宜居度总体水平得到提高，总体得分极差缩小，得分的总体分布峰度降低。

（一）宜居度空间格局

运用 ArcGIS9.3 软件将分析年份数据得分空间化。得分空间分布显示，2005 年宜居度较高的城市呈现"点状"分布，到 2010 年宜居度较高的城市转化为"团块状"分布。将宜居度得分由高到低划分为 6 个等级（大于 Mean+1S.D.划为Ⅰ级、Mean+0.5S.D.至 Mean+1S.D.划为Ⅱ级、Mean 至 Mean+0.5S.D.划为Ⅲ级、Mean-0.5S.D.至 Mean 划为Ⅳ级、Mean-1S.D.至 Mean-0.5S.D.划为Ⅴ级、小于 Mean-1S.D.划为Ⅵ级，Mean 表示平均值，S.D.表示标准差）。从得分较高并划分为Ⅰ级和Ⅱ级的城市看：

Ⅰ级城市空间分布：2005 年，Ⅰ级城市呈"点"状分布，东北三省Ⅰ级城市相对较少，只有大庆、大连和沈阳 3 座城市；东部地区Ⅰ级城市分布相对比较密集，主要集中在粤南连片区、闽东南的福州和厦门等间断区，长三角的南通、苏州、无锡、南京、上海、杭州、绍兴等城市，山东半岛的临海城市以及北京和秦皇岛等城市；中部地区Ⅰ级城市比较稀疏，主要为省会城市，包括长沙、合肥、郑州等城市；西部地区Ⅰ级城市最为稀疏，在空间上呈"飞地型"特征，包括新疆的克拉玛依市，云南的昆明市，内蒙古的鄂尔多斯市，广西的北海市、桂林市和柳州市，甘肃的嘉峪关市以及宁夏的银川市。2010 年，Ⅰ级城市由"点"状分布转型为"团块状"分布，表现为粤中南"团块"区；浙中北"团块"区；赣北"团块"区；苏南沪"团块"区；京冀中南"团块"区和宁夏内蒙古中南"团块"区。

Ⅱ级城市空间分布：2005 年，Ⅱ级城市比Ⅰ级城市空间分布更具"散点"状，东北地区Ⅱ级城市只有辽宁盘锦市，沿海地区Ⅱ级城市有河北邢台、廊坊、沧州，山东济南、烟台、日照，浙江宁波，福建泉州、漳州，广东江门、潮州以及海南的三亚等城市，中部地区Ⅱ级分散在晋中、皖东南、豫中、赣北、鄂东南、湘东北等地区，计11座城市，西部地区Ⅱ级城市一共5座，分别是乌鲁木齐、呼和浩特、包头、宝鸡和成都。2010年，Ⅱ级城市的空间分布具有准"团块状"的特征，如闽粤交界处的梅州和漳州两市，广西柳州和桂林两市，皖赣交界处的黄山和景德镇两市，河北的廊坊和沧州两市，但没有三个或以上城市邻近的"团块状"城市地区。若将2010年Ⅰ级和Ⅱ级城市归并为同一等级，地理空间上的"团块状"特征会更加显著，主要"团块"区有广东团块、闽东南团块、苏（南）沪浙团块、山东半岛团块、京津冀团块、鄂（尔多斯）包（头）银（川）团块、赣北团块、桂中北团块等8大地区。

宜居度空间格局能够反映城市人居环境现状，将得分现状直观显示在地图上，比用列表的方式简约。但空间格局较难反映空间差异变化。通过时空演化分析，可进一步获取宜居度演化特征，为深入分析提供信息基础。

（二）宜居度时空演化

1. 宜居度呈东中西梯度特征，东部宜居度不断强化

从不同等级城市宜居度比重看，东部地区城市宜居度Ⅰ级城市所占比重由63%上升到70%，西部地区Ⅰ级城市比重由20%下降到13%，东北部地区比重由8%下降到3%。反映东部地区Ⅰ级的城市宜居度在不断强化，西部和东北部地区Ⅰ级的城市宜居度在弱化。

东部地区：宜居度从Ⅵ级至Ⅰ级梯次升高，宜居度等级越高，城

市数量越密集，所在级别百分比越高；2005—2010 年，东部地区Ⅰ级、Ⅱ级和Ⅵ级城市宜居度百分比上升，而Ⅲ级、Ⅳ级和Ⅴ级宜居度百分比下降，宜居度百分比的升降反映东部地区整体宜居度的提高，少数东部地区城市宜居度的降低。

中部地区：宜居度分级呈现"中间高，两头低"的特征，宜居度等级越高（越低），城市数量越疏散，所在级别百分比越低；2005年，"中间高，两头低"的特征相对不太明显，Ⅰ级至Ⅵ级城市所在比重分别为 10%、35%、29%、25%、37%、32% 和 32%，到 2010 年这种特征开始明朗化，Ⅲ级和Ⅳ级城市百分比分别提高到 31% 和 35%，表明中等级别中部城市宜居度的提高。

西部地区：宜居度从Ⅰ级至Ⅵ级梯次降低，宜居度等级越高，城市数量越疏散，所在级别百分比越低；2005—2010 年，西部地区Ⅰ级、Ⅳ级和Ⅴ级城市宜居度百分比下降，而Ⅱ级、Ⅲ级和Ⅵ级百分比上升，表明中高等级西部城市宜居度的开始提高，同时，低等级西部城市宜居度比重开始扩大。

东北地区：宜居度Ⅳ级比重"独高"，Ⅲ级和Ⅴ级比重较高，其余级别比重较低；2005 年，Ⅳ级比重为 29%，Ⅰ级、Ⅱ级、Ⅲ级、Ⅴ级和Ⅵ级比重分别为 8%、3%、13%、7% 和 3%，2010 年，Ⅳ级"独高"现象开始减缓，Ⅰ级至Ⅵ级比重分别为 3%、9%、11%、23%、16% 和 3%，表明Ⅱ级和Ⅴ级城市在发育，东北地区城市倾向于中低等级宜居度的聚集。

2. 华北和华南地区宜居度增长较快，西部地区呈负增长

2005—2010 年各地区城市宜居度排名上升情况看，华南和华北地区的城市排名上升的百分比较多，西部地区呈负增长。宜居

度上升百分比高的北方省份有河北（72.73%）、内蒙古（77.78%）、吉林（85.71%）、陕西（60%），南方省份中，江西（63.64%）、广东（61.90%）、云南（62.50%）、贵州（100.00%）的宜居度上升百分比高；宜居度上升百分比较高的省份有山西（54.55%）、浙江（54.55%）、安徽（58.82%）、河南（52.94%）、广西（57.4%）、海南（50%）；辽宁、黑龙江、江苏、山东、福建、湖北、湖南、四川、甘肃等省份的宜居度上升百分比低于50%，北京、天津、重庆、青海、新疆等地区的城市宜居度出现下降。

从286个城市增减位序上看，2005—2010年宜居度位序上升大于50名的20座城市分别位于粤（5座）、晋（3座）、滇（2座）、内蒙古（2座），吉冀陕鲁鄂桂浙赣8省或自治区各1座城市；宜居度位序下降最快的后20名城市分别位于鄂（3座）、苏（3座）、黑（2座）、甘（2座）、鲁（2座），渝新陕豫晋湘川粤等8个省直辖市自治区各1座城市。286个城市宜居度位序变化进一步表明北方和南方省份部分城市的快速增长，如，宜居度增长最快的前20名城市广东就占了5座，山西占了3座。

排名消长直观反映286座城市宜居度变化速率。与东西梯度特征不同的是，宜居度快速增长表现在华北和华南地区，东部地区宜居度增长速率并不快，西部地区城市宜居度排名靠后且负增长。

3. 全国得分内外部差异较小，区域得分内部差异相对较大

将宜居度各二级指标平均得分之间比较情况记为外部差异，每个二级指标得分内部比较情况记为内部差异。

（1）就全国尺度看：取2005和2010年286座城市宜居度二级指标得分均值。显示：2005—2010年，286座城市宜居度平均得分内部

和外部差异都比较小，环境优美度、生态安全度、设施完善度、经济富裕度变化不大，居住温馨度和资源承载度平均得分略有上升，社会保障度得分略有下降。从得分内部差异上看，各二级指标总体得分差异较小，2005 和 2010 年各子系统得分变异系数（CV）在0.054—0.080 之间，其中，2005 和 2010 年环境优美度的变异系数维持在 0.080，生态安全度变异系数维持在 0.054，其他子系统的变异系数略有上升，变化不大。

（2）就四大区域看：区域得分外部差异较小，而内部差异较大。2010 年东、中、西和东北四大区域之间 7 个子系统各自的平均得分差异不大，居住温馨度四大区域平均得分都近似等于 $1.40E-4$、资源承载度平均得分都近似等于 $1.5E-4$、生态安全度平均得分近似等于 $1.6E-4$。从变异系数上看，四大区域子系统得分内部差异相对较大，如 2010 年设施完善度东、中、西、东北的变异系数分别是0.100、0.047、0.062、0.028，东部地区设施完善度最高得分为 $2.44E-4$（深圳），最低得分为 $1.29E-4$（宿迁），最高得分是最低得分的1.90 倍，西部地区设施完善度最高得分 $1.78E-4$（鄂尔多斯）是最低得分 $1.22E-4$（陇南）的 1.45 倍。

三、宜居度关联分析

1. 全局关联

宜居度时空特征揭示城市宜居度的总体差异和空间关系，但不能进行关联分析，即宜居度与哪些因素存在何种关系？经济因素、环境因素、居住因素、社会因素等是影响城市发展和城市宜居度的重要层面，经模拟，最终选取 GDP、住房投资（REI）、城区面积

（UA）和城市绿化面积（UGA）为解释变量，确立回归模型。回归显示，建立模型总体通过显著性，F 值等于 46.804，P 值小于 0.001，具有显著性意义，相关系数 R 值等于 0.632，可决系数 R^2 等于 0.400 0，调整后可决系数 R^2 等于 0.391，说明选取变量解释了城市宜居度 39.1%的因素，还有 59.9%的因素未纳入模型中，有待于进一步研究。

从标准化系数上看，各指标除 GDP 通过单尾显著外（单尾临界值 1.96，GDP 的临界值 2.071 大于 1.96），其余三指标皆通过双尾显著。统计表明，2010 年中国地级及以上城市的宜居度与 GDP、REI 和 UGA 呈正相关，而与 UA 呈负相关。在控制其他变量不变的情况下，1 个单位 GDP 的变化将会引起宜居度 0.245 个单位的变化（上升），1 个单位 REI 的变化将会引起宜居度 0.290 个单位的变化（上升），1 个单位 UGA 的变化将会引起宜居度 0.489 个单位的变化（上升），1 个单位 UA 的变化将会引起宜居 0.389 个单位的变化（下降）。

2. 局部关联

作为改进的回归模型，GWR 模型能够对各城市的宜居度进行局部空间关系分析。

从全国范围整体关联程度上看，华南的广东、广西、江西和湖南等省份城市 GDP 和城市绿化面积的关联性较低，而它们的住房投资和城区面积的关联性较高；西北的甘肃、内蒙古、陕西、宁夏等地区城市的 GDP 和城市绿化面积的关联性较高，而住房投资和城区面积的关联性较低；东部地区除住房投资外，GDP、城区面积、城市绿化面积的关联性都较高；华东地区 GDP 和城区面积的关联性较高，而住房投资和城市绿化面积关联性整体上普遍不高；西南地区的 GDP 参数关联性较低，住房投资关联性较高，而城区面积和城市绿化面积关联性居中。

从各参数空间关联程度上看，GDP参数中，新疆、甘肃和宁夏的大部分城市，川东北、重庆、湘鄂交界城市的关联性最高，辽宁、吉林、江浙沪、安徽、湖北部分城市的关联性较高；REI参数中，云南的大部分城市、内蒙古的巴彦淖尔、乌兰察布、包头、呼和浩特、四川的宜宾、泸州的关联性最高，河北、山东、晋北、湘赣交界城市、广东、桂东等地区的城市关联性较高；UA参数中，广东省所有城市、广西大部分城市、湘赣南部城市的关联性最高，陕西、河南、山西部分城市关联性较高；UGA参数中，内蒙古、甘肃、宁夏、陕西、山西一带城市的关联性最高，山西的大同、阳泉、晋中、长治、晋城、运城，陕西的西安、渭南、铜川、咸阳，新疆的乌鲁木齐、克拉玛依等城市的关联性较高。

四、讨论与结论

城市人居环境研究是一项值得广为讨论的研究课题。到底何种类型的城市人居环境适合人居？在快速城镇化和经济一体化的大背景下，城市人居环境空间分布又是哪种状态？本文运用客观权重评价方法反映城市宜居度的变化，揭示2005—2010年286座城市人居环境的空间演化格局和时空差异特征。通过关联分析，揭示城市人居环境与哪些因素的关联程度？即宜居度与解释变量的相关性如何。

研究表明：东部的城市人居环境相对较高，而西部城市人居环境得分相对较低。一方面，由于东部地区强大的经济基础和产业结构优化升级，为城市人居环境建设提供准备；另一方面，尽管西部地区有国家政策的倾力支持，但却承接东部地区产业转移带来的环境压力。

论文着重分析了 286 座城市的空间演化特征，反映不同区域的城市人居环境得分的此消彼长。但是由于指标体系的设计以及统计数据的偏差等原因，评价结果就具有一定的相对性，也有存在偏差的可能。论文同时研究了 286 座城市的宜居度与 GDP、城区面积、城市绿化面积和住房投资之间的关系。解释不同区域宜居度与四大变量之间的相关性。

全国城市人居环境的研究，是一项很有挑战的重大课题。本文仅对两个年份的样板数据进行分析，而人居环境的科学研究需要多个学科组建团队，共同攻关研究。不仅仅需要地理学空间差异的分析思维，还要用到经济学、社会学，乃至工程学等知识。需要不同领域的专家，集中有限的资金、技术和人才对区域乃至全国城市人居环境进一步深入研究。

综上，论文综合运用熵值法，回归分析和地理加权回归分析（GWR）分别研究了 2005 年和 2010 年中国 286 座城市的人居环境情况。从空间格局、时空演化和关联分析的角度解释了 286 座城市的宜居度及其相关因素，结果表明：

（1）空间分布上，宜居度得分较高的城市主要集中在东部沿海地区，得分较高的城市由 2005 年的"点状"分布向 2010 年的"团块状"分布转型。

（2）2005—2010 年，东部地区城市宜居度总体水平最高，并有逐渐强化的态势，中部和东北地区城市宜居度整体上有一定上升，西部地区部分城市宜居度上升，部分下降，呈两极分化的态势；华北和华南的城市宜居度增长速率加快，东部地区增长并不快。

　　　　　　诗意地栖居：多空间尺度的人居环境评价研究

（3）全国尺度上，城市宜居度得分内部差异和外部差异都较小；区域尺度上，城市宜居度得分内部差异较大，而外部差异较小。

（4）全局关联中，宜居度与 GDP、住房投资、城市绿化面积正相关，而与城区面积负相关；区域关联中，四个变量相关性因为区域不同而有差异。

（李陈.原文发表于：干旱区资源与环境，2014，28（6）：1－7）

第二节　基于分省数据的中国农村人居环境时空差异研究

2018 年 1 月中央一号文件提出实施乡村振兴战略。同年 9 月中共中央、国务院又印发了《乡村振兴战略规划（2018—2022 年）》提出要完善农村人居环境标准体系。从政策来看，中央在如此短时间内颁布一系列重要文件，体现了中央对农村人居环境改善的高度重视。但从实际情况看，由于农村人口增长，加之生产强度加剧，基础设施建设、村庄规划和管理缺位等因素导致中国农村人居环境长期落后，与城市相比农村人居环境仍然普遍较差（汪光涛，2006），全面建成小康社会最大的短板依然在农村（魏后凯等，2016），农村人居环境的持续改善对实施乡村振兴战略和全面建成小康社会意义重大。

人居环境最早由希腊学者道萨迪亚斯提出，他指出人居环境是人类为自身所做出的地域安排，是人类活动的结果，其主要目的是满足人类生存的需求（Doxiadis，1970）。受道萨迪亚斯研究的启发，吴良镛先生（2001）结合中国国情，构建人居环境科学"三五结构"体系，明确指出人居环境是与人类生存活动密切相关的地表空间，是人类利用自然、改造自然的主要场所，在空间上可分为生态绿地系统与人工建筑系统。本文认为，从城乡的角度看，人居环境

　　　　　诗意地栖居：多空间尺度的人居环境评价研究

分为城市型人居环境和农村型人居环境，城市人居环境一般包括拥有高密度人口和城市建设区域，农村人居环境一般指松散分布在农业地区的村庄聚落，包括农村生态环境、建筑系统、社会系统（公共服务）、人口经济系统。

从已有研究看，学界对农村人居环境进行了多维度的探索。第一，基于多空间尺度农村人居环境的比较。宁越敏等（2002）利用问卷数据对小城镇人居环境进行了研究。郜彗等（2015）利用2012年分省统计数据对中国30个省市区农村人居环境进行评价，得出东南沿海、京津地区农村人居水平较高，而西部地区农村人居环境水平最低。赵霞（2016）研究显示农户住宅比较宽敞，农村基础设施建设相对完善，而农村饮水质量、生活垃圾处理、无害化厕所等方面存在困难。第二，基于农村人居环境某个层面的比较与评价研究。罗万纯（2014）利用中国社科院农村发展所调查数据揭示中国农村生活环境得到改善，而农村饮用水水质、厕所无害化率、生活垃圾和污水处理存在短板。刘彦随等（2017）则关注了中国农村贫困化现象。第三，基于国土空间治理领域的研究。樊杰等（2016，2017a，b）关于国土空间治理的目标导向和问题导向系列分析中，指出区域发展的重点要逐步从"硬环境"（城市建设、基础设施）转向"软环境"（体制机制、传统文化）。第四，以乡村振兴战略为契机，推进农村人居环境现状的评价（于法稳等，2018；徐顺青等，2018）和农村人居标准体系研究（刘泉等，2018）。第五，基于城镇化和农村土地整备方面的研究。由于人口城镇化的推进导致乡村地区农村人口的"析出"，部分农村地区出现宅基地闲置，部分农村"三生"

（生产、生活、生态）问题突出（Yang, *et al.*, 2016；Wang, *et al.*, 2016），部分农村地区因发展特色旅游、"农家乐"等形式促使人居环境得到改善（Gu, *et al.*, 2015；Liu, *et al.*, 2017；Tian, *et al.*, 2016）。

已有的研究虽然对农村人居环境已经进行了有益的探索，不少学者利用调查问卷数据，揭示了农村人居环境问题，但对农村人居环境系统性、集成性的分析还不够深入，基于利用分省数据揭示中国农村人居的时空差异格局方面的研究也尚需进一步完善。本研究融合地理学时空差异的分析方法与人居理论框架，对农村人居环境分析而言具有一定的创新性。由此，本研究提出依据农村人居环境的界定，构建综合评价指标体系，将开放复杂的农村人居环境系统"庖丁解牛"，利用区域差异的分析方法，再综合集成性分析，揭示中国农村人居环境质量时空分异规律，为相关部门农村人居环境的优化提供决策依据。

一、材料与方法

（一）数据来源

以中国 30 个省级行政单元为研究对象（不包括香港、澳门、台湾、西藏），研究时段为 2006—2015 年。研究数据来源于 2007—2016 年中国统计出版社出版的《中国统计年鉴》《中国民政统计年鉴》，2006—2015 年的《中国城乡建设统计年鉴》、2006—2011 年的《中国卫生统计年鉴》、2012—2016 年的《中国卫生和计划生育统计年鉴》以及 2006—2014 年人民教育出版社出版的《中国教育统计年鉴》。

（二）评价指标体系

以道萨迪亚斯为旗手的雅典人居学派和以吴良镛为代表的清华人居学派的研究，为人居科学体系分析框架和评价研究提供了理论依据。国内学者还就人居硬环境和人居软环境理论（宁越敏等，1999）、"三元"人居环境理论（刘滨谊，2016）、山地人居图谱（赵万民等，2014）进行了探讨，这都为本研究提供了可借鉴的理论依据。当前，在乡村振兴发展的新阶段，随着以人民为中心理念和新农村建设的逐步深入，各级政府都将农村人居环境的改善置于重要位置，各地先后颁布了乡村振兴战略规划，为评价指标体系的构建提供了政策依据。基于以上人居环境科学理论的提出和各级政府人居环境政策的出台，本研究根据科学性、综合性、层次性和数据的可获取性原则，融贯人居理论、学界探讨、政策规划与本文对农村人居环境的界定，构建了中国农村人居环境综合评价指标体系，该指标体系分为4级：一级指标，即最终评价结果，反映区域农村人居环境综合质量；二级指标，包括影响和制约区域农村人居环境发展的4个因素指标；三级指标，即对二级指标的细化，包括15个因素指标；四级指标，即对三级指标的细化，是评价区域农村人居环境的具体因素指标，包括28个因素指标（表1.2.1）。

表 1.2.1　农村人居环境评价指标体系

一级指标	二级指标	三级指标	四 级 指 标	单位	权重
农村人居环境	居住条件	住房面积	农村人均住宅建筑面积	m²	0.035 5
		农村建筑投资	农村住宅建设投资	万元	0.034 5
			农村公共建筑投资	万元	0.035 6

一级指标	二级指标	三级指标	四 级 指 标	单位	权重
农村人居环境	居住条件	住房配套设施	农村自来水普及率	%	0.033 5
			农村无害化卫生厕所普及率	%	0.037 5
		网络支撑条件	农村路网密度	km·km⁻²	0.033 5
			农村人均道路面积	m²	0.034 4
			农村供水管道长度	km	0.037 1
	基本公共服务	基本教育	农村万人拥有幼儿园专任教师数	人	0.037 7
			农村万人拥有小学专任教师数	人	0.037 7
			农村万人拥有中学专任教师数	人	0.036 5
		卫生医疗	每千农村人口拥有乡村医生数	人	0.037 5
		社会保障	农村最低生活保障户数	万户	0.036 7
			农村最低生活保障支出	元·人⁻¹·年⁻¹	0.038 7
	生态环境质量	"三废"排放	人均废水排放量	t	0.038 5
			人均废气排放量	10 000 m³	0.038 8
			人均固体废弃物产生量	t	0.039 1
		化肥农药	人均农药使用量	kg	0.039 2
			人均农业化肥施用量	kg	0.035 5
		农村环境建设	人均农村园林绿化投资	元	0.038 9
			人均农村环境卫生投资	元	0.036 6
		生活污染治理	农村生活污水处理率	%	0.039 2
			农村生活垃圾处理率	%	0.041 1

一级指标	二级指标	三级指标	四 级 指 标	单位	权重
农村人居环境	经济社会	经济水平	农村居民家庭人均收入	元	0.036 8
		经济结构	工资性收入占家庭人均收入比重	%	0.035 5
		人口	农村人口规模	万人	0.034 5
			农村人口密度	人·km^{-2}	0.039 9
		人民生活	农村居民家庭恩格尔系数	/	0.035 5

注：① 农村路网密度=农村道路长度/农村现状用地面积；② 2015 年各省农村基本教育的三个指标数据缺失，采用趋势外推的方法推算；③ "三废"排放指标是各省、直辖市、自治区数据，其均量亦采取全省数据测算；④ 收入是农村居民家庭人均纯收入数据，2014—2015 年是农村居民家庭人均可支配收入数据。

（三）研究方法

1. 农村人居环境综合测度

考虑指标体系中数据单位和数据属性的差异，综合评价之前需对原始数据预处理，研究采用极差标准化方法（刘娜娜等，2018）对原始数据进行无量纲化处理：

$$\begin{cases} d_{ij} = \dfrac{x_{ij} - x_{ij\min}}{x_{ij\max} - x_{ij\min}} \text{（正向指标）} \\[3mm] d_{ij} = \dfrac{x_{ij\max} - x_{ij}}{x_{ij\max} - x_{ij\min}} \text{（负向指标）} \end{cases} \tag{1}$$

式中：d_{ij} 为农村人居环境系统 i 指标 j 标准化后的数值，$x_{ij\max}$ 为农村人居环境系统 i 指标 j 的最大值，$x_{ij\min}$ 为农村人居环境系统 i 指标 j 的最小值，x_{ij} 为指标的原始值。d_{ij} 反映各指标达到目标的满意程度，d_{ij}

趋近于 0 为最不满意，d_{ij} 趋近于 1 为最满意，且 $0 \leqslant d_{ij} \leqslant 1$。

综合利用 AHP 法和熵值法取均值的方式（孙才志等，2012）获得指标权重，最终采用加权求和的方法测算不同省份的农村人居环境综合指数（Rural Human Settlement）。

$$RHS_i = \sum_{i=1}^{n} w_{ij} Z_{ij}, \quad (i = 1, \ 2, \ \cdots, \ n) \qquad (2)$$

式中：RHS_i 为 i 省农村人居环境综合指数；w_{ij} 为 i 省 j 项的农村人居环境指标权重；Z_{ij} 为 i 省 j 项的农村人居环境指标的标准化值。RHS_i 值越高，农村人居环境质量越优；n 为因素的总个数。

2. 农村人居环境的区域差异测度

综合运用变异系数（刘秋雨等，2017）、基尼系数（Ricardo，2017）、泰尔指数（赵雪雁等，2017）测度中国农村人居环境的区域差异水平，其中，泰尔指数可分解为组内差异和组间差异。

$$CV = \frac{1}{\bar{h}} \sqrt{\sum_{i=1}^{n} \frac{(h_i - \bar{h})}{(n-1)}} \qquad (3)$$

式中：CV 为变异系数；n 为样本省区数；h_i 为 i 省的农村人居环境综合指数；$\bar{h}$ 为 h_i 的平均值。变异系数 CV 越大，差异越大。

$$Gini = \frac{1}{2u} \sum_{i=1}^{k} \sum_{j=1}^{k} f(\gamma_i) f(\gamma_j) \mid \gamma_i - \gamma_j \mid \qquad (4)$$

式中：$Gini$ 为基尼系数；k 为样本省区数；γ_i 为各省的人均 GDP；μ 为全国的人均 GDP；$f(\gamma_i)$、$f(\gamma_j)$ 为 i、j 省域的农村人居环境综合指数（RHS_i）占全国的比重。

利用泰尔指数将中国农村人居环境的总体差异分为东、中、西三大地带内及地带间的差异（划分依据按照国内习惯的划分方法）。

$$Theil = \sum_{i=1}^{n} T_i \ln(nT_i) = T_{WR} + T_{BR} \tag{5}$$

$$T_{WR} = \sum_{i=1}^{n_d} T_i \ln\left(n_d \frac{T_i}{T_d}\right) + \sum_{i=1}^{n_z} T_i \ln\left(n_z \frac{T_i}{T_z}\right) + \sum_{i=1}^{n_x} T_i \ln\left(n_x \frac{T_i}{T_x}\right) \tag{6}$$

$$T_{BR} = T_d \ln\left(T_d \frac{n}{n_d}\right) + T_z \ln\left(T_z \frac{n}{n_z}\right) + T_x \ln\left(T_x \frac{n}{n_x}\right) \tag{7}$$

式中：$Theil$ 为泰尔指数；n 为样本省区数；T_{WR} 为东、中、西部地区三大地带内差异；T_{BR} 为三大地带间差异；n_d、n_z、n_x 分别为东、中、西部省区数；T_i 为 i 省区的农村人居环境综合指数与全国平均水平的比值；T_d、T_z、T_x 分别为东、中、西部农村人居环境综合指数与全国平均水平的比值。

二、农村人居环境的区域差异变化

2006—2015 年，中国各省农村人居环境质量总体保持上升态势，东、中、西梯度性差异明显。东部农村人居环境整体质量遥遥领先，中西部地区相对靠后。2006—2015 年中国农村人居环境得分总体呈现上升发展趋势，全国农村人居环境综合指数 RHS_i 由 5.51 提高到 5.85，升幅 6.26%。全国农村人居环境经历波动变化的过程，RHS_i 指数由 2006 年的 5.51 上升到 2007 年的 5.71，2008 年出现一定降幅，随后持续上升到 2013 年的 6.02，再下降到 2013 年的 5.85（图 1.2.1）。从中国的三大地带看，东部地区 RHS_i 指数由 2006 年的 6.68 上升的 2007 年的 7.03，2008 年有所回落，2010 年上升到 7.25，2011 年有所回落，2013 年有所上升，随后下降。中部和西部地区农村人居环境总体呈现上升趋势。从农村人居环境地带间 RHS_i 得分差距看，越往东部地区，农村人居环境质量越高。由于东部地区农村人居环境 RHS_i 得分远高于中西部地区得分，它将全国农村人居环境 RHS_i 得分拉高，导致全国 RHS_i 得分高于中部地区和西部地区的平均水平。

农村人居环境综合得分

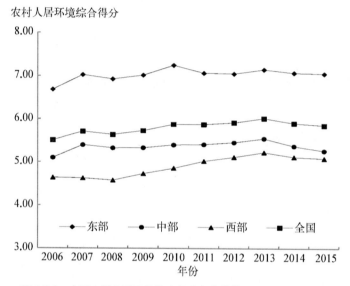

图 1.2.1　中国农村人居环境综合得分变化趋势（2006—2015 年）

研究期内中国农村人居环境质量总体差异呈现缩小的态势。农村人居环境变异系数（CV）由 0.249 缩小到 0.236，降幅 5.32%；基尼系数（Gini）由 0.132 缩小到 0.124，降幅 6.50%；泰尔指数（Theil）由 0.029 缩小到 0.025，降幅 10.59%（图 1.2.2），总体差异呈现"上升—下降—上升—下降—上升"的过程，2007 年、2010 年和 2015 年是农村人居环境质量 RHS_i 得分总体差异扩大的节点年份，其他 7 年农村人居环境质量得分总体表现为下降的趋

　　　　诗意地栖居：多空间尺度的人居环境评价研究

势。从总体下降趋势看，2010 年是研究期内的重要节点年份之一，即"十一五"期末年份。"十二五"开始 RHS_i 得分总体差异呈缩小的趋势。

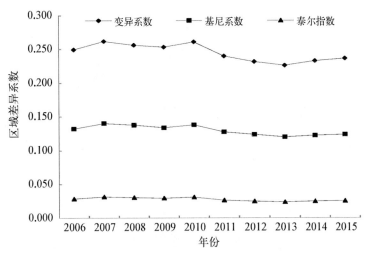

图 1.2.2　中国农村人居环境综合得分的区域差异（2006—2015 年）

从分解的泰尔指数看，第一，三大地带内差异经历"下降—上升—下降"的过程，三大地带内差异泰尔指数由 2006 年的 0.015 1 缩小到 2008 年的 0.014 1，再上升到 2012 年的 0.014 0，随后下降到 2015 年的 0.013 5。第二，全国三大地带间差异经历"上升—下降—上升"的过程。第三，在总体差异下降的前提下，三大地带内的差异贡献率趋于增加。总体上，全国三大地带间和三大地带内差异贡献率均在 50% 上下波动，但东、中、西部地带内差异贡献率存在显著差别，差异最大的是东部地带内差异，其贡献率在 40% 上下波动，其次是西部地带内差异，最后是中部地带内差异（表 1.2.2）。

表 1.2.2　中国农村人居环境泰尔指数分解

地区 年份	东部地带内差异	中部地带内差异	西部地带内差异	全国地带内差异	全国地带间差异	总体差异
2006	0.011 2	0.001 3	0.002 7	0.015 1	0.013 4	0.028 5
2007	0.011 1	0.001 3	0.002 5	0.014 9	0.016 6	0.031 5
2008	0.009 8	0.001 1	0.003 2	0.014 1	0.016 3	0.030 4
2009	0.009 9	0.000 8	0.003 4	0.014 2	0.015 2	0.029 5
2010	0.010 7	0.001 1	0.003 0	0.014 9	0.016 1	0.031 0
2011	0.010 6	0.001 2	0.002 5	0.014 4	0.012 0	0.026 4
2012	0.010 1	0.001 6	0.002 3	0.014 0	0.010 7	0.024 8
2013	0.009 8	0.001 4	0.002 1	0.013 4	0.010 3	0.023 7
2014	0.010 1	0.001 4	0.002 0	0.013 6	0.011 3	0.024 9
2015	0.010 0	0.001 9	0.001 6	0.013 5	0.012 0	0.025 5

三、农村人居环境的空间格局

2006 年、2009 年、2012 年、2015 年中国 30 个省、直辖市、自治区的农村人居环境质量状况。中国农村人居环境质量总体呈现自西北向东南沿海省区梯度增强的空间分异特征。东部地区尤其是沿海省份的农村人居环境质量呈稳定的高水平发展态势，而广大中西部地区农村人居环境质量呈现"此消彼长"的波动变化态势。本研究采用自然断裂法将 30 个省、直辖市、自治区的农村人居环境分为高、较高、中等、较低、低水平区 5 级分类。

第一，农村人居环境高水平区。北京、上海、山东、浙江、江苏等东部地区省、直辖市的农村人居环境质量 RHS_i 得分位居前 5 名，这类地区农村人居环境质量相对稳定，一直处于很高的水平，其居住条件、生态环境质量、基本公共服务、经济社会，尤其是后两者的发展水平都在全国前列。北京 RHS_i 得分始终处于第一的位置，上海的 RHS_i 得分紧跟北京。第二，农村人居环境较高水平区。天津、广东、福建、河南等省、直辖市的农村人居环境质量 RHS_i 得分较高，它们的居住条件、生态环境质量、基本公共服务、经济社会至少有一项或两项得分很高，这一梯队中天津、广东、福建的综合得分相对稳定，而部分省份的 RHS_i 得分降幅较大，2006 年山西、陕西、安徽的 RHS_i 得分排名分别在第 8 名、第 12 名、第 14 名，但2015 年分别下降到第 15 名、第 17 名、第 19 名。第三，农村人居环境中等水平区。江西、河南、湖北、湖南等中部地区省份 RHS_i 得分基本处于中等水平区，RHS_i 得分排名在 12—18 之间变化，其中湖北的升幅较大，由 2006 年的第 16 名上升到 2015 年的第 11 名。第四，农村人居环境较低水平区。广西、云南、贵州、甘肃、重庆等西部地区省、直辖市处于较低水平。第五，农村人居环境低水平区。青海、内蒙古、吉林、辽宁、黑龙江等西部地区省、自治区处于低水平状态，其中东北三省的农村人居环境降幅最大。

四、农村人居环境的时空分析

利用农村人居环境综合得分，将 2006—2015 年中国 30 个省市区的农村人居环境变化趋势划分为 6 种类型（表1.2.3）。根据表1.2.3，结合东、中、西三大经济带的划分，对 2006—2009 年、2009—2012年、2012—2015 年中国 30 个省市区农村人居环境变化态势进行时空分析。本研究借鉴欧向军等（2007）关于区域经济差异收敛和发散评价研究的分析方法，揭示中国农村人居环境差异的时空过程。当某省农村人居环境综合得分的起始年份 RHS_i 值高于平均水平又向更高的水平增长时称之为向上发散，高于平均水平但向低水平变化称之为向下收敛；反之，则称之为向下发散或向上收敛。

表 1.2.3 中国农村人居环境变化态势类型（2006—2015 年）

农村人居环境态势曲线类型	农村人居环境变化特征	敛 散 性
a型 （农村人居环境曲线图） 2006 2009 2012 2015 年份	2006—2015 年农村人居环境综合得分逐渐提高，经历"上升—上升—上升"的过程。	天津（++→++→++）、福建（++→++→++）、湖北（-+→-+→-+）、贵州（-+→-+→-+）、宁夏（-+→-+→-+）
b型 （农村人居环境曲线图） 2006 2009 2012 2015 年份	2006—2009 年农村人居环境综合得分逐渐提高，2009—2012 年逐渐降低，2012—2015 年逐渐提高，经历"上升—下降—上升"的过程。	北京（++→+-→++）、上海（++→+-→++）、浙江（++→+-→++）、海南（-+→--→-+）、四川（-+→--→-+）
c型 （农村人居环境曲线图） 2006 2009 2012 2015 年份	2006—2009 年农村人居环境综合得分逐渐降低，2009—2012 年逐渐提高，2012—2015 年逐渐降低，经历"下降—上升—下降"的过程。	河北（+-→-+→+-）、山西（+-→-+→--）、安徽（--→-+→--）、山东（+-→++→++）、重庆（--→-+→--）、甘肃（--→-+→--）、新疆（--→-+→--）
d型 （农村人居环境曲线图） 2006 2009 2012 2015 年份	2006—2009 年农村人居环境综合得分逐渐降低，2009—2012 年逐渐提高，2012—2015 年逐渐提高，经历"下降—上升—上升"的过程。	内蒙古（--→-+→-+）、湖南（--→-+→-+）、广西（--→-+→-+）、云南（--→-+→-+）

　　　　　　　　诗意地栖居：多空间尺度的人居环境评价研究

农村人居环境态势曲线类型	农村人居环境变化特征	敛　散　性
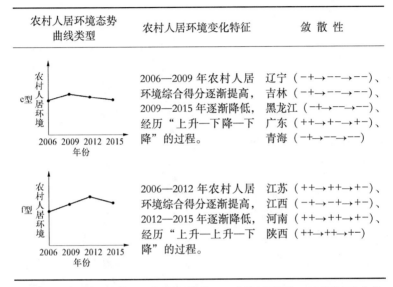	2006—2009 年农村人居环境综合得分逐渐提高，2009—2015 年逐渐降低，经历"上升—下降—下降"的过程。	辽宁（－＋→－－→－－）、吉林（－＋→－－→－－）、黑龙江（－＋→－－→－－）、广东（＋＋→＋－→＋－）、青海（－＋→－－→－－）
	2006—2012 年农村人居环境综合得分逐渐提高，2012—2015 年逐渐降低，经历"上升—上升—下降"的过程。	江苏（＋＋→＋＋→＋－）、江西（－＋→－＋→＋－）、河南（＋＋→＋＋→＋－）、陕西（＋＋→＋＋→＋－）

注：＋＋表示向上发散；＋－表示向下收敛；－－表示向下发散；－＋表示向上收敛。"＋＋→＋＋→＋－"表示"2006—2009 年向上发散→2009—2012 年向上发散→2012—2015 年向下收敛"。

　　2006—2009 年，从三大经济带看：① 东部地区除河北、山东的农村人居环境 RHS_i 得分有所下降，其余都在提升，升幅最大的是海南（得分升幅 12.41%），升幅最小的是上海（得分升幅 1.19%），东部地区 RHS_i 得分平均提高 5.53 个百分点。② 中部地区得分平均提高 5.07 个百分点，得分下降地区有山西、安徽、湖南，而吉林、黑龙江、江西、湖南、湖北农村人居环境处上升的态势，其中吉林、黑龙江、江西升幅较大。③ 西部地区得分平均提高 1.98 个百分点，四川、青海 RHS_i 得分升幅较大，贵州、陕西、宁夏处于中高速上升的过程，而重庆、云南、甘肃、新疆、内蒙古、广西等 6 个省区处于下降的过程。从农村人居环境敛散性看：① 东部地区的北京、上海、浙江、江苏、天津、广东、福建 7 个省市向上发散，山东和河北 2 省向下收敛，辽宁和海南 2 省向上收敛。② 中部地区的湖北、江西、黑龙江、吉林 4 个省向上收敛，安徽和湖南 2 省向下发散，山西向下收敛，河南向上发散。③ 西部地区的重庆、甘肃、新疆、云南、广西、内蒙古 6 个省市区向下发散，四川、青海、贵州、宁夏 4 个省区向上收敛，陕西向上发散。

2006—2009 年，引起农村人居环境变化的因素：① 对综合得分起促进作用的指标有经济社会指标层和生态环境质量指标层，多数省的居住条件指标层和基本公共服务指标层起削弱作用。② 居住条件得分对农村人居环境贡献大的省份有四川、贵州、海南、青海、宁夏等 7 个省区，而湖南、河北、山西、吉林、安徽等 23 个省区则起削弱作用，很大程度上受农村建筑投资不足、住房配套设施和网络支撑条件不足的影响。③ 基本公共服务得分对农村人居环境贡献大的省份有江西、江苏、浙江、青海、河南、天津、黑龙江、海南、辽宁等 14 个省市，而起削弱作用的有甘肃、云南、贵州、四川、重庆、湖北等 16 个省市区。由于农村地区的基础教育、卫生医疗等基本公共服务资源出现大幅度下滑，有 28 个省市区的农村万人拥有小学专任教师数和万人拥有中学专任教师数出现下降，8 个省区的每千农业人口拥有乡村医生数也出现下滑，这些指标的下降共同导致农村基本公共服务得分下滑。④ 除青海的生态环境质量得分有所下降，其余 29 个省市区都有一定贡献。农村生态环境质量得分提高得益于农村环境建设投资和生活污染治理上的大力投入，同时，需警惕的是，在这一时期，农村工业"三废"排放、农药化肥施用量等指标

诗意地栖居：多空间尺度的人居环境评价研究

并未减少，反而在持续上升，农村点、线、面状污染源并没有得到有效控制，农村生态环境问题依然严重。⑤ 经济社会得分方面，除天津、新疆、内蒙古、福建、陕西 5 个省市区得分略有下降，其余 25 个省市区都有不同程度升幅。

2009—2012 年，从三大经济带看：① 东部地区得分表现一般，RHS_i平均得分仅上升 0.48%。② 中部地区农村人居环境质量上升情况居中，综合得分平均升幅 2.24%。③ 西部省份得分上升情况表现良好，除青海、四川两个省的 RHS_i 得分有所下降外，其余都表现为上升的态势，综合得分平均上升 7.64%。从农村人居环境敛散性看：① 东部地区向上发散的有山东、江苏、天津、福建 4 个沿海省市，向下收敛的有北京、上海、浙江、广东 4 个省市，河北向上收敛，辽宁和海南 2 省向下发散。② 中部地区的河南向上发散，江西、山西、湖北、安徽、湖南 5 省向上收敛，黑龙江和吉林 2 省向下发散。③ 西部地区的陕西向上发散，重庆、新疆、甘肃、云南、贵州、广西、宁夏、内蒙古 8 个省市区向上收敛，四川和青海 2 省向下发散。

2009—2012 年，引起农村人居环境变化的因素：① 居住条件的改善对综合得分起显著推动作用，其次是经济社会指标层。多数省区基本公共服务和部分省区的生态环境质量则起削弱作用。② 有 30 个省农村居住条件有不同程度的提高。居住条件得分显著提升的省区有内蒙古、宁夏、广西、新疆、安徽、贵州、江西、云南。农村居住条件的改善主要受两个关键指标影响：农村自来水普及率和农村无害化卫生厕所普及率，两者分别提高 10.04% 和 9.90%。③ 上海、新疆、甘肃、宁夏 4 个省市区的基本公共服务得分在增加，辽宁、黑龙江、广东 26 个省市区的得分下降。受城乡一体化推进缓慢、城乡待遇差距大、教师等专业技术人员纷纷拥入城市等因素的制约，农村万人拥有小学专任教师数、农村万人拥有中学专任教师数大幅下降，导致农村基本公共服务得分下降；同时，农村最低生活保障标准的提高、农村最低生活保障户数的增加也导致了人均基本公共服务得分下降。④ 生态环境质量得分上升的省市区有 21 个，青海、北京、上海、新疆、甘肃、黑龙江、广东、天津、吉林 9 个省市区则出现下滑。农村生态环境质量得分的上升得益于农村环境建设投资的增加以及生活污染方面整治，但在"三废"排放、农药化肥施用等指标方面仍不容乐观。⑤ 在经济社会指标上，黑龙江、四川、辽宁、上海、吉林、浙江、北京、福建有所下降，而湖南、广西、重庆、陕西、云南等 22 个省得分在上升，受城镇化水平的提高、工业反哺农业政策的加快推进，农村居民家庭人均收入、农村居民家庭恩格尔系数等指标出现向有利的方向发展。

2012—2015 年，从三大经济带看，东中部西部地区农村人居环境综合得分变化率分别为 0.21%、-3.72%、0.04%，与 2006—2009 年、2009—2012 年两个时段的变化相比，东中西部地区的农村人居环境得分提高幅度呈现减弱的态势。从农村人居环境敛散性看，① 东部地区的北京、上海、浙江、天津、福建 5 个省市向上发散，山东、江苏、广东、河北等 4 省向下收敛，辽宁向下发散，海南向上收敛。② 中部地区的河南和江西 2 省向下收敛，湖北和湖南向 2 省上发散，山西和安徽 2 省向下发散，湖北和湖南 2 省向上收敛。③ 西部地区的陕西向下收敛，四川、云南、广西、宁夏、贵州、内蒙古 6 个省区向上收敛，重庆、新疆、青海、甘肃 4 个省市区向下发散。

　　　　　　　　　诗意地栖居：多空间尺度的人居环境评价研究

2012—2015 年，引起农村人居环境变化的因素：① 对农村人居环境综合得分起推动作用的指标主要体现在居住条件上，而大部分省市区的基本公共服务、部分省区的经济社会对综合得分起削弱作用，生态环境质量指标影响居中。② 全国省市区居住条件得分上升15.72%，总体保持上升的态势。这一时期，随着新型城镇化的推进及党中央对农村人居环境的重视，在农村住房面积、建筑投资、住房配套设施建设、网络支撑水平进行较大的投入，使得农村居住条件得到较好的改善。③ 农村基本公共服务得分的下降受基础教育、农村医疗条件、社会保障等因素的影响，农村万人拥有小学专任教师数、农村万人拥有中学专任教师数、每千农业人口拥有乡村医生数等指标持续下滑，全国农村最低生活保障户数由 2012 年的 2 806.24万户增加到 2015 年的 2 834.27 万户。虽然中央、地方各省对农村人居环境，尤其在居住条件的改善进行了较大幅度投入，但在城乡一体化进程中，乡和城之间的仍有较大落差，因此改善农村人居环境，提高农村基本公共服务水平，尤其是在农村人居软环境的投入上仍然是当前政府面临的重要任务。④ 多数农村生态环境质量得分受益于农村环境建设和生活污染治理的投入上，农村生态环境质量指标层中改善最明显的是农村生活垃圾处理率，它由 2012 年 31.69%提高到 2015 年的 58.58%，农村生活污水处理率的升幅不大，仅由 8.99%提高到 10.51%，农药化肥施用量、"三废"排放、农村垃圾处理等生态环境问题方面仍然严峻。⑤ 经济社会得分中出现一些有利的因素，比如农村居民家庭人均收入的持续增加，农村居民家庭恩格尔系数的下降，但也有不利因素，如农村人口密度指标的下滑，工资性收入比重的降低。

五、讨论与结论

本研究对影响农村人居环境发展的四个维度进行了评价,揭示分省农村人居环境演进过程。但在农村人居环境标准体系、农村人居软硬环境的协调及其机理研究尚不充分。(1)农村人居环境标准体系研究。本研究进行了农村人居环境的评价,但缺少标准体系的分析。与本研究不同的是,刘泉等(2018)构建了农村人居环境的标准指标体系,但尚未利用实证数据进行动态评价。(2)农村人居软硬环境的协调研究。由于统计数据缺失等原因,本研究重点探讨了农村人居硬环境方面的评价,缺少社会调查方面的补充分析。今后,要对典型案例村镇人居环境进行调查研究,构建反映农村居民需求的农村人居软环境指标体系。这是开展农村人居软硬环境协调发展和综合评价研究的依据。(3)影响农村人居环境的机理研究。本研究与于法稳等(2018)的分析都指出生活污水、生活垃圾的负面影响。与此同时,本研究还揭示工业"三废"排放、农药化肥过度施用等导致的农村生态环境问题突出。但在评价过程中,本研究仅考虑发展水平的划分,并未涉及影响农村人居环境变化的机理。如何结合农村人居软硬环境的综合分析,并对农村人居环境的各要素交叉分析,进而揭示影响农村人居环境发展的深层机理,是今后研究的重点方向。

综上,本研究采用变异系数、基尼系数、泰尔指数、区域差异敛散性等方法,分析了2006—2015年中国农村人居环境区域差异的时空变化,主要得出以下结论:(1)从总体差异和综合得分上看,研究期内中国农村人居环境水平总体呈现上升的态势。在此期间,中国农村人居环境水平总体差异呈缩小趋势。农村人居环境东中西部

诗意地栖居:多空间尺度的人居环境评价研究

地带间差异和地带内差异都趋于缩小，东、西部地带内差异趋于缩小，而中部地带内差异趋于扩大。（2）从各省空间格局看，农村人居环境呈现"东—中—西"阶梯式递减的空间特征。东部地区农村人居环境以高水平和较高水平省份为主，其中，北京、上海、浙江、江苏、天津、福建等沿海发达省份农村人居环境呈现稳定增长的发展态势；中部地区总体水平低于东部地区但高于西部地区；西部地区农村人居环境得分相对靠后，处于较低水平区。（3）从农村人居环境的时空过程看，多数东部地区的省市农村人居环境呈现向上发散或向下收敛的特征，而多数中西部地区省市区农村人居环境呈现向下发散或向上收敛的特征。基本公共服务的差异是导致整体农村人居环境差异的重要因素，其次是生态环境质量；居住条件的改善是促进农村人居环境综合得分上升的首要因素。

（李陈，赵锐，汤庆园.原文发表于：生态学杂志，2019，38（5）：1472－1481）

第三节　基于分省数据的中国农药化肥施用量区域差异研究

　　农药化肥在中国粮食连续丰收的过程中发挥了巨大作用，但受种植习惯等因素影响，农村农药化肥施用量过多，给农村生态环境造成较大污染。针对农药化肥污染问题，2015年农业部提出"到2020年农药化肥使用零增长行动"，要求提高农药化肥利用率，减少农药化肥施用量。2018年《国家乡村振兴战略规划（2018—2022年）》在"推进农业清洁生产"措施中明确提出"推进农药化肥减量施用"的要求。从国家政策上看，2015年之前中国农村农药化肥施用量较大，那么中国各省农药化肥施用量情况究竟如何，粮食产量对农药化肥施用量又有哪些影响？需要实证分析，这是本研究的初衷，即探究2006—2015年中国农村农药化肥施用量的时空差异。

　　通过文献梳理，发现中国农药化肥方面研究可以概括为四个方面：第一，农药化肥施用的现状评价研究。薛旭初（2006）对宁波市研究显示，由于化肥、农药的过度施用，造成地表径流污染，引起水体富营养化现象。陆彦等（2016）研究显示，虽然张家港市政府大力推荐农药化肥减量工作，农药使用总量和强度都有所下降，但实际调研中发现还有少部分农户沿用老经验喷施农药，不按安全间隔期使用农药等问题。杨卫萍等（2015）通过对农药销售市场的调查

　　　　　　　　　诗意地栖居：多空间尺度的人居环境评价研究

发现，贵州省27个县乡农药污染现状主要来源于六六六（HCHs），且主要来自环境残留及农药林丹的使用。第二，农药化肥施用的时空差异研究。研究人员主要利用地统计学和 GIS 空间分析技术，对农药化肥含量的时空分布进行分析，如对华北农药类污染场地（盖利亚等，2014）、化肥面源污染现状（李军等，2003）、化肥施用量的污染效应与区域差异（尚杰等，2016）进行时空分析，指出中国化肥投入强度已远超发达国家 225 kg/hm² 的施肥上限标准（张锋等，2011）。第三，农药化肥与污染排放的关系分析。研究人员从化肥污染的角度，探讨粮食产量与灰水足迹、化肥施用量与灰水足迹之间的相关关系，发现它们具有高度相关性（张郁等，2013），沈能和王艳（2016）则从农药投入的角度，验证中国农业增长与污染排放之间的 EKC 曲线关系。第四，农药化肥污染的对策研究。卜元卿（2014）认为可通过推广技术和研发环境修复技术对农药的环境污染进行防控治理，洪传春等建议从环境政策目标与评估标准的角度对化肥面源污染进行调控，苍靖（2003）认为在当前中国经济状况和农业经营体制下，可通过提高植被缓冲带补贴，实现农业化肥污染的控制。

综上，学者对中国农村农药化肥施用做了大量工作，主要体现在污染现状的分析、面源污染问题、农药化肥污染防治等方面，研究区域多以省或地级市为单位，但对全国层面尤其是分省农药化肥污染的时空差异分析相对不足。本研究将从时间和空间的视角，利用2006—2015 年10 年的数据，探讨中国分省农药化肥污染源的组内差异和组间差异，并从粮食产量变化的维度，对其时空差异演化进行解释。研究可为乡村振兴战略中推进各省农业清洁生产、农药化肥污染治理的分步调控提供依据。

一、数据与方法

（一）数据来源

研究对象为中国 30 个省级行政单元（省、自治区、直辖市），考虑数据可获取性，研究不包含西藏、香港、澳门、台湾。研究时段为 2006—2015 年，数据来源于 2007—2016 年中国统计出版社出版的《中国统计年鉴》《中国民政统计年鉴》以及国家统计局网站关于粮食产量的公告数据（2011 年及以后国家统计局提供分省粮食产量数据）。

（二）研究方法

1. 泰尔指数

泰尔指数是区域经济差异、城市化差异测度的常用方法（欧向军等，2012；张乐等，2016），它在 1967 年首次由泰尔（Theil）提出，又称泰尔系数（Theil Index），实际上是广义熵指数的特例（魏后凯，1995）。研究将借鉴泰尔指数测度中国分省农药化肥施用均量的区域差异。研究将中国农村化肥农药施用均量的总体差异分解为东、中、西、东北四大地带内及地带间的差异。东部地区包括北京、天津、河北、上海、江苏、浙江、福建、山东、广东、海南；中部地区包括山西、安徽、江西、河南、湖北、湖南；西部地区包括内蒙古、四川、重庆、贵州、云南、广西、陕西、甘肃、青海、宁夏、新疆；东北地区包括黑龙江、吉林、辽宁。

$$Theil = \sum_{i=1}^{n} T_i \ln(nT_i) = T_{WR} + T_{BR} \qquad (1)$$

$$T_{WR} = \sum_{i=1}^{n_d} T_i \ln\left(n_d \frac{T_i}{T_d}\right) + \sum_{i=1}^{n_z} T_i \ln\left(n_z \frac{T_i}{T_z}\right)$$
$$+ \sum_{i=1}^{n_x} T_i \ln\left(n_x \frac{T_i}{T_x}\right) + \sum_{i=1}^{n_{db}} T_i \ln\left(n_{db} \frac{T_i}{T_{db}}\right) \quad (2)$$

$$T_{BR} = T_d \ln\left(T_d \frac{n}{n_d}\right) + T_z \ln\left(T_z \frac{n}{n_z}\right) + T_x \ln\left(T_x \frac{n}{n_x}\right) + T_{db} \ln\left(T_{db} \frac{n}{n_{db}}\right)$$
$$(3)$$

式中：$Theil$ 为泰尔指数；n 为样本省区数；T_{WR} 为东部、中部、西部、东北地区四大地带内差异；T_{BR} 为四大地带间差异；n_d、n_z、n_x、n_{db} 分别为东部、中部、西部、东北省区数；T_i 为 i 省区的农药化肥施用均量与全国平均水平的比值；T_d、T_z、T_x、T_{db} 分别为东部、中部、西部、东北中国农村农药化肥施用均量与全国平均水平的比值。

2. 空间自相关分析

（1）全局空间自相关。任何事物都存在空间相关，事物之间呈现距离衰减规律，距离越接近的事物之间空间相关性的可能性越大，这是 1969 年 Tober 提出地理学第一定律基本原理（李陈等，2018）。空间自相关分析方法即利用这一原理，识别区域空间分布模式。空间自相关包括全局空间自相关分析和局部空间自相关分析。全局空间自相关用于分析区域空间分布模式，反映主要分析空间数据的整体分布特征，一般采用 Moran's I 统计量测度全局空间自相关。全局 Moran's I 统计量的计算公式为：

$$I = \frac{\sum_{i=1}^{n} \sum_{j=1}^{n} w_{ij}(x_i - \bar{x})(x_j - \bar{x})}{S^2 \sum_{i=1}^{n} \sum_{j=1}^{n} w_{ij}} \quad (4)$$

式中，指数 I 为全局 Moran 的统计量，n 为样本总数，x_i（x_j）为第 i（j）个省的农药化肥施用量，$\bar{x}$ 为各省农药化肥施用量均值，$S^2 = \dfrac{1}{n} \sum\limits_{i=1}^{n} (x_i - \bar{x})^2$ 是农药化肥施用量的方差。W_{ij} 反映两省邻近关系的二元变量，即邻近为 1，不邻近为 0。I 的取值范围在 [-1, 1] 之间，大于 0 表示正相关，小于 0 表示负相关，等于 0 表示不相关。全局 Moran 指数可通过构造服从正态分布的统计量 Z，采取双尾检验的方法判断 n 个区域是否存在显著空间相关关系。Z 统计量的计算公式为：$Z = \dfrac{I - E(I)}{\sqrt{VAR(I)}}$，其中 I 表示 Moran's I 统计量；E（I）表示 Moran's I 的期望；VAR（I）表示 Moran's I 的方差。

（2）局部空间自相关。局部空间自相关分析主要用来测量局部子系统的空间集聚特征，用以探索一个省份和其他相邻省份在农药化肥施用量上的空间差异程度及显著性。一般采用局部 Moran's I 统计量进行测度，结合 LISA 集聚图对农药化肥施用量的局部空间分布集散情况进行判断。局部 Moran's I 统计量定义如下：

$$I_i = z_i \sum_{j=1}^{n} w_{ij} z_j \tag{5}$$

式中，z_i 和 z_j 为第 i、第 j 个省的农药化肥施用量与均值的偏差，即 $z_i = (x_i - \bar{x})$，$z_j = (x_j - \bar{x})$。w_{ij} 为标准化的空间权重矩阵，其对角线元素都为 0。在给定显著性水平下，$I_i > 0$ 表明存在正相关，相邻省份相似值集聚；$I_i < 0$ 表明存在负相关，相邻省份不相似值集聚。结合 LISA 显著性水平，形成 LISA 集聚图，它用于识别农药化肥施用量在局部空间的"冷点"和"热点"地区，揭示各省农药化肥施用量的空间异质性现象。

二、中国分省农药化肥施用量区域差异的时空分析

2006—2015年中国化肥总施用量由4927.7万吨持续增加到6022.6万吨，施用量扩大了1.22倍；农药总施用量由145.9万吨持续增加到178.19万吨，扩大1.22倍。农药化肥施用量的持续增长给生态绿色农业的发展带来巨大压力，增大了国人身体健康负面影响的可能性，给全国农药化肥减量增效工作带来挑战。全国农药化肥施用量总体形势严峻，但各省、自治区、直辖市的施用量（总量、均量）存在较大差异。这需要对各区域（地带、省级单元）农药化肥施用情况的时空差异进行分析。

（一）东中西东北四大地带的变化

从四大地带化肥施用情况看，东、中、西、东北四大地带的化肥施用量总体上呈现增长的态势（图1.3.1）。其中，西部地区的施用总量保持强势增长的态势，由2006年的1206.00万吨持续增加到

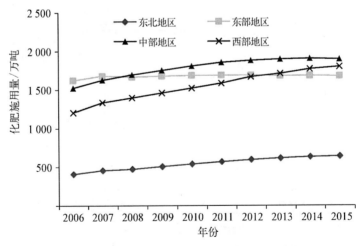

图1.3.1　2006—2015年四大地带化肥施用量变化

2015 年的 1 800.50 万吨，中部地区施肥量居于首位，由 2006 年的
1 524.60 万吨持续增加到 2015 年的 1 897.30 万吨，东部地区增长相
对缓慢，但 2015 年的施肥总量达到 1 680.10 万吨，东北地区的化肥
施用虽总量上较低（2006 年为 408.90 万吨），但增速上显著（2015
年达到 638.60 万吨）。

从农药施用量情况看，2006—2015 年东、中、西、东北四大地
带的化肥施用量总体上呈现波动增长的态势（图 1.3.2）。东部地区
的农药施用量经历"上升—下降"的过程，农药施用量由 2006 年的
58.28 万吨增加到 2011 年的 63.14 万吨，再下降到 2015 年的 58.94 万
吨。中部地区的农药施用量也呈现"上升—下降"的过程，由 2006
年的 52.14 万吨上升到 2012 年的 63.78 万吨，再下降到 2015 年的
60.77 万吨。西部地区的农药施用量呈现持续增长的过程，由 2006 年

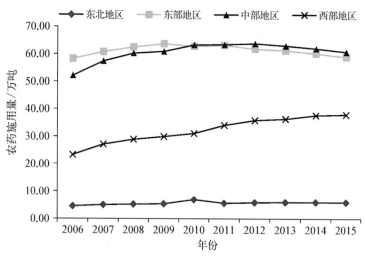

图 1.3.2　2006—2015 年四大地带农药施用量变化

　　　　　　　　　　诗意地栖居：多空间尺度的人居环境评价研究

的 23.29 万吨持续增加到 2015 年的 37.97 万吨。东北地区的农药施用量经历"上升—下降—再上升—再下降"的波动变化过程，其农药施用量保持在 4.58 万吨至 6.94 万吨。

从农药化肥施用量的总体增长态势上看，西部地区省份近 10 年来农药化肥施用量增长十分明显，而东部地区虽然部分省市减量工作显著，但仍处于高位施肥施农药的状态。中部地区最大的特征就是其施肥施农药量在全国四大地带内，由第 2 的位置跃升为第 1 的位置。东部地区的农药化肥施用总量上总体呈现增长的态势，只是化肥施用呈现持续增长的状态，而农药施用呈波动增长的态势。

（二）各省农药化肥施用量的变化

2006 年，全国化肥施用总量前 5 名的省份依次为河南、山东、江苏、河北和湖北，其化肥施用量分别为 518.10 万吨、467.60 万吨、340.80 万吨、303.40 万吨和 285.70 万吨，占全国化肥总施用量的 38.87%。到了 2015 年，化肥施用量前 5 名的省份变为河南、山东、安徽、河北和湖北，其化肥施用总量分别变为 716.1 万吨、463.5 万吨、338.7 万吨、335.5 万吨和 333.9 万吨，占全国化肥总施用量的 36.32%。2006—2015 年，北京、天津、上海、江苏、浙江、山东 6 个省市化肥施用总量有所下降，其余省、直辖市、自治区的化肥施用量都在增加，其中新疆、内蒙古、吉林、黑龙江、云南、陕西的增长量最为明显，2006—2015 年化肥施用总量都在 1.5 倍以上。

为反映各省级单元化肥施用量的变化特征，采用二维分析法（李陈等，2017）进行分析。二维图（图 1.3.3）中从右上角到右下角逆时针依次为第一象限、第二象限、第三象限和第四象限。二维图中 X 轴与 Y 轴原点坐标为 30 个省级单元化肥施用量的平均值。第一象限无论在 2006—2015 年化肥施用量均值，还是在 2006—2015 年化肥施用量年均增率上都超过 30 个省级单位的平均水平，化肥施用量增长强度较大。第二象限省份在化肥施用量上低于平均水平，但在化肥施用增长率上高于均值。第三象限表现最佳，无论在化肥施用均量，还是施用量增长速度上都低于平均水平。第四象限省份在化肥施用量增速上低于平均水平，甚至表现为负增长的态势，但在化肥施用均量上仍高于 30 个省级单位的平均水平。图中清晰表明，2006—2015 年中国形成以新疆、内蒙古、河南等为代表的化肥施用量高增长区域，一共 10 个省份落在第一象限；形成青海等较高化肥施用量增长区域，共 5 个省份落在第二象限；形成北京、上海等化肥负增长低施用量的区域，共 7 个省份落在第三象限；形成江苏、山东等化肥负增长但总量仍高于平均水平的区域，共 8 个省落在第四象限。

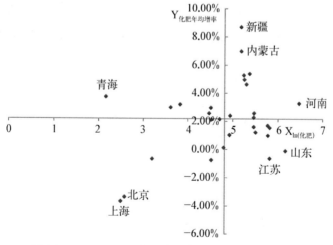

图 1.3.3　2006—2015 年各省级单元化肥施用量二维分析

　　　　　　　　诗意地栖居：多空间尺度的人居环境评价研究

与化肥施用量类似，农药的总体施用量也在持续增加。2006年，全国农药施用总量前5名的省份依次为山东、湖南、湖北、河南和江苏，其农药施用总量分别为15.56万吨、11.33万吨、11.02万吨、10.51万吨和9.48万吨，占全国农药总施用量的40.25%。到了2015年，农药施用量前5名的省份变为山东、河南、湖南、湖北和广东，其农药施用量分别变为15.10万吨、12.87万吨、12.23万吨、12.07万吨和11.38万吨，占全国农药施用总量的35.72%。2006—2015年，北京、上海、江苏的农药施用量降幅较大，而吉林、海南、内蒙古、甘肃等省、自治区的农药增长量在2倍以上。

　　从二维分析图（图1.3.4）中可知，2006—2015年，甘肃、吉林、黑龙江、云南等省份的农药施用量无论在年均增长率还是平均水平都高于30个省份均值，处于农药施用量持续增长的状态，共8个省级单位落在第一象限，其农药减量工作压力巨大。宁夏等6个

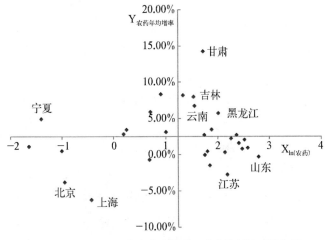

图1.3.4　2006—2015年各省级单元农药施用量二维分析

省份落在第二象限，这部分省份的农药施用量均值虽低于平均水平，但增长率仍高于平均水平，处于可控但压力较大的状态。与化肥情况类似，北京、上海等5个省、直辖市落在第三象限，其农药施用量低于平均水平且处于持续减少的状况，是中国农药施用减量工作最优的区域。第四象限有山东、江苏等11个省份农药施用量保持零增长，甚至负增长的态势，其农药减量工作显著，但由于过去农药施用量基数较大，其减量工作压力也较大。

（三）农药化肥施用均量区域差异

研究采用均量的方式反映地带性化肥农药施用量的空间特征。之所以采用人均意义上的化肥农药施用量，是因为它一方面能够反映区域农药化肥施用水平，另一方面避免部分地区因差异过大而掩盖数据的本质，如直辖市与其他省的比较，显然差异过大。采用化肥农药施用总量的数据初步分析也显示了另一方面的原因。在绿色农业发展和国家农药化肥减排减量政策下，部分地区的减量工作显著，部分地区其施用量反而在增长，这"一减一增"造成总量数据区域差异的缩小，如2006—2015年化肥施用量总体差异Theil指数由0.2972缩小到0.2799。

2006—2015年化肥施用均量总体差异呈现持续扩大的态势，Theil指数由0.0725持续扩大到0.1557。从地带内差异和地带间差异变化态势上看，四大地带间差异T_{BR}呈扩大态势，组间T_{BR}泰尔指数由2006年的0.0078持续扩大到2015年的0.0306，四大地带内差异T_{WR}也呈扩大态势，组内T_{WR}泰尔指数由2006年的0.0647扩大到2015年的0.1250。从分解的地带内差异T_{WR}看，西部T_{WR}泰尔指数上升最快，由2006年的0.0334持续上升到2015年的0.0808，中部

T_{WR}泰尔指数表现为"上升—下降"的态势，东部 T_{WR} 和东北 T_{WR} 泰尔指数也保持增长的态势，但相对扩大幅度不大（图 1.3.5）。从地带内差异和地带间差异对总差异的贡献率看，地带内差异贡献率在 80% 以上，地带内差异贡献率由 2006 年的 89.20% 下降到 2015 年的 80.31%。相应地，地带间差异则由 2006 年的 10.80% 上升到 2015 年的 19.69%。从分解的地带内差异情况看，西部地区的贡献率最大，研究期贡献率保持在 46.04%～53.38%，其次为东部地区的贡献率，贡献率维持在 19%～31% 的水平，中部和东部地区的贡献率相对较小。

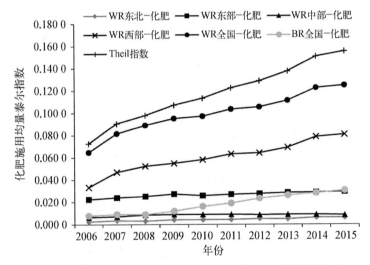

图 1.3.5　2006—2015 年中国四大地带化肥施用均量泰尔指数变动

对于组内差异贡献最大的西部地区，内蒙古、云南、陕西、新疆等地的人均化肥施用量呈现快速增长的态势，如内蒙古的人均化肥施用量由 2006 年的 92.97 千克持续增加到 2015 年 166.41 千克，新疆由 115.94 千克持续增加到 226.95 千克，重庆、甘肃、宁夏等省份的增长较小，造成其组内差异贡献率最大。对于组内差异贡献率第二的东部地区，江苏、上海、北京、浙江等省市的化肥均量呈缩小的态势，而天津、河北、广东、海南等省市的化肥施用均量呈扩大的态势，"一增一减"造成差异的波动与组内差异贡献率的增加。东北和中部地区的组内差异贡献率较小，并非人均化肥施用量低，而是两大地带化肥施用均量总体增长的态势相对均衡，黑龙江、河南等农业大省的化肥施用均量增长态势依然明显。

2006—2015 年农药施用均量总体差异呈"扩大—缩小"的态势，与 2006 年相比，2015 年的总体差异 Theil 指数仍在增加。从地带内差异（组内）和地带间差异（组间）变化态势上看，组内差异贡献最大且总体呈现增长的态势，组内差异贡献率由 2006 年的 48.18% 增加到 2015 年的 72.71%，研究期内其全国 T_{WR} 泰尔指数由 0.066 7 增加到 0.144 2，组间差异贡献率则由 51.82% 下降到 27.29%。从分解的组内差异看，东部地区的人均农药差异贡献率最大且 T_{WR} 泰尔指数呈现上升的态势，其次为西部地区，西部 T_{WR} 泰尔指数同样呈现上升的态势，而中部地区的 T_{WR} 泰尔指数贡献率位居第三，且呈现下降的态势，东部地区的 T_{WR} 泰尔指数贡献率居第四但总体呈现上升的态势（图 1.3.6）。

对于组内差异最大的东部地区而言，北京、上海、江苏、浙江的减量效应，河北、天津、广东、海南等地的增量效应，两者"一增一减"，带来的叠加效应，导致其组内差异贡献率上升，是导致组内差异贡献率最大的重要因素。西部地区如内蒙古、广西、贵州、云南、陕西、甘肃、宁夏、新疆等地区的人均农药施用量都呈现增长态势，但各地增幅不同，如内蒙古的人均农药施用量由 2006 年的

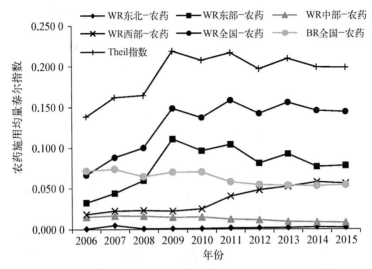

图 1.3.6　2006—2015 年中国四大地带农药施用均量泰尔指数变动

1.37 千克增加到 2015 年的 2.39 千克，扩大了 1.74 倍，而宁夏仅由 0.59 千克增加到 0.65 千克，扩大 1.10 倍。人均农药施用量的基数不同与彼此的增幅不同，是造成西部贡献率较大的重要因素。东北地区和中部地区的组内差异贡献较小，主要是由于两大区域的人均农药施用量总体保持稳定增长且存在较小增幅波动。

通过 Theil 指数对农药化肥的区域差异分析，发现人均农药化肥的增幅不同、人均施用量基数差异以及各省均量的增速（增长、下降）不同是造成总体差异变化的重要因素。分析还发现农药和化肥的均量总体差异皆呈现（波动）增长的态势且西部或东部的差异贡献率最大，东北、中部的差异贡献率最小。

（四）农药化肥施用量的时空格局

均量数据可以用于度量农药化肥各省施用量的区域差异，但

ESDA 分析未必真实反映区域冷热点时空格局，数据预分析也证明这点。采用均量分析，对其无量纲化处理，导致相反的分析结果，如河南作为农业大省，其均值数据采取无量纲化处理后反而变小，这与实际情况不相符合。因此，ESDA 时空格局测度宜采用农药化肥施用量的总量数据。

通过全局 Moran's I 统计量对全国 2006 年和 2015 年各省级单位化肥农药施用量进行全局空间自相关分析，旨在反映全国化肥农药施用量的总体高、低集聚程度。2006 年农药施用量在全局 Moran's I 统计量在 0.1 的显著性水平下通过检验，2006 年化肥施用量临界通过显著性检验，相对而言，2015 年农药和化肥施用量在 0.1 的显著性水平下未能通过检验，但 4 个指标的全局 Moran's I 统计量都大于 0，表明农药化肥施用量在全局范围内存在正的空间相关性，同时，4 个指标的方差都接近于 0，表明变量之间具有平稳性（表 1.3.1）。

表 1.3.1　中国分省农药化肥施用量全局空间自相关

指　　标	Moran's I	E (I)	方差	Z 统计量	P 值
2006 年化肥施用量	0.096 3	−0.029 4	0.005 9	1.64	0.101
2015 年化肥施用量	0.068 7	−0.029 4	0.005 7	1.29	0.194
2006 年农药施用量	0.102 0	−0.029 4	0.006 1	1.67	0.094
2015 年农药施用量	0.022 7	−0.029 4	0.006 2	0.66	0.510

对 2006 年和 2015 年的农药化肥施用量进行局部空间自相关分析，对于统计量显著的高高集聚地区（HH），可认为它们具有很高的正向邻近效应，使邻近省份的农药/化肥施用量处于较高水平；对于统计量显著的低低（LL）则出现负向邻近效应，即邻近农药化肥施用量也受到影响；对于统计量显著的高低（HL）、低高（LH）集

聚区则处于正向和负向邻近效应过渡地带。在通过局部 Moran's I 统计量显著性检验后，得出 2006 年和 2015 年农药化肥施用量的空间统计局部空间自相关 LISA 集聚图。

2006 年，化肥施用量高高集聚（HH）的省份有山东、河南、江苏、安徽、湖北 5 个省份，低高集聚（LH）的省级单元是上海；农药施用量高高集聚（HH）的省份有山东、江苏、安徽、河南、湖北、湖南、江西 7 个省份，低高集聚（LH）的省级单元也是上海，其余省份皆不通过显著性检验。2015 年，化肥施用量高高集聚（HH）的省份有山东、河南、湖北、安徽 4 个省份，农药施用量高高集聚（HH）的省份有河南、湖北、安徽 3 个省份，其他省份不通过显著性检验。

2006—2015 年，无论在农药施用量还是在化肥施用量上，高高集聚的省份主要集中在黄淮海平原地区，该区域地势低平，是中国粮食种植及主产区之一，这一区域具备宜人的生产生活条件，气候适宜、光照充沛、土壤肥沃，但由于人口密度较高、粮食种植强度高，农药化肥施用量也大。2006 年农药 HH 集聚的 7 个省份达 75.44 万吨，占全国的 52.70%，这 7 个省份在化肥施用量上也占一定份额，2006 年化肥施用量达到 2 312.20 万吨，占全国的 48.58%。2015 年，东部地区部分省份做了一定的减量工作，如江苏、上海等地区，退出农药化肥施用量高高集聚（HH）、低高集聚（LH）序列，而河南、湖北、安徽等省份仍处于高高集聚（HH）序列，这类省份的农药化肥施用无论在规模，还是均量上都呈现上升的态势，其减量增效工作难度较大。

三、农药化肥施用量区域差异的粮食产量因素分析

显然，保证粮食产量是农业化肥施用量增大的重要原因。但两

者之间的相关程度如何，粮食产量因子与农药化肥施用量之间的因果关系又如何，研究将在区域差异分析的基础上，进一步挖掘农药化肥施用量区域差异的粮食产量因子。

利用 Pearson 相关分析法研究 2011—2015 年的化肥施用量与粮食产量、农药施用量与粮食产量之间的相关关系，结果显示两组变量的相关分析皆通过显著性检验，相关分析具备显著性意义。两组变量都呈现正相关关系，即粮食产量的增加与农药化肥施用量的增加呈现同方向增长的态势。从相关分析强度上看，化肥施用量与粮食产量呈强相关关系，两者的 Pearson 相关系数维持在 0.80 以上，农药施用量与粮食产量呈较强相关关系，相关系数在 0.69~0.71 之间（表 1.3.2）。

表 1.3.2　农药化肥施用量与粮食产量 Pearson 相关系数分析

变　　量	2011 年	2012 年	2013 年	2014 年	2015 年
化肥施用量与粮食产量相关系数	0.841**	0.838**	0.829**	0.831**	0.837**
农药施用量与粮食产量相关系数	0.694**	0.699**	0.694**	0.713**	0.708**

注：上角标 ** 表示 P 值在 0.01 的显著性水平。

为反映两者之间的因果关系，研究构建农药化肥施用量与粮食产量弹性系数，粮食产量相对农药化肥施用量的弹性公式为：

$$弹性系数 = \frac{粮食产量／播种面积}{农药化肥施用量／播种面积} \tag{6}$$

式中，分子为单位面积产量，单位是千克/公顷，分母为单位面积农药或化肥施用量，单位也是千克/公顷。

测算结果显示粮食产量与化肥施用量之间的关系中（表 1.3.3），2015 年黑龙江的单位面积化肥施用量相对较低，仅 217 千克/公顷，

而单位面积粮食产量相对较高，为 5 375.1 千克/公顷，黑龙江粮食
产量对化肥施用量的弹性系数最大，为 24.77，即黑龙江单位面积中
用最少的化肥施用量投入，获取了最多的粮食产量。海南的粮食产
量对化肥施用量的弹性系数最小，仅 3.60。宁夏的粮食产量与农药
施用量弹性系数最高，达到 1 436.72，其单位面积粮食产量为 4 835.7
千克/公顷，而单位面积农药施用量相对较低，为 3.37 千克/公顷。
海南的粮食产量对农药施用量的弹性系数最小，仅 46.22。

表 1.3.3　2015 年粮食产量与农药化肥施用量弹性系数分类

排　名	粮食产量与化肥施用量 弹性系数	粮食产量与农药施用量 弹性系数
1～10 名 依次排序	黑龙江、吉林、江西、四川、 辽宁、内蒙古、湖南、甘肃、 重庆、贵州	宁夏、陕西、贵州、内蒙古、 黑龙江、重庆、新疆、吉林、 四川、青海
11～20 名 依次排序	上海、江苏、山西、安徽、青 海、山东、河北、宁夏、浙江、 河南	天津、河南、江苏、陕西、河 北、辽宁、云南、安徽、山东、 上海
21～30 名 依次排序	天津、湖北、云南、新疆、北 京、广西、福建、广东、陕西、 海南	湖南、江西、湖北、广西、北 京、甘肃、浙江、广东、福建、 海南

　　与化肥农药施用总量相比，粮食产量与化肥农药弹性系数分析，
显示了新的格局。北京、天津、上海、江苏等沿海省份化肥农药施
用量逐年下降的省市，在弹性系数分析排名中并不靠前，这类省份
虽然做了大量的减量工作，取得了明显的效果，但在单位化肥农药
粮食亩产效率上并不高。虽然黑龙江、吉林、辽宁、内蒙古等东北
华北地区的省份在化肥施用量上逐年上升，单位化肥粮食亩产效率
仍较高。宁夏、陕西、贵州、内蒙古、重庆、新疆等西部省份在单

位农药投入后的粮食亩产效益上排名靠前。海南、福建、广东等华南地区省份无论在粮食产量与化肥农药弹性系数，还是在化肥农药施用量上都存在较大的压力与挑战。

四、结论

综合利用二维分析法、泰尔指数、局部空间自相关、弹性系数等方法，对2006—2015年中国30个省份的农药化肥施用量进行区域差异研究，得出主要结论如下：

（1）2006—2015年，中国化肥农药施用总量持续增长，对生态绿色农业的发展和减量增效工作带来很大挑战与压力。中部、西部、东北地区的化肥农药施用量增长显著，东部地区化肥农药施用量有一定减少，但仍有较高的施用规模。

（2）2006—2015年，化肥施用量中形成新疆、内蒙古、河南等高施用量高增长区域，北京、上海等负增长低施用量区域，农药施用量中形成甘肃、吉林、黑龙江、云南等高施用量高增长区域，北京、上海等负增长低施用量区域。

（3）2006—2015年，化肥施用均量总体差异呈现扩大的态势，农药施用均量呈现波动增长的态势。两者的地带内差异贡献大于地带间差异，各省份化肥、农药施用量基数不同以及各省均量的增速不同，是造成总体差异和内部差异变化的重要因素。化肥农药施用量空间格局上，形成河南、湖北、江苏、安徽等黄淮海平原地区省份高高集聚的空间特征。

（4）研究发现粮食产量与农药化肥施用量存在较强的正相关关系，粮食产量与化肥农药弹性系数分析中呈现新的格局，北京、上海、江苏等农药化肥施用量下降的省份单位化肥农药粮食亩产效率并不高，而东北三省、内蒙古等华北地区效率最高，华南地区部分省份效益也不高且农药化肥施用量呈增加的态势。

（黄晓丹，李陈，黄翌.原文发表于：生态经济，2019，35（4）：118－124）

第二章

区域空间尺度的
人居环境评价研究

第一节　长江经济带住房条件的区域差异研究

住房问题作为"城市病"的一个具体表现，一直以来都是学者们重点关注的研究对象。研究人员分别从城镇化、城市规划、公共治理等多个角度对住房问题展开了有益的探讨。作为人居环境科学关注的焦点问题之一，住房条件直接影响到城市人居环境的综合评价；作为基本权利的居住问题，它被写入《北京宪章》（吴良镛，1999）、"人居二"（吴良镛，1997）等人居环境议程。2016年10月召开的第三次联合国住房和城市可持续发展大会（即"人居三"）通过的《新城市议程（New Urban Agenda）》要求"平等的使用和享受城市和人类住区，提高所有人的生活质量，促进繁荣"。相应地，住建部向联合国人居署提交的"人居三"《中国国家报告》中强调"根据住房需求变化情况，保持合理的城镇住房投资和建设规模，增加城镇住房数量，提高人均住房面积，完善城镇住房功能，改善居住环境"。"人居三"《中国国家报告》表明中国政府对待城市居住条件的改善正处于"增量保质"时期，既体现在"城镇住房数量，提高人均住房面积"的增量上，又体现在"完善城镇住房功能，改善居住环境"的保质上。长江经济带跨越东中西部地区9省2市，其区域性特征明显，对长江经济带城市住房条件的探讨不仅体现在增量保质的分析上，而且能够反映可能存在的居住问题，某种程度上，还间接反映人民的居住权利。基于以上回顾，参考张宇等（2016）对长江经济带的划分标准，分上游地区（云南、贵州、四川、重庆）、中游地区（湖北、湖南、江西）、下游地区（上海、江苏、浙江、安徽），从时空发展的视角，揭示长江经济带 109 座地级及以上城市住房水平和住房配套设施的区域差异特征和时空分布规律。

一、数据与方法

（一）数据来源

研究所涉及的数据包括长江经济带 109 座地级市、直辖市。家庭户人均住房面积、家庭户人均住房间数、拥有厨房设施比例、通管道自来水比例、拥有厕所设施比例、拥有洗澡设施等数据均来源于"五普"和"六普"资料。长江经济带城市 GIS 行政区划矢量地图参考民政部 2010 年的行政区划。

（二）研究方法

1. 二维象限法

二维象限法是将长江经济带 109 座城市分布在两个不同年份构成的二维平面上。图 2.1.1 是理想状态的二维象限，利用横坐标的均值（2000 年）和纵坐标的均值（2010 年）交叉后（中间方块点）分为四个象限，示意图的均值都取 50%，形成均等的四个象限。落在第一象限的城市表示 2000 年和 2010 年其住房配套设施拥有率一直高于平均水平，落在第二象限的城市表示 2000 年低于平均水平，但到 2010 年超过平均水平；落在第三象限的城市表示 2000 年和 2010 年其住房配套设施拥有率一直低于平均水平；落在第四象限的城市表示 2000 年高于平均水平，但到 2010 年低于平均水平。

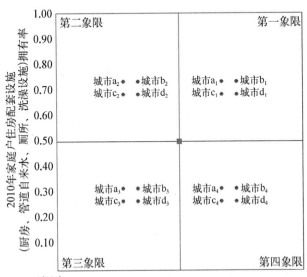

图 2.1.1　二维象限示意图

2. 泰尔指数

为更深入了解长江经济带城市的差异，将长江经济带各城市按下游、中游、上游三大地带分组，采用泰尔指数测度长江经济带城市住房条件区域差异情况。泰尔是从信息和熵的观点出发考察差异性，其特点是能够将总体差异分解为组间差异和组内差异（文余源，2005；欧向军，2006）。

设 U_i 为第 i 个省域的住房条件评分值，n 为参加讨论的省域数，

$T_i = U_i \Big/ \sum U_i$ 为第 i 省域住房条件评分值占长江经济带的份额；$T_x = \sum_x T_i$，$T_z = \sum_z T_i$ 和 $T_s = \sum_s T_i$ 分别表示下游、中游、上游省域住房条件评分值占长江经济带的份额；n_x、n_z、n_s 分别为长江经济带下游、中游、上游的省域数。长江经济带住房条件的泰尔指数 J 及其下游、中游、上游地带的泰尔指数分别为 J_x、J_z、J_s。

$$J = \sum_{i=1}^{n} T_i Ln(nT_i) \tag{1}$$

$$J_x = \sum_{i=1}^{n_x} (T_i / T_x) Ln(n_x T_i / T_x) \tag{2}$$

$$J_z = \sum_{i=1}^{n_z} (T_i / T_z) Ln(n_z T_i / T_z) \tag{3}$$

$$J_s = \sum_{i=1}^{n_s} (T_i / T_s) Ln(n_s T_i / T_s) \tag{4}$$

设 J_r 和 J_j 分别表示长江经济带下游、中游、上游三大地带的组内和组间差异，则有

$$
\begin{aligned}
J_r &= T_x J_x + T_z J_z + T_s J_s \\
&= \sum_{i=1}^{n_x} T_j Ln\left(n_x \frac{T_j}{T_x}\right) + \sum_{i=1}^{n_z} T_j Ln\left(n_z \frac{T_j}{T_z}\right) + \sum_{i=1}^{n_s} T_j Ln\left(n_s \frac{T_j}{T_s}\right)
\end{aligned} \tag{5}
$$

$$J_j = T_x Ln\left(T_x \frac{n}{n_x}\right) + T_z Ln\left(T_z \frac{n}{n_z}\right) + T_s Ln\left(T_s \frac{n}{n_s}\right) \tag{6}$$

$$J = J_r + J_j \tag{7}$$

　　　　　　　　　　　诗意地栖居：多空间尺度的人居环境评价研究

二、住房水平与区域差异

家庭户人均住房面积是衡量家庭生活与平均居住水平的重要指标，也是全面建成小康社会的重要指标之一，该指标能够反映家庭成员人均享用住房资源的机会。借助于 GIS 技术，利用家庭户人均住房面积和家庭户人均住房间数两个重要指标，综合反映长江经济带 109 座城市住房水平空间格局（图 2.1.2）。

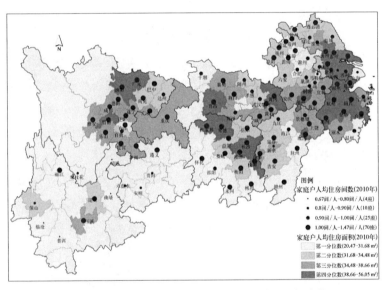

图 2.1.2 长江经济带地级及以上城市居住水平空间分布

长江经济带地级及以上城市家庭户人均住宅面积已提高到一定水平（2010 年家庭户人均住宅面积达到 35.17 平方米/人），但上游和中下游城市"两极化"态势依然存在。可采用四分位数法，将长江经济带 109 座地级及以上城市划分四个序列。具体情况如下：第一序列：20.47—31.68 平方米/人；第二序列：31.68—34.48 平方米/人；

第三序列：34.48—38.66 平方米/人；第四序列：38.66—56.05 平方米。2010 年长江经济带地级及以上城市人均住宅建筑面积达到 35.17 平方米/人，相对 2000 年提高 9.01 平方米/人；有 14 座城市的人均住宅建筑面积低于 30 平方米/人（长江经济带上游占 9 座且主要集中在云南，中游和下游各占 2 座和 3 座），有 20 座城市的人均住宅建筑面积高于 40 平方米/人（长江经济带下游占 11 座且主要集中在浙江，中游和上游各占 7 座和 2 座）。

若按家庭户人均拥有一间房的标准，长江经济带地级及以上部分城市则有更大提升空间。"六普"家庭户人均住房间数数据分析表明，长江经济带地级及以上城市达到人均拥有一间房标准的城市仅占 64.22%。有 39 座城市达不到人均拥有一间房的标准，上游有 11 座、中游有 10 座、下游有 18 座。具体而言：① 家庭户人均住房间数在 0.67—0.80 间/人的城市全部集中在上游，分别是昭通（0.67 间/人）、曲靖（0.74 间/人）、普洱（0.74 间/人）、临沧（0.76 间/人）；② 0.80—0.90 间/人的城市上游有 5 座、中游有 1 座、下游有 4 座；③ 0.90—1.00 间/人的城市上游有 2 座、中游有 9 座、下游有 14 座。

从时间变化维度上看，2000—2010 年长江经济带 109 座城市住房水平泰尔指数总体差异趋于缩小，家庭户人均住房面积和家庭户人均住房间数总差异都呈缩小的态势，但泰尔指数组内差异或组间差异的变化态势不一。① 家庭户人均住房面积的总体差异和组内差异都处于下降的态势，而组间差异反而呈现扩大的态势，家庭户人均住房面积组内差异缩小主要由下游城市的组内差异造成。家庭户人均住房面积总差异由 2000 年的 0.027 6 下降到 2010 年的 0.013 2，降幅为 52.13%；组间差异由 0.000 6 上升到 0.001 3，升幅为 55.21%；

组内差异由 0.027 0 下降到 0.011 9，降幅为 55.96%；长江经济带下游、中游、上游城市分解后的组内差异降幅分别为 66.94%、42.00%、35.88%。② 家庭户人均住房间数的总体差异、组间差异和组内差异呈现下降的态势；从组内差异分解看，只有长江经济带下游城市组内差异趋于缩小，中游和上游城市组内差异反而趋于扩大。家庭户人均住房间数总体差异由 2000 年的 0.010 5 下降到 2010 年的 0.008 8，降幅为 16.28%；组间差异由 0.000 3 下降到 0.000 06，降幅为 82.04%；组内差异由 0.010 2 下降到 0.008 7，降幅为 14.17%；长江经济带分解后的组内差异显示：下游、中游、上游地区组内差异分别由 0.004 9、0.001 8、0.003 5 变化为 0.002 8、0.001 9、0.004 0，依次下降 43.25%、上升 9.22%、上升 12.26%。

三、住房配套设施与区域差异

（一）住房配套设施区域差异分解

利用"五普"和"六普"数据，分别测度 2000 年和 2010 年长江经济带城市住房配套设施区域差异，计算拥有厨房设施占比例、通管道自来水占比例、拥有厕所设施占比例、拥有洗澡设施占比例的总差异、组间差异、组内差异及其分解的泰尔指数（表 2.1.1）。

表 2.1.1　长江经济带地级及以上城市住房
配套设施区域差异及其分解

泰尔指数及其分解		拥有厨房设施占比例	通管道自来水比例	拥有厕所设施占比例	拥有洗澡设施占比例
泰尔指数总差异	2000 年	0.006 056	0.153 646	0.050 588	0.179 899
	2010 年	0.010 327	0.072 235	0.031 304	0.046 285

（续表）

泰尔指数及其分解			拥有厨房设施占比例	通管道自来水比例	拥有厕所设施占比例	拥有洗澡设施占比例
泰尔指数组间差异		2000 年	0.000 161	0.008 380	0.001 632	0.023 677
		2010 年	0.000 401	0.020 185	0.001 158	0.009 170
泰尔指数组内差异		2000 年	0.005 895	0.145 266	0.048 956	0.156 222
		2010 年	0.009 926	0.052 050	0.030 147	0.037 116
泰尔指数组内差异分解	下游城市	2000 年	0.000 584	0.062 518	0.009 363	0.067 341
		2010 年	0.001 001	0.030 649	0.005 710	0.012 056
	中游城市	2000 年	0.001 500	0.052 842	0.023 726	0.058 933
		2010 年	0.002 314	0.008 705	0.007 725	0.006 214
	上游城市	2000 年	0.003 811	0.029 906	0.015 866	0.029 948
		2010 年	0.006 612	0.012 697	0.016 711	0.018 845

总体差异：长江经济带城市住房的通管道自来水比例、拥有厕所设施占比例、拥有洗澡设施占比例等配套设施区域总体差异趋于缩小，而拥有厨房设施占比例的区域差异趋于扩大。2000 年，拥有洗澡设施占比例和通管道自来水比例的总体差异泰尔指数分别高达 0.179 9 和 0.153 7，远大于拥有厨房设施占比例和拥有厕所设施占比例；2010 年，通管道自来水比例的总体差异是四个住房配套设施最大值。从总体差异泰尔指数变化速度看，拥有洗澡设施占比例的变幅最大，降幅达 74.27%，其次是通管道自来水比例，降幅 52.99%，再次是拥有厕所设施占比例，降幅 38.12%，而拥有厨房设施占比例升幅 41.36%。

组间差异：长江经济带城市住房的拥有厨房设施占比例和通管道

自来水比例趋于扩大，而拥有厕所设施占比例和拥有洗澡设施占比例趋于缩小。2000年，拥有洗澡设施占比例在四个住房配套设施中的组间差异最大，其泰尔指数为0.0237，组间差异最小是拥有厨房设施占比例，其泰尔指数仅为0.00016；2010年，拥有厨房设施占比例组间差异泰尔指数扩大到0.0004，通管道自来水比例扩大到0.0202。从组间差异泰尔指数变化速度看，拥有厨房设施占比例和通管道自来水比例升幅分别为59.84%和58.48%，拥有厕所设施占比例和拥有洗澡设施占比例降幅分别为29.06%和61.27%。

组内差异：与总体差异情况类似，除拥有厨房设施占比例的组内差异趋于扩大，其余三者都趋于缩小。2000年，拥有洗澡设施占比例和通管道自来水比例的组间差异泰尔指数分别高达0.1453和0.1562，在对应年份的总体差异贡献率分别达到94.55%和86.83%；2010年，通管道自来水比例的组内差异是四个住房配套设施最大值。从组内差异泰尔指数变化速度看，通管道自来水比例和拥有洗澡设施占比例的降幅最快，分为下降64.16个百分点和76.24个百分点，拥有厕所设施占比例下降38.42个百分点，而拥有厨房设施占比例反而上升40.61个百分点。

组内差异分解：①下游城市：通管道自来水比例和拥有洗澡设施占比例两个指标是组内差异泰尔指数的高值，拥有厕所设施占比例其次，拥有厨房设施占比例的组内差异泰尔指数最小。②中游城市：2000年，通管道自来水比例和拥有洗澡设施占比例两个指标是组内差异较大；2010年，以上两个指标已下降到较低水平，与拥有厕所设施占比例的组内差异泰尔指数水平相当。③上游城市：2000年，通管道自来水比例和拥有洗澡设施占比例两个指标的组内差异泰尔指数相对其他住房配套设施指标要高；2010 年，两个指标的降幅远不如中游城市；拥有厨房设施占比例和拥有厕所设施占比例两个指标的组内差异泰尔指数反而都有所上升。

（二）住房配套设施二维象限分析

1. 厨房设施

从城市家庭户拥有厨房设施覆盖面上看，拥有厨房设施占比例基本维持在 80% 以上，在四个住房配套设施比例中最高。2000 年长江经济带 109 座城市拥有厨房设施占比例均值为 86.17%，2010 年略微下降到 84.52%。

从 2000 年和 2010 年厨房设施二维象限图看（图 2.1.3）：第一象限具有较明显的四川指向和江苏指向，集中在四川的城市（14 座城市）和江苏的城市（7 座城市），说明 2000 年和 2010 年两省的拥有

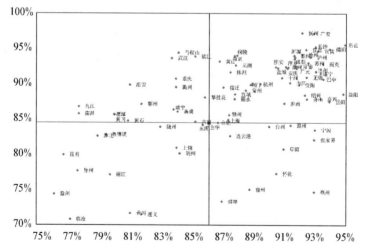

图 2.1.3 长江经济带地级及以上城市拥有厨房设施占比例
二维象限图（x 轴：2000 年；y 轴：2010 年）

诗意地栖居：多空间尺度的人居环境评价研究

厨房设施占比例都很高。第二象限具有较明显的湖北指向，集中湖北 6 座城市（咸宁、鄂州、黄冈、襄樊、黄石、武汉），安徽和江西各占 3 座城市（马鞍山、六安、巢湖；鹰潭、九江、南昌），江苏占 2 座城市（镇江、淮安），四川、浙江各 1 座城市（攀枝花、衢州）、重庆 1 座城市。第三象限具有明显的云南指向、贵州指向和江西指向，集中云南 6 座城市（昆明、曲靖、昭通、玉溪、丽江、临沧），贵州 4 座城市（贵阳、遵义、安顺、六盘水），江西的 6 座城市（上饶、景德镇、新余、抚州、宜春、吉安）。第四象限集中在安徽 4 座城市（阜阳、宿州、亳州、蚌埠），浙江 3 座城市（台州、温州、宁波），江苏 1 座城市（连云港）。

2. 管道自来水

从通管道自来水覆盖面上看，长江经济带 109 座城市通管道自来水比例均值由 2000 年的 43.80% 快速上升到 2010 年的 59.67%，增加 15.86 个百分点，在四个住房配套设施比例中处于较低水平。上中下游地区城市均值都有较大幅上升，上游地区城市均值由 37.28% 升到 47.60%，中游地区城市均值由 41.38% 升到 52.44%，下游地区城市均值由 50.70% 升到 74.76%。

从 2000 年和 2010 年管道自来水设施二维象限图看（图 2.1.4）：第一象限具有很明显的江浙沪指向，集中江苏的城市（13 座地市中除徐州、连云港、宿迁之外的 10 座城市）、浙江的城市（11 座地市中除衢州之外的 10 座城市）和上海共 21 座城市，它们的均值由 2000 年的 71.13% 快速提高到 2010 年的 93.21%。此外，安徽（铜陵、马鞍山、芜湖）、湖北（武汉、荆州、黄石）、江西（南昌）、云南（昆明、玉溪、保山）、四川（成都、攀枝花、雅安）、贵州

（贵阳）等6省14座城市也在第一象限，它们的均值由2000年的60.41%上升到2010年的76.57%。第二象限具有一定的安徽指向，集中安徽的城市（合肥、池州、宣城、黄山、巢湖），其通管道自来水比例均值由2000年的25.84%跃升至2010年的65.63%，上升近40个百分点。第三象限具有明显的川渝指向，涉及四川的15座城市（除攀枝花和成都之外的15座地级市）和重庆1座城市，这16座城市在2000年和2010年通管道自来水比例分别为25.82%和41.05%，低于同期长江经济带109座平均水平17.98个百分点和18.62个百分点。第四象限集中在湖南的7座城市（株洲、岳阳、娄底、湘潭、怀化、邵阳、衡阳），云南的曲靖、临沧、普洱，安徽的淮南。

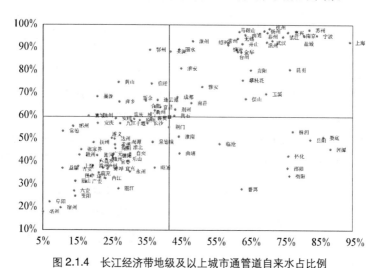

图2.1.4 长江经济带地级及以上城市通管道自来水占比例二维象限图（x轴：2000年；y轴：2010年）

3. 厕所设施

从城市家庭户拥有厕所设施覆盖面上看，拥有厕所设施占比例

诗意地栖居：多空间尺度的人居环境评价研究

基本维持在70%左右，在四个住房配套设施比例中最高。2000 年长江经济带 109 座城市拥有厕所设施占比例均值为 69.36%，2010 年略微上升到 70.87%。上中下游城市均值都有不同程度变化，上游地区城市均值由 75.67% 降到 71.62%，下游地区城市均值由 67.23% 升到 74.26%，中游地区城市均值由 66.40% 略降到 66.28%。

从 2000 年和 2010 年厕所设施二维象限图看（图 2.1.5）：第一象限具有明显的四川指向，四川的 16 座地级市和 1 座副省级城市成都（不含巴中），共 17 座城市列入第一象限。第二象限具有明显的江浙指向。江苏的 5 座城市（南京、无锡、泰州、常州、镇江），浙江的 5 座城市（温州、金华、台州、绍兴、衢州）都在第二象限。第三象限具有明显的云南指向。第四象限集中在湖南的怀化、娄底、衡阳、邵阳、郴州、永州，还集中在安徽的 4 座城市（安庆、亳州、

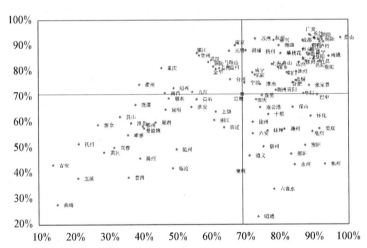

图 2.1.5　长江经济带地级及以上城市拥有厕所设施占比例
二维象限图（x 轴：2000 年；y 轴：2010 年）

宿州、六安），江苏的 2 座城市（徐州和连云港），湖北的 2 座城市（襄樊、十堰），四川的巴中和云南的保山等。

4. 洗澡设施

从城市家庭户拥有洗澡设施覆盖面上看，拥有洗澡设施占比例上升幅度最大，2000 年长江经济带 109 座城市拥有洗澡设施占比例均值为 30.49%，2010 年大幅上升到 59.41%，提高 28.92 个百分点，是四个住房配套设施变幅最大的住房配套设施。但上中下游地区城市升幅变化不同，下游地区城市拥有洗澡设施占比例升幅相对更快，由 31.73% 迅速上升到 67.76%，提高 36.03 个百分点；上游地区提高 27.15% 个百分点；中游地区提高 22.14 个百分点。

从 2000 年和 2010 年洗澡设施二维象限图看（图 2.1.6）：第一象限具有明显的江浙沪指向和湖南指向。江苏的 8 座城市（南京、苏州、无锡、常州、镇江、泰州、扬州、南通），浙江的 8 座城市（杭州、嘉兴、温州、舟山、湖州、台州、绍兴、宁波），湖南的 7 座城市（长沙、岳阳、株洲、湘潭、常德、益阳、张家界）和上海都在第一象限，2000 年和 2010 年 24 座城市拥有洗澡设施占比例均值分别为 53.07% 和 76.79%，分别高出同期 109 座城市均值 22.58% 和 17.39%。第二象限具有明显的安徽指向。安徽的 7 座城市（合肥、铜陵、芜湖、淮北、黄山、淮南、巢湖）在第二象限，其均值由 20.31% 迅速提高 66.79%，分别由低于 109 座城市均值 10.18 个百分点提高到高于均值 7.38 个百分点。此外，江苏的 5 座城市（盐城、淮安、徐州、连云港、宿迁），四川的 4 座城市（德阳、达州、雅安、绵阳），浙江的 3 座城市（金华、衢州、丽水），湖北的 3 座城市（宜昌、咸宁、鄂州），江西的九江等都在第二象限。第三象限具有明显的上游指向（云川贵渝指向），包括云南的 7 座城市（昭通、曲靖、临沧、丽江、保山、普洱、玉溪），贵州的 4 座城市（六盘水、安顺、遵义、贵阳），四川的 7 座城市（巴中、广元、广安、资阳、遂宁、南充、宜宾），重庆等都在第三象限。第四象限集中在湖南的郴州、永州、衡阳、怀化、邵阳、娄底等城市，还包括云南的昆明和四川的内江、泸州等城市。

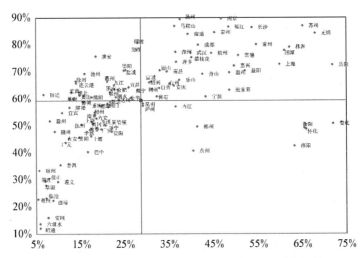

图 2.1.6 长江经济带地级及以上城市拥有洗澡设施占比例
二维象限图（x 轴：2000 年；y 轴：2010 年）

四、结论

基于泰尔指数和二维象限法对 2000 年和 2010 年长江经济带 109 座地级及以上城市住房条件的区域差异变化作综合测度，结果显示：

① 长江经济带地级及以上城市住房条件的改善是一个动态过程，

2000—2010 年，城市住房条件明显改善，具体表现在家庭户人均住房面积和家庭户人均住房间数等指标显著提高。从整体居住条件看，长江经济带地级及以上城市住房条件显示出跨越式发展的态势，至2010 年长江经济带地级及以上城市家庭户人均住宅面积达到 35.17 平方米／人，表明城市住房条件在人均居住空间上得到显著地改善，反映出随着长江经济带城市经济的持续增长，特别是房地产业的迅速发展，对人均居住水平的提高起到极大的促进作用。

②长江经济带地级及以上城市住房配套设施拥有率得到明显改善，但依然存在明显不足，依然有很大改善空间，部分城市的厨卫浴管道自来水设施配套率亟须增强。伴随家庭户人均住宅面积的快速提高，长江经济带地级及以上城市厨房、卫生间、浴室、管道自来水等必要的基础配套设施也得到增强。然而，从厨卫浴管道自来水等配套设施覆盖率上看，长江经济带地级及以上城市住房配套设施拥有率仍有很大的改善空间，如 2010 年管道自来水和洗澡设施的拥有率仅 60%左右，厕所设施拥有率也只有 70%，厨房设施的拥有率约 85%。

③城市住房条件区域差异总体呈现缩小的态势。住房条件组内差异贡献远大于组间差异，上游和中下游城市住房水平"两极化"态势明显，住房配套设施在第一象限具有较明显的下游指向，第三象限具有明显的上游指向。城市住房条件区域总体差异呈现缩小的良好态势，意味着长江经济带 9 省 2 市的人均居住水平得到普遍提升。组间差异省际（省和省、省和直辖市）之间的差异趋于缩小，但不容忽视的问题是，上游、中游和下游省份人均居住水平出现分化，表现在城市家庭户人均住房面积和厨卫浴管道自来水等配套设

施的差异上，具体表现在下游城市总体拥有良好的住房配套设施，而中上游相对配套设施拥有率相对要低。

需引起社会警惕的是，当前长江经济带的部分特大城市房价过高，已经严重影响居民的生活水平，房价问题和房地产开发之间的关系是日后进一步研究的重要人居环境问题。另外，本研究中的住房条件是狭义的居住水平，城市人居环境中的居住水平还应包括住房在内的经济、社会、环境、艺术等多维层面。提高人均住房条件需要协调发展，需正确处理好住房—经济—环境之间的复杂关系，努力践行可持续发展的宜人城市理念，建设和谐的宜居城市。

（李陈，汤庆园.原文发表于：南通大学学报（社会科学版），2017，33（2）：15-21）

第二节　长三角城市群人居环境系统的
耦合协调关系研究

　　1993 年吴良镛首次提出人居环境科学以来，人居环境日益成为学界关注的热点问题之一，尤其在快速城市化的进程中，住房、生态环境、交通问题等人居环境问题突出。城市群作为主要的人居环境，是国家推进新型城镇化的主体形态（武廷海等，2015）。《国家新型城镇化规划（2014—2020 年）》指出要"以城市群为主体形态，推动大中小城市和小城镇协调发展"。因此，探讨城市群内部的人居环境协调发展程度具有重要的现实指导意义。长三角城市群研究范围划分依据 2016 年国家发改委和国家住建部联合印发《长江三角洲城市群发展规划》文件，长三角城市群覆盖范围包括上海，江苏的南京、无锡、常州、苏州、南通、盐城、扬州、镇江、泰州，浙江的杭州、宁波、嘉兴、湖州、绍兴、金华、舟山、台州，安徽的合肥、芜湖、马鞍山、铜陵、安庆、滁州、池州、宣城这 26座城市。

　　对城市人居环境耦合协调关系的研究可归纳为三大层面：对城市群城市之间人居环境系统耦合协调研究，对人居环境系统中的若干要素耦合协调度进行分析，将人居环境作为一个整体，对其与城市化、经济发展等之间的耦合关系进行实证研究。具体包括：① 将人居环境

　　　　　　　　　　诗意地栖居：多空间尺度的人居环境评价研究

系统作为一个整体进行耦合协调度研究，如董锁成等（2017）、李伯华等（2011，2016）、张旺等（2011）等研究，以上学者将城市群内部人居环境各要素求得综合得分，再对其耦合协调度进行实证分析，对人居环境各要素可能存在的短板提出对策建议。② 对人居环境中的若干要素进行耦合协调度分析。如方创琳（2016）对城镇化和生态环境交互耦合关系的探讨，如李敏（1997）对人居与自然关系的讨论，"嫁接"生态学和人居环境的关系，再如张玉萍等（2014）对吐鲁番地区旅游—生态环境—经济之间的耦合协调关系的讨论。③ 将人居环境作为一个整体，并与其他要素进行耦合协调关系的讨论。对于人居环境与经济发展之间的耦合协调研究，如李雪铭（2005）对大连城市人居环境与经济发展之间关系的研究，如熊鹰（2007）、XIONG Ying（2011）对长沙人居环境与经济协调发展不确定性的探讨，再如 ZHU Xiao-ming（2010）对黄河流域县级城市人居环境与经济协调发展的讨论。还有研究者将人居环境与城市化（刘洋等，2014；李雪铭，2009；吴咏梅等，2011）、社会安全建设（夏春光等，2015）等作为耦合协调的研究对象。对长三角人居环境相关研究中，李陈、杨传开和张凡（2013）从自然—社会等人地系统构建指标体系，对长三角中心城市的人居环境进行评价，结果显示长三角中心城市人—地关系协调度呈现"橄榄型"分布的特征。夏钰、林爱文和朱弘纪（2017）利用熵值法对长三角25座城市的人居环境进行综合评价，发现人居环境适宜度在空间上逐步形成由浙江东部向江苏梯度递减的态势。杜婷、李雪铭和张峰（2013）对长三角优秀旅游城市人居环境与旅游业的协调发展程度进行分类。

根据《长江三角洲城市群发展规划》的发展定位，长三角城市群将发展为面向全球、辐射亚太、引领全国的世界级城市群。世界级城市群的必要条件之一就是宜居性，衡量其人居环境耦合协调发展情况。因此，本研究主要采取上述文献中第一个方面的研究思路展开，对长三角城市群整体人居环境内部 26 座中心城市的耦合协调关系进行定量分析，为有效挖掘世界级城市群建设存在的制约瓶颈提供依据。

一、数据与方法

（一）指标构建

　　人居环境是人类聚居生活的地方，是与人类生存活动密切相关的地表空间，是人类在大自然中赖以生存的基地，是人类利用自然，改造自然的主要场所，按照对人类生存活动的功能作用和影响程度的高低，从空间上可分为生态绿地系统和人工建筑系统。根据人居环境的定义，吴良镛（2001）将人居环境分为五大系统：自然系统、人类系统、社会系统、居住系统、支撑系统。本文从人居环境的科学内涵出发，遵循指标选取的科学性、可操作性和数据可获取性原则，从人居环境的五大系统构建指标体系（表 2.2.1）。

表 2.2.1　人居环境系统耦合协调评价指标体系

指　标　簇	指　标　层	单　位
人口系统	市区人口规模	万人
	人口密度	人／平方公里
	市辖区人口自然增长率	％

　　　　　　　　　诗意地栖居：多空间尺度的人居环境评价研究

指 标 簇	指 标 层	单 位
居住系统	居住用地面积	平方公里
	居住用地面积占建成区面积比重	%
	万人拥有中小学教师数	人
	万人拥有医生数	人
生态环境系统	人均公园绿地面积	平方米
	建成区绿化覆盖率	%
	生活垃圾无害化处理率	%
	人均工业废水排放量	吨
网络支撑系统	人均道路面积	平方米
	建成区排水管道密度	公里/平方公里
	建成区供气管道密度	公里/平方公里
	互联网宽带用户数	万户
经济社会系统	人均 GDP	元
	第二、三产业占 GDP 比重	%
	在岗职工平均工资	元
	人均固定资产投资	元

在人口系统上，人是人居环境的核心，规模、密度、变化率等指标是测量人口系统的重要方面，其中，希腊人居环境学家道萨迪亚斯将密度指标作为社区人居环境的重要评价指标，并赋予35%的权重。法国建筑师勒·柯布西耶在《光辉城市》中也高度重视城市中人口的高密度性和集聚性，并将其看作积极的测度指标和缓解"城市病"的良方。在居住系统上，评价指标体系需体现在人居硬环境和人居软环境两个方面，反映在居住用地面积和教育、医疗等公共服务等指标上。在生态环境系统上，虽然日

照、温度、湿度、降雨等自然环境是生态环境系统的重要构成部分，但其影响具有相对稳定性和长期性，考虑反映城市生态环境变化，研究选取具有"人工"生态环境的指标，如公园绿地面积、绿化率、垃圾无害化处理。在网络支撑系统上，除路网设施，还需考虑排水、供气、网络等管道设施。在经济社会系统上，研究选取人均 GDP、经济结构、固定资产投入、人均工资等指标作为评价对象。

（二）数据来源

市区人口规模、人口密度、居住用地面积、建成区面积、人均公园绿地面积、生活垃圾无害化处理率、人均道路面积、建成区排水管道密度、供气管道长度等 10 项指标来源于中国统计出版社出版的《中国城市建设统计年鉴 2000/2005/2010/2015》，其余 9 项指标来源于中国统计出版社出版的《中国城市统计年鉴 2001/2006/2011/2016》。人均工业废水排放量为全市数据，其余各项指标为市区数据，由于统计年鉴中指标的缺失，2000 年指标中的人均工业废水排放量采集 2003 年数据。生活垃圾无害化处理率、供气管道长度两项指标的部分城市数据缺失采取均值化的方式处理。

（三）研究方法

1. 突变级数法

① 数据预处理

考虑指标体系中数据单位和数据属性的存在差异，在做综合评价前需对数据进行预处理，研究采用极差标准化方法对原始数据进行无量纲化处理：

$$
\begin{cases}
d_{ij} = \dfrac{x_{ij} - x_{ij\mathrm{min}}}{x_{ij\mathrm{max}} - x_{ij\mathrm{min}}} \ (\text{正向指标}) \\[3mm]
d_{ij} = \dfrac{x_{ij\mathrm{max}} - x_{ij}}{x_{ij\mathrm{max}} - x_{ij\mathrm{min}}} \ (\text{负向指标})
\end{cases}
\tag{1}
$$

式中：d_{ij} 为人居环境系统 i 指标 j 标准化后的数值，$x_{ij\mathrm{max}}$ 为人居环境系统 i 指标 j 的最大值，$x_{ij\mathrm{min}}$ 为人居环境系统 i 指标 j 的最小值，x_{ij} 为指标的原始值。d_{ij} 反映各指标达到目标的满意程度，d_{ij} 趋近于 0 为最不满意，d_{ij} 趋近于 1 为最满意，且 $0 \leqslant d_{ij} \leqslant 1$。

② 突变级数法

突变级数法是在突变理论基础上发展起来的综合评价方法，突变理论是 20 世纪 70 年代发展起来的一门新的数学学科，其基本特点是根据系统的势函数将系统的临界点分类，研究分类临界点附近非连续性态的特征，从而归纳出若干初等突变模型，依次为基础探索自然和社会中的突变现象（陈云峰，2006）。突变级数法的核心是根据突变理论分歧方程推导出归一化公式，建立递归运算法则，按照指定时间内在逻辑关系上对其重要程度进行排序，给出底层指标的突变模糊隶属度值。最常见的突变系统类型有尖点突变系统、燕尾突变系统、蝴蝶突变系统，其数学模型分别为（何文举等，2017）：

尖点突变系统模型：$f(x) = x^4 + ux^2 + vx$
$\hspace{8cm}$ (2)

燕尾突变系统模型：$f(x) = \dfrac{1}{5}x^5 + \dfrac{1}{3}ux^3 + \dfrac{1}{2}vx^2 + wx$
$\hspace{6cm}$ (3)

蝴蝶突变系统模型：$f(x) = \dfrac{1}{6}x^6 + \dfrac{1}{4}ux^4 + \dfrac{1}{3}vx^3 + \dfrac{1}{2}wx^2 + tx$

$\hspace{10cm}$ (4)

以上突变模型中，x 为突变系统中的状态变量，$f(x)$ 为状态变量 x 的势函数，u、v、w、t 为状态变量的控制变量。通过计算，不同突变模型的归一化公式为：

尖点突变系统：$xu = u^{1/2}$ $xv = v^{1/3}$ （5）

燕尾突变系统：$xu = u^{1/2}$ $xv = v^{1/3}$ $xw = w^{1/4}$ （6）

蝴蝶突变系统：$xu = u^{1/2}$ $xv = v^{1/3}$ $xw = w^{1/4}$ $xt = t^{1/5}$ （7）

如果一个指标的下一层指标个数多于 4 个，就需要利用主成分分析法对指标进行合并，使得合并后的指标个数不超过 4 个。长三角城市群人居环境系统的耦合协调度利用的是突变级数法测算的指标簇，每个指标簇指标小于等于 4 个，不需要进行主成分分析处理。

2. 耦合协调度模型

对耦合度和协调度的主要研究方法有：毕国华（2017）对生态文明建设和城市化耦合协调度的测度，何文举（2017）对城市规模扩展的资源和环境容量的协调度测度，刘耀彬（2005）对城市化和生态环境之间的交互作用和耦合度测度，Illingworth Valerie（1996）借鉴物理学中的容量耦合概念所采取的耦合模型等。由于人居环境系统内部的巨复杂性、交错性、不平衡性，综合考虑长三角城市群多个城市的实际情况，为便于对比分析，研究借鉴毕国华（2017）的耦合协调度模型，以全面反映长三角城市群人居环境五大系统之间的耦合协调关系，长三角城市群人居环境系统耦合度模型表示如下：

$$C = \left\{ \frac{S_1 \times S_2 \times S_3 \times S_4 \times S_5}{\left[(S_1 + S_2 + S_3 + S_4 + S_5) / 5 \right]^5} \right\}^k \quad (8)$$

式中：C 为长三角城市群人居环境 5 大系统的耦合度，取值区间为 $[0,1]$，C 越大，说明人居环境 5 大系统相互作用越强，彼此关系越协调；S_1、S_2、S_3、S_4、S_5 分别为人口系统、居住系统、生态环境系统、网络支撑系统、经济社会系统经突变模型计算后各自的综合得分；k 为调节系数，在实际运用中应该使 $k \geqslant 2$，本文 k 取 2。

耦合度可以描述人居环境 5 大系统的相互作用、相互影响程度，但无法反映人居环境各系统之间协调发展水平的高低，因此，研究引入耦合协调度模型测度系统间的协调程度，其计算公式为：

$$D = \sqrt{C \times T}, \quad T = \alpha S_1 + \beta S_2 + \gamma S_3 + \eta S_4 + \theta S_5 \qquad (9)$$

式中：D 为耦合协调度；C 为耦合度，T 为人居环境 5 大系统经突变级数测算的综合得分值，α、β、γ、η、θ 为待定系数，本研究认为人居环境 5 大系统处于同等地位，故 α、β、γ、η、θ 皆取值 0.2。

根据耦合度 C 和耦合协调度 D 的取值，参考已有文献划分标准（李伯华，2016），结合长三角城市群人居环境系统的实际情况，对长三角城市群人居环境系统耦合度和耦合协调度进行标准的划分（表 2.2.2）。

表 2.2.2　人居环境系统耦合度和耦合协调度等级划分

耦合度	耦合阶段	耦合水平代表值	耦合协调度	耦合协调等级	耦合协调水平代表值
$C=0$	最小耦合	—	$D=0$	不协调	—
$0<C \leqslant 0.3$	低水平耦合	理想状态值 0.25	$0<D \leqslant 0.3$	低度协调	理想状态值 0.25
$0.3<C \leqslant 0.5$	拮抗阶段	理想状态值 0.50	$0.3<D \leqslant 0.5$	中度协调	理想状态值 0.50

耦合度	耦合阶段	耦合水平代表值	耦合协调度	耦合协调等级	耦合协调水平代表值
$0.5<C\leqslant0.8$	磨合阶段	理想状态值 0.75	$0.5<D\leqslant0.8$	良好协调	理想状态值 0.75
$0.8<C<1$ $C=1$	高水平耦合 最大耦合	理想状态值 1.00	$0.8<D<1$ $C=1$	高度协调 极度协调	理想状态值 1.00

二、长三角城市群人居环境综合得分与耦合协调度分析

利用突变级数法和耦合协调度模型分别测算长三角城市群 26 座城市综合得分与耦合度、协调度情况，对其取均值，反映长三角城市群 26 座城市人居环境指标簇平均水平、耦合度和耦合协调度的平均水平（表 2.2.3）。从指标簇的平均得分情况看，生态环境系统的得分最高，指标簇平均得分在 0.75 以上，其次为网络支撑系统指标簇平均得分，再次为人口系统和居住系统指标簇的平均得分。生态环境系统得分最高得益于长三角城市群各城市在生态绿化、生活垃圾无害化处理率逐年上升以及人均工业废水排放量趋于下降等因素。根据统计，2000 年，长三角城市群 26 座中心城市人均公园绿地面积、建成区绿化覆盖率、生活垃圾无害化处理率的均值分别为 4.94 平方米、30.73%、76.69%，2015 年三者分别提高到 14.02 平方米、41.84%、99.42%，人均工业废水排放量由 2003 年的 177.93 吨下降到 2015 年的 73.38 吨。人口系统指标簇平均得分表现为下降的过程，居住系统指标簇平均得分则表现为上升的过程，网络支撑系统指标簇平均得分则表现为"下降—上升"的过程。人口系统表现为下降的过程，是由于城市群人口规模和密度的持续扩大所致。由于长三角城市群的巨大磁力作用，无形中加快人口等要素的集聚，2000—2015 年城市群市区人口规模由 3 228.20 万人增加到 7 160.40 万人，扩大 2.22 倍，一方面为经济发展带来巨大的推动力，另一方面城市化的快速推进和中心城市人口的快速增长给本有限的中心城市资源（土地资源、公共服务资源等）带来巨大的压力与冲击。居住系统指标的快速上升与近 15 年来长三角城市群各中心城市加快房地产市场开发，建设了大量的商业、居民、工业建筑有关。网络支撑系统的"下降—上升"的过程也与各城市的建设规模、速度和水平密切相关。

表 2.2.3　长三角城市群人居环境指标簇
综合得分及其耦合协调度

年份	人口系统	居住系统	生态环境系统	网络支撑系统	经济社会系统	耦合度	耦合协调度
2000 年	0.587 0	0.508 3	0.756 6	0.648 6	0.734 6	0.800 3	0.645 7
2005 年	0.579 8	0.505 4	0.834 2	0.571 4	0.754 9	0.721 7	0.583 4
2010 年	0.565 9	0.588 2	0.781 7	0.651 2	0.765 9	0.814 7	0.670 6
2015 年	0.561 1	0.583 4	0.846 4	0.671 4	0.763 1	0.807 4	0.669 9

从长三角城市群人居环境系统耦合度看，其数值处于 0.5—0.8 之间，说明长三角城市群人居环境系统在研究期内平均水平处于磨合阶段，人口系统、居住系统、生态环境系统、网络支撑系统交互影响、相互作用，在波动中（耦合度经历"下降—上升—再下降"的过程）逐渐趋于高水平的耦合阶段过渡。从耦合协调度看，其数值处于 0.5—0.7 之间，说明长三角城市群人居环境系统在研究期内处于良好协调状态，人口系统指标簇平均得分的下降、居住系统指

标簇平均得分的上升、生态环境系统和网络支撑系统指标簇平均得分的波动共同导致长三角城市群人居环境系统耦合协调度的波动，研究期内其耦合协调度仍经历"下降—上升—再下降"的过程。

三、长三角城市群人居环境系统耦合协调度的空间差异

由于 Theil 指数可将区域发展总差异分解为组间差异和组内差异，进而分析不同区域内部差异对总差异的贡献，故研究利用耦合度和耦合协调度，分别以长三角城市群 26 座中心城市为分析对象，测算 2015 年各城市人居环境系统耦合度和耦合协调度的 Theil 指数，以反映其区域差异情况，为便于比较，研究将上海和江苏的差异分组情况进行合并（表 2.2.4）。

表 2.2.4　2015 年长三角城市群城市人居环境系统
耦合度和耦合协调度 Theil 指数及其分解

指　标	总体差异	组间差异	组内差异	沪苏组内差异	浙江组内差异	安徽组内差异
耦合度	0.020 1	0.000 6	0.019 5	0.001 8	0.010 4	0.007 3
耦合协调度	0.023 2	0.001 5	0.021 7	0.001 8	0.011 0	0.008 9

2015 年，长三角城市群耦合协调度总体差异略高于耦合度，从 Theil 指数组间差异和组内差异分解看，组内差异占绝对优势，其中耦合度和耦合协调度的组内差异占总差异的贡献率分别达到 97.01% 和 93.53%，组间差异的影响较小，其贡献率在 3%～6% 之间。对长三角城市群人居环境系统耦合度和耦合协调度组内差异 Theil 指数的分解表明，浙江中的 8 座城市内部差异最大，安徽中的 8 座城市其次，沪苏中的 10 座城市差异最小，长三角城市群中的沪苏、浙江、

　　　　　诗意地栖居：多空间尺度的人居环境评价研究

安徽三大区域中相关城市耦合度组内差异占总差异的贡献率分别为
8.96%、51.74%、36.32%，耦合协调度组内差异贡献率分别为7.76%、
47.41%、38.26%。

虽然 Theil 指数能够测度长三角城市群耦合度和耦合协调度差异
情况，但难以反映其类型的空间差异特征。为区分长三角城市群不
同城市人居环境系统的耦合度和耦合协调度类型，根据表 2.2.2 的等
级划分标准，得出 2015 年长三角城市群中 26 座城市的类别划分
（表 2.2.5）。

表 2.2.5　2015 年长三角城市群城市人居环境
耦合度与耦合协调度类别划分

城　市	耦合度	耦合协调度	耦合阶段与协调发展类型
上　海	0.975 2	0.813 6	高水平耦合高度协调
南　京	0.854 0	0.735 9	高水平耦合良好协调
无　锡	0.818 7	0.711 3	高水平耦合良好协调
常　州	0.857 5	0.742 0	高水平耦合良好协调
苏　州	0.891 3	0.780 3	高水平耦合良好协调
南　通	0.694 4	0.583 7	磨合阶段良好协调
盐　城	0.899 2	0.740 1	高水平耦合良好协调
扬　州	0.814 4	0.695 7	高水平耦合良好协调
镇　江	0.722 8	0.612 7	磨合阶段良好协调
泰　州	0.853 8	0.715 9	高水平耦合良好协调
杭　州	0.919 0	0.805 8	高水平耦合高度协调
宁　波	0.843 2	0.713 0	高水平耦合良好协调
嘉　兴	0.891 7	0.705 1	高水平耦合良好协调
湖　州	0.673 3	0.552 0	磨合阶段良好协调
绍　兴	0.903 0	0.757 5	高水平耦合良好协调
金　华	0.952 4	0.735 6	高水平耦合良好协调
舟　山	0.341 0	0.270 4	拮抗阶段低度协调
台　州	0.897 5	0.732 8	高水平耦合良好协调

城　市	耦合度	耦合协调度	耦合阶段与协调发展类型
合　肥	0.909 5	0.795 1	高水平耦合良好协调
芜　湖	0.822 8	0.676 7	高水平耦合良好协调
马鞍山	0.819 1	0.685 5	高水平耦合良好协调
铜　陵	0.744 6	0.598 9	磨合阶段良好协调
安　庆	0.968 9	0.743 0	高水平耦合良好协调
滁　州	0.833 3	0.681 2	高水平耦合良好协调
池　州	0.692 8	0.538 9	磨合阶段良好协调
宣　城	0.399 5	0.294 2	拮抗阶段低度协调

由表 2.2.5 的类型划分可知：2015 年长三角城市群人居环境系统耦合度和耦合协调度在拮抗阶段低度协调、磨合阶段良好协调、高水平耦合良好协调、高水平耦合高度协调均有分布。对四种耦合协调类型分析如下：

① 高水平耦合高度协调类型。高水平耦合高度协调类型的城市有上海和杭州两座城市。上海和杭州两座城市处于高水平耦合高度协调得益于人居环境五大系统相对发展水平比其他 24 座城市要高。2015 年上海市区人口规模 2 415.30 万人，人口密度为每平方公里3 809.00 人，生活垃圾无害化处理率为 100%，供气管道密度 28.64公里/平方公里，互联网宽带用户 695 万户等指标在长三角城市群的26 座城市中遥居首位，上海的人居环境五大系统指标之间彼此耦合、协调。2015 年杭州市区人口规模 517.40 万人，人口密度为平方公里3 527.00 人，生活垃圾无害化处理率为 100%，供气管道密度 21.63公里/平方公里，互联网宽带用户 295 万户等指标居于前列，杭州的人居环境五大系统指标之间协调发展程度高。

② 高水平耦合良好协调类型。高水平耦合良好协调类型有 17 座城市，根据耦合协调度排序又可细分为三种类型：耦合协调度在 0.75—0.80 之间的城市有合肥、苏州、绍兴等 3 座城市，耦合协调度在 0.70—0.75 之间的城市有安庆、常州、盐城、南京、金华、台州、泰州、宁波、无锡、嘉兴等 10 座城市，耦合协调度在 0.60—0.70 之间的城市有扬州、马鞍山、滁州、芜湖等 4 座城市。按照划分标准，耦合协调度在理想状态值 0.75 以上的城市有三座，接近理想状态值的城市有 6 座，分别为安庆、常州、盐城、南京、金华、台州，其耦合协调度在 0.73—0.75 之间。扬州、马鞍山、滁州、芜湖等 4 座城市离耦合协调度理想值尚有一定距离。以上 17 座城市人居环境五大系统的耦合度和耦合协调度值相对上海和杭州要低，但比磨合阶段和拮抗阶段的城市高，五大系统发展水平居中。

③ 磨合阶段良好协调类型。磨合阶段良好协调类型的城市有南通、镇江、湖州、铜陵、池州 5 座城市。南通、镇江、湖州、铜陵、池州的耦合度在 0.5—0.8 之间，耦合协调度也在 0.5—0.8 之间，但耦合协调度明显低于高水平耦合良好协调类型的 17 座城市，其耦合协调度值在 0.5—0.62 之间，反映 5 座城市人居环境五大系统的耦合协调度相对发展水平在长三角城市群中处于中下的水平，这 5 座城市人居环境五大系统各要素上的投入有待加强。具体而言，南通、镇江、湖州、池州的人口系统得分较低，而生态环境系统得分较高，池州的经济社会系统得分也较低，导致五大系统之间的耦合协调度下降。

④ 拮抗阶段低度协调类型。拮抗阶段低度协调类型有舟山、宣城两座城市。舟山和宣城的耦合度在 0.3—0.5 之间，耦合协调度在

0—0.3 之间，表明两座城市人居环境五大系统之间的耦合协调度相对发展水平排名靠后，如市区人口规模、居住用地面积、移动电话用户数、互联网宽带用户数等指标远低于上海、杭州等城市，这两座城市在人居环境五大系统各要素的变化与投入上需加大投入。具体而言，舟山的人口系统得分低，而生态环境系统和社会经济系统得分相对较高，导致其耦合协调度下滑。宣城的居住系统和经济社会系统得分低，而生态环境系统得分相对较高，人口系统和网络支撑系统得分居中，导致其耦合协调度下滑。

四、长三角城市群人居环境系统耦合协调度的时序变动

长三角城市群人居环境系统耦合度和耦合协调度的空间差异反映其现状格局与特征，但无法从动态变化的发展过程反映其演变特征。为此，研究将对 2000 年、2005 年、2010 年、2015 年的长三角城市群人居环境系统耦合度和耦合协调度时序变动情况作进一步的分析。

2000—2015 年长三角城市群中的多数城市人居环境系统耦合度和耦合协调度呈现波动变化的时序过程，具体可对三个时段变化进行分析：

① 2000—2005 年耦合度和耦合协调度的时序变化。2000 年处于高水平耦合的城市有 19 座，沪苏、浙江、安徽分别占 7 座、5 座、7 座，处于良好及以上耦合协调的城市有 23 座，沪苏、浙江、安徽分别占 9 座、7 座、7 座。2005 年处于高水平耦合的城市下降到 6 座，沪苏、浙江、安徽各占 2 座，处于良好耦合协调的城市有 20 座，沪苏、浙江、安徽分别占 10 座、6 座、4 座。从耦合度和耦合协调度

的变化看，2005 年处于高水平耦合或良好协调的城市总数在下降，表明 2000—2005 年人居环境的五大系统并非协调增长，对 2005 年和 2000 年 26 座城市综合得分进行比较，发现有 16 座城市居住系统、网络支撑系统综合得分下降，而 15 座城市的人口系统、18 座城市的经济社会系统、24 座城市的生态环境系统得分上升，得分的"三升两降"共同导致人居环境系统的耦合度和协调度的降低。

② 2005—2010 年耦合度和耦合协调度的时序变化。与 2005 年相比，2010 年长三角人居环境系统耦合度和耦合协调度得到显著提升，表现在耦合度在高水平阶段的城市回升到 19 座，耦合协调度在高度协调和良好协调阶段的城市上升到 22 座。沪苏、浙江、安徽处于高水平耦合的城市分别为 8 座、6 座、5 座，处于高度协调和良好协调的城市分别为 9 座、7 座、6 座。从耦合度和耦合协调度的变化看，2010 年处于高水平耦合或良好协调的城市总数在上升，是因为 2005—2010 年有 22 座城市居住系统综合得分和 23 座城市网络支撑系统综合得分上升，有 16 座城市人口系统、19 座城市生活环境系统和 11 座城市经济社会系统综合得分下降，其综合得分表现与 2000—2005 年时段的变化呈现相反的走势，人居环境的五大系统的彼消此长反而使长三角人居环境系统耦合度和耦合协调度得到提升。

③ 2010—2015 年耦合度和耦合协调度的时序变化。与 2010 年相比，2015 年长三角人居环境系统耦合度和耦合协调度保持稳中有升、稳中有进的态势，表现在耦合度处于高水平阶段的城市保持在 19 座，而耦合协调度在良好或高度协调阶段的城市增加到 24 座。沪苏、浙江、安徽处于高水平耦合的城市分别为 8 座、6 座、5 座，处于高度协调和良好协调的城市分别为 10 座、7 座、7 座。从耦合度

和耦合协调度的变化看，2015 年处于高水平耦合或良好协调的城市总数进一步上升，表明城市群多数中心城市人居环境五大系统都得到提升，具体表现在 2010—2015 年，人口系统综合得分增加的城市有 15 座、生活环境系统有 23 座、网络支撑系统有 17 座，经济社会系统有 16 座，而居住系统综合得分表现不佳，在 2010—2015 年居住系统综合得分上升的城市仅 11 座。整体而言，2010—2015 年时期的耦合度和耦合协调度发展水平相对前两个时期的水平要有所提升。

五、结论

在人居环境五大系统分析框架的基础上，综合利用突变级数法、泰尔指数、耦合协调度模型测度长三角城市群 26 座中心城市的耦合协调关系，得出以下主要结论：

第一，从整体发展情况看，研究期内长三角城市群整体人居环境系统耦合度和耦合协调度处于相对良好的发展水平。2000—2015 年 26 座中心城市的耦合度和耦合协调度处于高水平耦合或磨合耦合的良好协调水平。人居环境五大系统中生态环境系统和综合得分较高，网络支撑系统的综合得分居中，而居住系统和人口系统的综合得分相对靠后。

第二，从空间差异上看，长三角城市群人居环境系统中的沪苏、浙江、安徽三大区域耦合度和耦合协调度组内差异要远高于组间差异。组内差异的分解表明沪苏组内差异最小、浙江组内差异最大，安徽居中。对人居环境系统耦合度和耦合协调度类型划分，上海和杭州的发展水平最好，处于高水平耦合高度协调类型，舟山和宣城为拮抗阶段低度协调类型，南通、湖州、铜陵、池州为磨合阶段良好协调类型，其余 17 座城市为高水平耦合良好协调类型。

第三，从时序变动上看，研究期内长三角城市群人居环境五大系统中，26 座中心城市耦合度和耦合协调度经历"有升有降"的时序变动过程。2000—2005 年时段，多数城市居住系统和网络支撑系统综合得分下降，而人口系统、经济社会系统和生态环境系统综合得分上升；2005—2010 年时段，多数城市居住系统和网络支撑系统综合得分反而有所上升；2010—2015 年时段，多数城市除居住系统综合得分有所下降，其余四大系统综合得分都有所上升。

作为主要的人居环境，长三角城市群在区域发展和人居环境建设肩负重要使命，为国家经济发展贡献出巨大的力量，同时也承载巨大的人口压力，由此产生生态环境压力、公共服务压力、居住压力、交通压力等。本研究中的长三角城市群人居环境生态环境系统综合得分处于上升态势的结果并不意味长三角城市群生态环境压力就不存在，而是说明了长三角城市群中心城市在绿化建设、生活垃圾无害化处理、工业废水排放控制等方面所做出的成绩需要得到肯定和社会认可。生态环境问题是当前中国面临的挑战，水质污染治理、雾霾攻坚战、土壤污染治理等生态环境问题是一个持续的艰辛过程，任重而道远。城市群作为开放的复杂巨系统，其人居环境系统的发展与建设更是艰巨的任务。只有人居环境五大系统中的任何方面都得到协调发展、互动耦合之后，才能成长为健康的城市群、有机的城市群和宜居的城市群，城市群方能为经济社会的可持续发展助力。

（李陈，沈世勇，孟兆敏.原文发表于：上海经济，2018，（02）：59－71）

第三节　基于人-地系统的长三角中心城市人居环境质量评价

20世纪50年代希腊学者道萨迪亚斯提出人居环境科学后，吴良镛在国内率先引入人居环境科学理论（吴良镛，1997，2001，2009，2010），正是由于人居环境科学的广泛性，涉及建筑学、景观学、地理学、人文社会科学等，使其日益成为这些学科关注的热点（宁越敏，1998，1999，2002；陈浮，2000；张文忠等，2006；董晓峰等，2009）。目前，国内对人居环境的研究主要集中在人居环境评价、理想人居环境模式、居住空间和居住区位、人居环境预警以及人居环境社会性等5层面（李雪铭等，2010），人居环境质量评价是人居环境研究的重要层面之一，学界分别从人居环境的自然适宜性、气候因子、经济社会等多层面进行综合评价（娄胜霞等，2011；李陈等，2012；李陈等，2013；Douglass，2002；Martina，2009；Amin，2006；李伯华，2009），这些研究为建立"易居、逸居、康居、安居"的城市提供有益参照（任致远，2005）。

长三角作为中国经济增长的重要引擎之一，正为中国的社会转型和现代化建设发挥重要作用，评价其中心城市的人居环境质量至少有两点启示：一方面，良好的人居环境建设为中心城市的发展提供助力；另一方面，人们物质文化生活日益提高增强了对城市人居环境的质量要求。如何确定科学有效的指标体系，对区域中心城市人居环境质量做出科学评价，是合理制定人居环境调控措施的基础。就人文地理学而言，它是以人地关系为研究对象，研究人类活动与自然环境在空间上的相互作用和空间分布规律的学科（王恩涌等，2004），"人"指人文社会系统，"地"指自然系统，这正是人居环境研究的可靠切入视角，我们尝试着从人-地关系的角度对 2000、2005、2007 和 2010 年长三角中心城市的人居环境质量做评价，挖掘中心城市人居自然环境质量、人居社会环境质量以及两者协调性等信息。在参考国内中心城市典型性研究的基础上（宁越敏，1991，1993；严重敏，1992），将中心城市界定为江浙沪两省一市的 25 座地级市、副省级城市和直辖市。

一、数据与方法

（一）数据来源

本文数据源包括人文社会统计指标以及气象、水文、地形等自然环境指标，其中人文社会数据来源于 2001—2011 年的《中国城市统计年鉴》《江苏统计年鉴》《浙江统计年鉴》《上海统计年鉴》《中国城市年鉴》；自然环境数据来源于 2001—2011 年的《中国气象年鉴》《长三角年鉴 2011》，中国地图出版社出版的《江苏省地图册》和《浙江省地图册》，中国环境科学出版社出版的《中国环境质量报告 2009》以及 25 座城市的政府门户网站中的城市自然环境介绍；2000—2010 年中心城市平均房价数据来源于宜居城市网站以及参考各市相应年份的国民经济和社会发展统计公报。

（二）指标体系与研究方法

1. 指标体系

遵循针对性、可比性和可操作性原则，设计自然系统和社会系统两大类指标体系，其中，自然系统包括气候、地形、植被、水文和资源环境5个层面14个三级指标，社会系统包括居住条件、经济社会、基础设施、软环境和信息化水平5个层面16个三级指标（表2.3.1）。

表2.3.1 长三角中心城市人居环境质量指标体系

自 然 系 统		社 会 系 统	
气候	年均气温	居住条件	人均居住面积
	温湿指数		房价收入比
	年均日照时数		住房投资占固定资产投资比重
			人口密度
地形	最高海拔	经济社会	城市居民可支配收入
	最低海拔		人均财政支出
	平整度		生产者服务人员占总从业人员比重
			城镇登记失业率
植被	人均绿地面积	基础设施	人均城市道路面积
	建成区绿化覆盖率		人均居民年用水量
	森林覆盖率		人均居民年用电量
水文	水域面积比重	软环境	万人拥有大学生数
	年均降水量		万人拥有床位数
	水资源总量		万人拥有医生数
资源环境	空气质量指数	信息化水平	通信指数
	土地资源承载力		万人拥有图书数

部分指标的内涵和计算过程：

① 温湿指数（Temperature Humidity Index，THI）。温度和湿度都对人体舒适程度有显著影响，温湿指数是温度和湿度的综合指数，

其计算过程如下：

$$THI = T - 0.55 * (1 - f)(T - 58)$$
$$T = 1.8t + 32 \tag{1}$$

公式（1）中 t 为月均摄氏度（℃），T 为华氏温度，f 为月均空气相对湿度（%），基于温湿指数的气候适宜性等级划分（表2.3.2）。

表2.3.2　温湿指数适宜性分级标准

取值范围	适宜程度	取值范围	适宜程度
<40	极冷，极不舒适	60—65	凉，非常舒适
40—45	寒冷，不舒适	65—70	暖，舒适
45—55	偏冷，较不舒适	70—75	闷热，较舒适
55—60	清，舒适	75—80	闷热，不舒适

资料来源：刘清春等，2007.

② 平整度。表示区域地势平整程度，本文采用区域平均海拔比最低海拔表示。

③ 空气质量指数。空间质量是良好环境的重要依据，本文采用空气二级及以上标准天气占全年天数（365日）的比重表示，考虑这一指数变化相对不大，4个年份的数据都取自《中国环境质量报告2009》。

④ 土地资源承载力（Land-Carrying Capacity, LCC）。反映区域人口和粮食的关系，一般采用区域粮食总产量与当地人均粮食消费标准比来测度，公式如下：

$$LCC = \frac{Grain}{Grain_{PC}}$$
$$LCCI = \frac{P_{OP}}{LCC} \tag{2}$$

公式（2）中 Grain 为研究区域粮食生产总量，$Grain_{PC}$ 为人均粮食消费标准，P_{OP} 为研究区域实际人口数，LCC 为土地资源承载力，LCCI 为土地资源承载力指数，考虑长三角地区相对适宜的自然条件和较高的人口密度，本文将人均粮食消费 500 kg 作为土地承载力的评价标准，基于 LCCI 的土地承载力作等级划分（表 2.3.3）。

表 2.3.3　土地承载力适宜性分级标准

取值范围	级别划分	取值范围	级别划分
$LCCI <= 0.5$	粮食盈余，富富有余	$1 < LCCI < 1.125$	人粮平衡，临界超载
$0.5 < LCCI < 0.75$	粮食盈余，富裕	$1.125 < LCCI < 1.25$	人口超载，超载
$0.75 < LCCI < 0.875$	粮食盈余，盈余	$1.25 < LCCI < 1.5$	人口超载，过载
$0.875 < LCCI < 1$	人粮平衡，平衡有余	$LCCI > 1.5$	人口超载，严重超载

资料来源：刘睿文等，2011.

⑤ 房价收入比。反映居民购买商品房的能力，是当今中国城市宜居性的经济社会发展指标之一，也是居民对城市房价变化的心理预期和心理承受能力的重要指标。计算公式：

$$房价收入比 = \frac{人均住房面积 \times 平均房价}{城镇居民人均可支配收入 \times 平均家庭户规模} \quad (3)$$

⑥ 生产者服务人员占总从业人员比重。不少人居环境质量评价指标体系中有第三产业产值占 GDP 比重或第三产业从业人员占总从业人员比重。第三产业比例高，城市产业结构未必臻于合理，发挥中心城市的辐射带动力很大程度上依靠生产性服务业，从这

点考虑，本文选取交通运输仓储邮电、信息服务业、金融服务业、房地产服务业、商业服务业从业人员占市区总从业人员的比重表示该指标。

⑦通信指数。反映信息化水平，表达城市居民对外交流便利性的重要测量手段。设计通信指数，公式如下：

$$通信指数 = \frac{\frac{市区电话}{用户数} + \frac{市区移动电}{话拥有量} + \frac{市区国际互联}{网用户数}}{3 \times 市区总人口数} \quad (4)$$

2. 研究方法

① 数据预处理

在定量评价城市人居环境质量前，先对原始数据预处理，使其具有可比性。

$$Y_a = \frac{x_i - x_{\min}}{x_{\max} - x_{\min}}$$

$$Y_b = \frac{x_{\max} - x_i}{x_{\max} - x_{\min}} \quad (5)$$

$$Y = Y_a = Y_b$$

公式（5）中，Y_a 为正向指标，Y_b 为负向指标，X_i 为原始数据，$X_{\min}$ 为 25 个城市中指标 i 的最小值，$X_{\max}$ 为 25 个城市中指标 i 的最大值，Y 为原始数据标准化后的矩阵，矩阵中每个标准化数字取值范围是 ［0，1］。对于年均气温、年均日照和年均降水量指标，考虑它们不同的取值范围对人体舒适程度影响不同，这里采取打分的形式获取标准化数据，直接参与到 Y 矩阵中运算（表 2.3.4）。

表 2.3.4　气温、日照和降水量打分

年均气温（摄氏度）		年均日照（小时）		年均降水量（毫米）	
取值范围	打分	取值范围	打分	取值范围	打分
<12	0.8	<1 600	0.8	<400	0.8
12—14	0.9	1 600—1 800	0.9	400—600	0.9
14—16	1.0	1 800—2 000	1.0	600—800	1.0
16—18	0.9	2 000—2 200	0.9	800—1 000	0.9
>18	0.8	>2 200	0.8	>1 000	0.8

② 综合指数

确立评价模型，使模型尽可能准确、简化、易懂，符合针对性和可操作性原则：

$$R_i = \sum_{i=1}^{16} w_i Y, \quad i = 1, 2, \cdots, 16$$

$$D_i = \sum_{i=1}^{14} w_i Y, \quad i = 1, 2, \cdots, 14$$

$$Z = R_i + D_i = \sum_{i=1}^{16} w_i Y + \sum_{i=1}^{14} w_i Y$$

$$Z_{总} = \sum_{j=1}^{25} \sum_{i=1}^{16} w_i Y + \sum_{j=1}^{25} \sum_{i=1}^{14} w_i Y$$

（6）

公式（6）中，R_i为人文社会系统得分，D_i为自然系统得分，Z为各城市综合得分，$Z_{总}$为区域综合得分，w_i是权重，通过几何平均的方法求取，Y即预处理数据中的矩阵。

③ 人-地协调度

$$X = \frac{R_i / 16}{D_i / 14} = \frac{\sum_{i=1}^{16} w_i Y \Big/ 16}{\sum_{i=1}^{14} w_i Y \Big/ 14}$$

（7）

公式（7）中，X 即人-地协调度，通过人文社会系统得分均值与自然系统得分均值之比获取，协调度越趋近于 1，表示人-地系统两者之间越协调。

二、自然-社会系统评价

（一）自然系统

长三角中心城市人居自然环境质量得分在城市之间差异较小，2000—2010 年各城市人居自然环境质量得分波动不大（图 2.3.1）。从 25 座城市得分极差上看（空间对比：城市横向比较），4 个年份人居自然环境质量得分极差保持在 0.175 7—0.184 2 之间，说明城市之间自然系统得分差距较小；从 2000—2010 年各城市自然系统得分变化上看（时间对比：城市纵向比较），得分上升的城市有上海、南京、盐城、泰州、宿迁、湖州、台州和丽水，扩大倍数在 1.000 7—

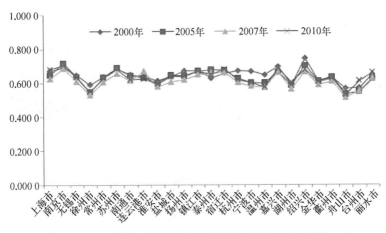

图 2.3.1　自然系统人居环境质量得分（2000—2010 年）

1.035 3 之间，其余城市得分下降，缩小倍数在 1.003 1—1.114 2 之间，说明近 10 年内中心城市自然系统得分波动相对不大。整体上，25 座城市的得分差异较小，更是由于具有良好的区位优势和适宜的自然环境，从而，各城市的人居自然环境质量总体水平相对都较高，例如，25 座城市的温室指数集中在 55%～65% 之间，属于舒适范围，年均气温集中在 14℃～18℃之间，属于适宜范围。

（二）社会系统

长三角中心城市人居社会环境质量得分差异较大，2000—2010 年部分城市人居社会环境质量得分波动较大（图 2.3.2）。从 25 座城市得分情况上看（空间对比），2000、2005、2007 和 2010 年变异系数分别是 0.288 2、0.304 7、0.280 7 和 0.302 1，反映 4 个年份城市人居社会环境质量得分组内差异较大，如 2000—2010 年最高得分上海和最低得分宿迁的比值保持在 2.677 7—5.169 3 之间；从 25 座城市人

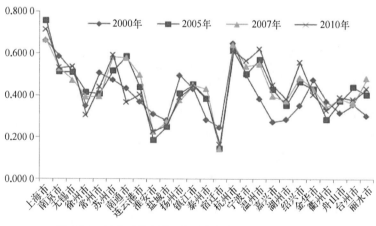

图 2.3.2　社会系统人居环境质量得分（2000—2010 年）

　　　　　　　　　　　诗意地栖居：多空间尺度的人居环境评价研究

居社会环境质量得分排名变化上看（时间对比），排名前 5 位的城市变化：2000 年分别为上海、杭州、南京、无锡和常州，2005 年为上海、杭州、南通、温州和苏州，2007 年为上海、杭州、苏州、南通和温州，2010 年为上海、温州、杭州、苏州和宁波；排名后 5 位的城市变化：2000 年分别为湖州、泰州、盐城、嘉兴和宿迁，2005 年分别为湖州、衢州、盐城、淮安和宿迁，2007 年分别为台州、衢州、盐城、淮安和宿迁，2010 年为衢州、徐州、盐城、淮安和宿迁。从排名变化情况可知，上海、杭州、宿迁、盐城等城市的波动性不大，排名比较稳定，而南通、扬州、温州、嘉兴、绍兴等部分城市的人居社会环境质量得分波动性较大。

三、人–地协调度

　　大部分长三角中心城市人居社会环境和人居自然环境处于一般协调水平，少数城市位于高度协调和低度协调水平，人–地协调度呈"橄榄状"分布（图 2.3.3）。以 0.90 和 0.30 为协调度临界值，将长三角中心城市人居环境社会系统和人居环境自然系统划分为高度协调、一般协调和低度协调。2000 年，长三角 25 座中心城市全部位于一般协调水平，说明人居社会环境质量整体水平相对较低；2005 年，上海的人–地协调度达到 1.023 2，反映上海的人居社会环境质量一定程度上超过人居自然环境质量，而宿迁和淮安处于低度协调，表明两座城市的人居社会环境质量有待提高；2007 年，上海和杭州处于高度协调水平，宿迁处于低度协调水平，其余城市一般协调；2010 年，上海和温州人居社会环境质量和人居自然环境质量高度协调，且温州的协调度最高，达到 0.949 8，低度协调的城市仍为宿迁。宿迁的人-地协调度低并不是由于经济社会缓慢发展所致，反而是发展中地区经济社会高速发展的结果，人-地协调度从2000年的0.329 5到2005年的0.189 8再到2010年的0.213 8，走了一条"V"型曲线，说明其人居社会环境质量在改善中。此外，淮安的人-地协调度也走了一条"V"型曲线，苏州、温州、宁波、绍兴等城市的协调度一直处于上升态势，而徐州、南通、泰州、台州等城市则经历"上升—下降"的过程。

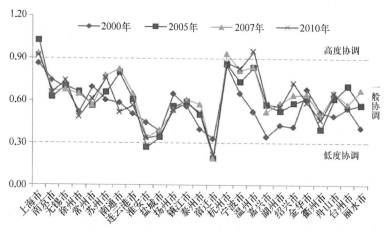

图2.3.3　自然—人文社会系统人居环境协调度（2000—2010年）

四、综合评价

　　相对社会系统，长三角中心城市人居环境质量综合得分差异相对缩小，但差异仍然较大（图2.3.4）。具有稳定态的人居自然环境质量得分减轻了波动性较大的人居社会环境质量得分，使得分差异相对缩小。2000年，徐州、淮安、盐城、泰州、宿迁、嘉兴、湖州、

　　　　　　　诗意地栖居：多空间尺度的人居环境评价研究

舟山、台州和丽水共 10 座城市人居环境质量综合得分小于 1.00，2010 年，徐州、南通、淮安、盐城、宿迁、湖州、衢州、舟山和台州共 9 座城市综合得分小于 1.00，而多数城市的综合得分大于 1.00，表明长三角中心城市整体人居环境质量普遍较高。从区域综合得分来看，即 $Z_{总}$，长三角地区人居环境质量综合得分变化不大，呈现较为稳定的特征，2000、2005、2007 和 2010 年区域综合得分分别是 26.33、26.61、26.29 和 26.68。

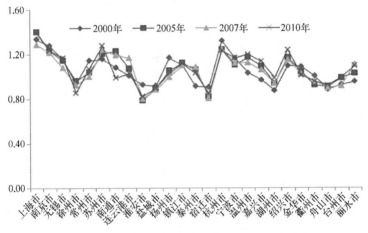

图 2.3.4　人居环境质量综合得分（2000—2010 年）

　　根据数据分析结果，将长三角中心城市按人居环境质量得分排名进行划分，本文选取 2 000 和 2010 年的评价结果作对比（表 2.3.5）。

　　上海的人居环境质量最高，2000—2010 年，自然系统排名上升到第 4 位，社会系统和综合得分稳居第一，协调度处于高度协调序列；杭州和南京的人居环境质量比较高，除 2010 年杭州的自然系统排名位次相对靠后外，两城市其余指标排名都靠前；绍兴的综合得

表 2.3.5 2000—2010 年长三角中心城市
人居环境质量排名对比

排名	自然系统		社会系统		综合得分		协调度	
	2000年	2010年	2000年	2010年	2000年	2010年	2000年	2010年
1	绍兴	南京	上海	上海	上海	上海	上海	温州
2	嘉兴	嘉兴	杭州	温州	杭州	苏州	杭州	上海
3	南京	苏州	南京	杭州	南京	绍兴	南京	杭州
4	苏州	上海	无锡	苏州	扬州	南京	常州	宁波
5	镇江	宿迁	常州	宁波	宁波	杭州	无锡	苏州
6	上海	绍兴	宁波	绍兴	苏州	温州	金华	无锡
7	扬州	镇江	扬州	无锡	无锡	无锡	宁波	绍兴
8	杭州	丽水	金华	南京	常州	宁波	扬州	南京
9	宁波	泰州	苏州	嘉兴	镇江	嘉兴	苏州	舟山
10	宿迁	扬州	南通	镇江	绍兴	镇江	南通	常州
11	丽水	盐城	镇江	常州	金华	丽水	镇江	金华
12	南通	无锡	温州	丽水	南通	常州	台州	镇江
13	温州	常州	衢州	金华	温州	扬州	温州	嘉兴
14	无锡	连云港	连云港	连云港	连云港	泰州	徐州	丽水
15	连云港	衢州	台州	舟山	衢州	连云港	衢州	连云港
16	盐城	南通	绍兴	扬州	嘉兴	金华	连云港	湖州
17	常州	杭州	徐州	湖州	丽水	台州	舟山	台州
18	衢州	台州	舟山	台州	徐州	南通	淮安	扬州
19	泰州	金华	淮安	泰州	台州	湖州	湖州	南通
20	淮安	湖州	丽水	南通	淮安	衢州	绍兴	泰州
21	金华	宁波	湖州	衢州	盐城	舟山	丽水	徐州
22	徐州	淮安	泰州	徐州	泰州	盐城	泰州	衢州
23	湖州	温州	盐城	盐城	宿迁	徐州	盐城	盐城
24	台州	徐州	嘉兴	淮安	舟山	宿迁	嘉兴	淮安
25	舟山	舟山	宿迁	宿迁	湖州	淮安	宿迁	宿迁

诗意地栖居：多空间尺度的人居环境评价研究

分靠前，但协调度排名不及杭州；苏州、宁波、温州的城市人居环境质量也较好。长三角中心城市人居环境质量排名具有一定的等级性，排名越靠前的城市，经济社会发展情况越好，城市规模也越大，不仅怡人的区域自然环境反映了这种现象，而且良好的区位条件和悠久的历史基础很大程度上奠定了其优良的人居环境基础。

五、结论与讨论

（1）从人地关系的视角切入，构建人居自然环境—人居社会环境综合评价指标体系，根据分析数据的特征，构建人-地协调度模型并对2000—2010年长三角25座中心城市的人居环境质量进行时空演化分析与评价，得出自然系统得分具有稳定态的特征，而社会系统得分差异较大，自然系统的稳定态减轻了社会系统的差异特征使综合得分差异相对缩小，但仍然较大；大部分城市人居环境处于一般协调水平，人-地协调度呈"橄榄状"分布。

（2）经济社会发展条件好的城市人居环境质量也相对较高（仅本文分析结果，这一命题是否成立，仍待进一步探索），上海人居环境质量稳居第一，宿迁、淮安等城市的人居环境质量排名靠后，一定程度上反映了长三角中心城市人居环境质量得分的等级性与差异性。

（3）将气候、日照、降水量等指标根据人体的适宜程度，采用量化打分的形式，并作为标准化数据衔接到综合评价指标体系中去，实现客观指标主观化，使综合评价主客观赋值相结合，对有关分析中将这些指标作为中性数据处理是一个改善。

（4）人居环境质量评价是一项复杂的系统工程，本文的分析只提供一种可切入视角，难免存在不足之处。人居环境质量评价还须考虑宏观经济社会发展背景，中国刚踏入城市社会时期，处在深刻的社会转型期，如何让城市发展和经济社会发展相协调，构建基于社会发展背景下不同时段和不同尺度的指标体系尚待探讨。

（李陈，杨传开，张凡.原文发表于：资源开发与市场，2013，29（03）：272 - 276）

第四节　长三角中心城市宜居度分级及空间差异

良好的人居环境是人们美好生活的基础，宜居城市建设又为良好的人居环境提供必要条件。在对人居环境或宜居城市基本概念的认识上，吴良镛认为人居环境的核心是"人"，人居环境研究以满足"人类居住"的需求为前提，人居环境由自然系统、人类系统、社会系统、居住系统、支撑系统五个方面构成（吴良镛，2001）。宁越敏（1999）认为城市人居环境有人居硬环境和人居软环境两个方面涵义。任致远（2005）指出"宜居城市"应当满足人们有其居、居得起、居得好和居得久的基本要求和良好条件。张文忠（2007）强调"宜居城市"是适宜于人类居住和生活的城市，是宜人的自然生态环境与和谐的社会、人文环境的有机结合的城市。董晓峰（2008）认为宜居城市是市民的城市、是系统的城市、是多样化的城市和发展的城市。

在对城市人居环境的实证研究上，宁越敏（2002）较早通过问卷调查的方式对上海3个小城镇作研究，甄峰（2009）对广东清远市进行评价，得出清远基本符合"宜居城市"标准，董晓峰（2009）利用AHP法对2004—2006年中国省会城市和直辖市的宜居性作评价，并给出各城市宜居排名的变化情况。以上学者分别从小城镇、地级市、省会城市和直辖市的宜居性进行评估，为宜居城市研究提供可靠信息。本文以长三角地区（包括江浙沪两省一市）25座中心城市为研究对象，为我国其他发达地区宜居城市建设和调控上提供一定参考。

一、指标体系构建

指标体系的建立直接影响到评价结果的科学性与合理性。首先，我们充分比较和参考国内外有影响力和权威性的 5 大指标体系：（1）英国经济学家智囊团构建了全球宜居城市评价指标体系，涉及安全指数、医疗服务、文化与环境、教育和基础设施 5 大标准（董晓峰，2010）；（2）建设部《宜居城市科学评价指标体系研究》项目中设定宜居城市的社会文明度、经济富裕度、环境优美度、资源承载度、生活便宜度等五大标准；（3）著名的决策咨询公司——零点集团提出居住空间、社区空间和公共空间三大指标体系；（4）中国宜居城市报告中提出主客观指标体系（张文忠，2006）；（5）宁越敏（1999）从居住条件、生态环境质量和基础设施与公共服务设施三个方面构建大城市人居环境指标体系。其次，根据指标选取的科学性、可行性和可操作性原则，结合长三角中心城市的实际情况，构建城市宜居度综合评价指标体系。一级指标（目标层）为宜居度，二级指标（准则层）包括生活便宜度、环境优美度、社会发展度和经济富裕度四个方面，三级指标（指标层）包括人均居住面积、人均居民年用水量等27项指标（表2.4.1）。

表2.4.1 城市宜居度综合评价指标体系

准则层	指 标 层
生活便宜度	人均居住面积（m²）；人均居民年用水量（t）；人均居民年用电量（kwh）；人均邮政电信业务量（元）[*]；通信指数[※]；人均城市道路面积（m²）；每万人拥有公共汽车（标台）；建成区人口密度（人/km²）

（续表）

准则层	指　标　层
环境优美度	年空气质量好于或等于二级标准的天数比例（%）[**]；人均绿地面积（m²）；建成区绿化覆盖率（%）；人均三废综合利用产品产值（元）；工业固体废物综合利用率（%）；生活垃圾无害化处理率（%）；SO_2 年均浓度（mg/m³）[**]；NO_2 年均浓度（mg/m³）[**]；PM10 日均值超标率（%）[**]
社会发展度	城镇化率（%）[***]；城镇登记失业率（%）；百人拥有公共图书数（册）；万人拥有大学生数（人）；万人拥有医生数（人）
经济富裕度	人均 GDP（元）；人均财政收入（元）；人均社会消费品零售额（元）；在岗职工平均工资（元）；城镇居民人均可支配收入（元）

注：（1）三级指标数据来源于中国统计出版社出版的《中国城市统计年鉴2011》《江苏统计年鉴2011》《浙江统计年鉴2011》和《上海统计年鉴2011》以及中国环境科学出版社出版的《2009中国环境质量报告》；（2）[*]全市范围数据；[**]2009中国环境质量报告数据；[***]江苏、浙江和上海统计年鉴数据；（3）※表达居民交流和联系的重要指标，测算公式：(1/3)×（电话数/市辖区人口＋移动电话数/市辖区人口＋国际互联网数/市辖区人口）。

　　指标采用均值或指数的形式分析，可避免区域内不同等级城市带来的规模差异化效应。指标选取充分考虑到效益型和成本型两类指标。效益型指标如人居绿地面积、万人拥有医生数等，成本型指标如 PM10 日均超标率、城镇登记失业率等。有关文献中宜居城市包括经济、社会和环境三个方面（王坤鹏，2010）。但在具体分析宜居度时，必须充分考虑到"宜居城市首先是适宜生活和居住的地方"这一首要问题，为此，本文进一步完善生活方面的指标，涉及居住、水电使用、对外联系、交通出行等多个层面。

二、研究方法

（一）熵值法

熵值法是一种能够反映出指标信息熵值的效用价值方法，所给出的指标权重值比层次分析法中用德尔菲法确立权重有更高的可信度，能够对多元指标进行综合评价，通过指标体系的构建，测得综合得分，即文中的宜居度。熵值法的主要计算步骤（李陈，2011）：

设有 m 个待评方案，n 项评价指标，形成原始指标数据矩阵 X（x_{ij}）mn，则 x_{ij} 为第 i 个待评方案中的第 j 个指标的指标值（$i=1$，2，$\cdots$，m；$j=1$，2，$\cdots$，n），（$x_{ij} \geqslant 0$，$0 \leqslant i \leqslant m$，$0 \leqslant j \leqslant n$）。

原始数据非负化处理。

① 在应用熵值时常会遇到一些负值或者极端值，影响计算，因此要对其进行非负化处理，一般是采用标准法，并将数据进行平移。

$$\gamma_{ij} = \frac{x_{ij} - \bar{x}_j}{s_j} + 3 \tag{1}$$

公式（1）中：x_j 是第 j 项指标的平均值；s_j 为第 j 项指标值的标准差，一般标准化后数值范围是 [-3,3]，所以坐标平移 3，即可消除负值。

② 计算第 j 项指标下第 i 个方案指标值所占的比重 P_{ij}

$$P_{ij} = \frac{\gamma_{ij}}{\sum_{i=1}^{m} \gamma_{ij}} \tag{2}$$

③ 计算第 j 项指标的熵值 e_j

$$e_j = -k \sum_{i=1}^{m} p_{ij} \ln P_{ij} \tag{3}$$

公式（3）中：$k > 0$；ln 为自然对数；$e_j \geqslant 0$。如果 γ_{ij}对于给定的 j 全部相等，那么：

$$P_{ij} = \frac{x_{ij}}{\sum\limits_{i=1}^{m} \gamma_{ij}} = \frac{1}{m}$$

此时，e_j 取极大值，即 $e_j = -k \sum\limits_{i=1}^{m} \frac{1}{m} \ln\left(\frac{1}{m}\right) = k\ln m$，若设 $k = \frac{1}{\ln m}$，有 $0 \leqslant e_j \leqslant 1$。

④ 计算第 j 项指标的差异性系数 $\delta_j = 1 - e_j$，当 δ_j 越大时，指标值越重要。

⑤ 定义权数 ω_j

$$w_j = \frac{\delta_j}{\sum\limits_{j=1}^{m} \delta_j} \tag{4}$$

⑥ 计算总和得分值 M_i

$$M_i = \sum\limits_{j=1}^{n} w_j P_{ij} \tag{5}$$

（二）地理加权回归

自 1996 年 Fotheringham 等提出地理加权回归（Geographically Weighted Regression，缩写 GWR）以来，该方法在空间分析上应用广泛。GWR 是根据空间变化而建模的方法，GWR 自变量的回归系数随着空间位置的不同而变化。GWR 模型的回归系数通过加权最小二乘法进行局部估计，其权重按照 Tobler 第一定律的思想确定。GWR 模型的一般形式为（王远飞，2008）：

$$y_i = \sum_{j=1}^{p} \beta_j(u_i, v_i) x_{ij} + \varepsilon_i, \ i = 1, 2, \cdots, n; \ j = 1, 2, \cdots, n$$

$$(6)$$

公式（7）中，x_{i1}，x_{i2}，$\cdots$，x_{ip} 为自变量 x_1，x_2，$\cdots$，x_p 在空间位置（u_i，v_i）处的观察值，β_i 为待估计系数，ε_i 是误差项，待估计系数 β_i 通过加权最小二乘法计算。

三、长三角中心城市宜居度分级

（一）宜居度分级

通过熵值法测得长三角主要城市的宜居度，通过自然断裂法将宜居度得分从高到低划分为 Ⅰ、Ⅱ、Ⅲ 和 Ⅳ 四级。从宜居度排名上看，长三角中心城市宜居度具有以下特征：

（1）等级性。宜居度排名中 Ⅰ～Ⅳ 级城市数量分别为 1、4、7、13 座。上海的宜居度最高，划分为 Ⅰ 级，南京、杭州、苏州和台州为 Ⅱ 级，无锡、常州、嘉兴、绍兴、舟山、宁波和温州为 Ⅲ 级，衢州、丽水、金华、湖州、镇江、南通、泰州、扬州、淮安、盐城、宿迁、徐州和连云港为 Ⅳ 级。直辖市和副省级城市具有一定的优先权，使这类城市不断自我完善和优先建设，一定程度上导致城市宜居度等级化。

（2）经济水平相关性。人均 GDP 排名一定程度上反映经济发展水平。2010 年上海人均 GDP 为 77 613 元，在 25 个城市中排名第 6，宜居度排名靠前的苏州、南京、杭州人均 GDP 更高；经济发展水平相对较低的宿迁、淮安、盐城等宜居度排名依次为后 3 位。

（3）品牌效应重合性。上海是国际知名的大都市，拥有很高的国际知名度，苏州、杭州、南京等城市也具有较高的品牌效应和人气度。长三角主要城市宜居度排名和分级与城市品牌和人气在影响力上呈现出重合性的特征。

（二）准则层排名

在三级指标（指标层）得分的基础上，通过对三级指标求几何平均的方法测得二级指标（准则层）得分（图2.4.1）。

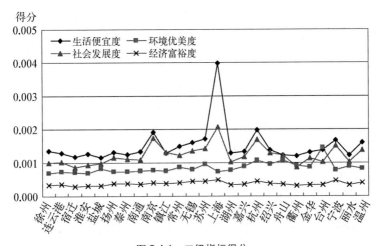

图 2.4.1　二级指标得分

二级指标得分对长三角主要城市宜居度总得分的贡献大小的顺序依次为生活便宜度、社会发展度、环境优美度和经济富裕度。

生活便宜度得分中，上海雄踞榜首，得分远高于平均分，是最低得分盐城的 3.42 倍。统计学上，上海的生活便宜度得分称为"奇异值"（outlier），这与数据分布有很大关联。指标体系中上海的通信指数达 1.14，第二和第三位的杭州和南京的通信指数分别是 0.33、0.30。这种情况下，选择中位数更能代表平均水平，高于生活便宜度中位数 0.001 3（南通得分）有上海、杭州、南京、苏州、宁波、无锡、常州等相对发达城市，而低于生活便宜度中位数的城市主要为衢州、金华、宿迁等相对欠发达城市。

社会发展度得分中，上海得分最高，南京、杭州、宁波、苏州、温州、无锡等城市的社会发展度排名靠前，而宿迁、衢州、淮安、盐城、徐州、湖州、连云港、丽水等城市的社会发展度排名靠后，得分差异相对较大，变异系数（CV）为 0.24。

环境优美度得分中，台州得分第一，高出平均得分 70 个百分点，环境优美度得分较高的地区主要集中在浙江，除了温州、湖州和宁波外，其余 8 座城市的环境优美度都高于平均水平；江苏的城市环境优美度得分普遍不高，排名靠后的城市有淮安、徐州、宿迁、连云港、扬州、泰州等；上海的环境优美度得分并不高，占平均得分的 82.24%。相对其他准则层，环境优美度各城市得分之间差异较小，变异系数（CV）仅为 0.19。

经济富裕度得分呈现一条"平缓的曲线"，得分差异更小，CV 仅为 0.14。得分排名前五位的城市分别是上海、宁波、苏州、无锡和杭州，排名后五位的城市分别是宿迁、淮安、衢州、盐城和徐州。

四、长三角中心城市宜居度空间差异

综合评价中，利用均量或比例的形式获得长三角中心城市的宜居度排名与等级划分。但对城市宜居度的动因解释较少。城市宜居度是否与规模或投资因素有关联？如果有关，用哪些指标能够反映这层关系？我们试图运用空间差异的方法，构建地理加权回归模型（GWR），定量分析长三角中心城市宜居度与城市规模、经济规模、

　　　　　诗意地栖居：多空间尺度的人居环境评价研究

房地产投资和城市环境建设等因素的关联性及空间差异程度。

（一）全局空间关系

指标选取上，地区生产总值（GDP）能表示经济规模；房地产投资（REI）或城市道路面积（URA）能够表示基础设施建设；城区面积（UA）或城区人口（UP）可表示城市规模；园林绿化维护支出（EOL）或市容环境卫生维护支出（EOES）可表示城市环境建设。对以上指标模拟，剔除不通过显著性检验的部分变量，最终确定 GDP、REI、UA 和 EOES 为宜居度（LDScore）自变量。在建立 GWR 模型前，首先有必要对长三角 25 座地级市进行全局空间关系分析。以 LDScore 为因变量，GDP、REI、UA 和 EOES 为自变量建立多元回归模型：

$$Y_{LDScore} = 4.181E - 7x_{GDP} + 6.126E - 6x_{REI} + 1.028E - 6x_{UA} + 0.000x_{EOES}$$

标准化系数： （0.232） （0.417） （0.218） （0.125）

$R = 0.943$，$R^2 = 0.890$，Adj. $R^2 = 0.868$，S.E.$= 0.002\ 214\ 7$，$P = 0.001$

多元回归模型中 P 值等于 0.001 说明模型总体通过显著性检验，调整后的决定系数 R^2 等于 0.868 意味着四个自变量能够对 LDScore 进行 86.8% 的解释，还有 13.2% 的未知因素没能纳入模型中。REI 的标准化系数最大，反映房地产投资对宜居度的贡献最大，其次为 GDP，第三为 UA，EOES 总体贡献相对最小。

（二）局部空间差异

以 LDScore 为因变量，GDP、REI、UA 和 EOES 为自变量建立 GWR 模型。空间分析中，观测值呈现网状的空间分布适宜选择 Fixed 核类型，而观测值呈聚集状的空间分布更适宜 Adaptive 核类型。本文呈聚集状，选择 Adaptive 核类型。在决定 GWR 权重的带宽上，根据空间数据属性和分布特征，选择赤池信息准则（AICc），AICc 不仅能够测度观测值和拟合值之间的差异，而且还可以对模型复杂度进行测算。运行 ArcGIS9.3 软件，将 GWR 测算出来的各变量参数、局部 R² 和残差符号化（图 2.4.2）。

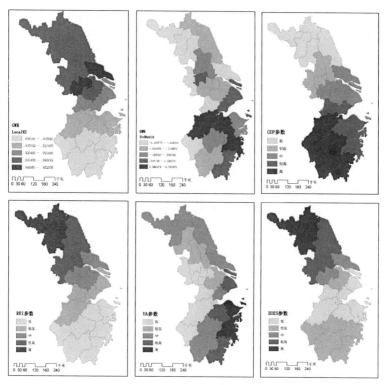

图 2.4.2　GWR 模型主要参数可视化

Local R² 的变化情况反映了 GWR 模型中各指标对 LDScore 解释程度上的差异性，南通、无锡和常州解释程度最高，苏中苏北的城

诗意地栖居：多空间尺度的人居环境评价研究

市解释程度较高，浙中南的城市解释程度相对较低。

残差反映观测值与拟合值的差异情况，差异越趋近于0，拟合度越高，残差的高低分布反映了GWR模型拟合宜居度上的空间差异。总体上，江苏的城市拟合度比浙沪的拟合度要高，杭州、绍兴和台州的拟合度最低，扬州、泰州的拟合度最高，苏北和浙中南的城市拟合度较高。

GWR模型中GDP参数呈现"南高北低"的格局。在其他三个变量不变的情况下，经济规模对长三角主要城市宜居度的影响呈"南强北弱"的特征，GDP参数对浙西南城市LDScore得分贡献率较高，对苏北城市LDScore得分贡献率较低。

与GDP参数对LDScore的贡献格局相反，房地产投资（REI）参数的贡献呈"北高南低"的格局。苏北苏中的贡献率较高，而浙中南城市的贡献率较低。从房地产投资比例上看，苏中苏北的REI占全省比重由2005年的23.3%提高到2010年的24%，而REI参数较低的浙中南REI全省比重却由2005年的25.4%下降到2010年的15.9%，反映出区域REI投入规模对LDScore得分的积极影响。

城区面积（UA）参数对LDScore得分的贡献率呈现"西低东高"的格局。宁波、舟山和台州的UA参数对LDScore得分的贡献率最高，上海的贡献率较高，南京、镇江、常州、无锡、杭州和衢州的贡献率较低。

市容环境卫生维护支出（EOES）参数对LDScore得分的贡献表现为"北高南低"的格局。EOES对苏中和苏北城市LDScore得分贡献率较高，对浙中南城市贡献率较低，对上海、浙北城市的贡献率最低。从EOES资金投入上看，2010年浙江省地级市的EOES投入资金 175 573 万元，仅占江苏省的 57.9%，EOES 参数的南北差异性充分说明环境卫生投入总量上对 LDScore 得分的正面影响。

五、结论与讨论

通过对 2010 年长三角主要城市的宜居度定量分析，可得几点结论：(1) 上海的宜居度在长三角主要城市中雄踞榜首，但也存在部分得分低于平均水平的现象；(2) 长三角主要城市宜居度得分内部差异较大且呈等级分布特征；(3) 经济规模和房地产投资是影响宜居度的重要原因；(4) 经济规模对长三角主要城市宜居度的影响呈"南高北低"的格局，房地产投资和市容环境卫生支出的影响呈"北高南低"的格局，城区面积的影响呈"东高西低"的格局。

宜居城市的研究具有系统性和复杂性，本文只从空间差异的角度提供一种分析思路，难免存在不足之处，比如自然环境因素考虑得相对较少。此外，从自然-社会关系的层面认识城市宜居性、宜居城市与城市化协调发展研究、城市人居环境气候适宜性分析等都是城市宜居性研究的可切入视角。

(李陈，张欣炜，杜凤姣.原文发表于：南通大学学报（社会科学版），2013，29（03）：15－20)

第三章

城市空间尺度的
人居环境评价研究

第一节　城市人居环境气候适宜性评价

良好的人居环境是人们生活和工作的重要条件，适宜的环境不仅有助于提高工作效率，还能让人保持良好的心情，使人们身心愉悦地工作。气候是构成人居环境的基本要素之一，因此，评价城市气候适宜性具有一定实践价值。

一、人居环境与气候适宜性关系

（一）人居环境

自 20 世纪 50 年代希腊学者道萨迪亚斯提出人居环境科学的概念以来，人居环境的研究逐渐受到重视。吴良镛（2010）在国内率先引入人居环境科学理论，为我国人居环境的研究提供理论依据。就人居环境的内涵而言，它包括人居硬环境和人居软环境两个方面。人居硬环境指一切服务于城市居民并为居民所利用，以居民行为活动为载体的各种物质设施的总和，由自然、人文和空间三要素构成；人居软环境指居民利用和发挥硬环境系统功能中形成的一切非物质形态事物的总和（宁越敏，1999）。

（二）气候适宜性

气候是构成自然环境的重要因素之一，即人居硬环境概念中的自然要素。气候作用于人体，通过皮肤与黏膜感受气温、湿度、风、日照等刺激，肺脏能够感受大气的化学要素刺激（氧气压、臭氧等各类化学物质），视觉器官通过视觉感受光线的刺激，耳内的压力感受器通过压力的变化来影响。当人体感受器接受了来自气候环境的刺激后会引起一系列的复杂反应，这些反应通过植物神经系、内分泌系、丘脑、大脑皮层等来完成（李万珍，1994）。在诸多气候要素中，温度、湿度、风速等对人体的生理和心理影响最为敏感，气候适宜性就是这些敏感性因素共同作用而感到的舒适程度（李明，1999）。

（三）两者关系

气候因子是人居环境质量评价的必要条件和重要因素。相对而言，人居环境质量评价是一项复杂的系统工程，它不仅要考虑气候因素，还包括水文、植被、地形等其他自然因素以及住房、财政、收入等经济社会因素。

二、方法与数据

（一）研究方法

目前，常用的气候评价生理指标主要有温湿指数（Temperature Humidity Index，*THI*）和风效指数（Index of Wind Effect，*IWE*），温湿指数考虑温度和相对湿度两个指标，风效指数考虑风速、温度和日照指标（范业正，1998），本文进一步采用改进的舒适指数进行评价（王金亮，2002）。

（1）温湿指数：

$$THI = T - 0.55(1 - f)(T - 58)，T = 1.8t + 32 \qquad (1)$$

公式（1）中，*THI* 是温湿指数，*T* 是华氏温度，*f* 是月均空气相对湿度（%），*t* 是月均摄氏度（℃）。

（2）风效指数：

$$IWE = -(10\sqrt{v} + 10.45 - v)(33 - t) + 8.55s \qquad (2)$$

公式（2）中，*IWE* 是风效指数，*v* 是地面以上 10 m 高度处的平均风速（米/秒），*s* 是日均日照时间（小时/天），*t* 是月均摄氏度（℃）。

温湿指数和风效指数有一套评价标准如表 3.1.1 所示。

表 3.1.1　温湿指数和风效指数评价标准

温湿指数（THI）		风效指数（IWE）	
取值范围	感觉程度	取值范围	感觉程度
<40	极冷，极不舒适	<−1 200	酷冷，极不舒适
40~45	寒冷，不舒适	−1 200~−1 000	寒冷，不舒适
45~55	偏冷，较不舒适	−1 000~−800	偏冷，较不舒适
55~60	清，舒适	−800~−600	清，舒适
60~65	凉，非常舒适	−600~−300	凉，非常舒适
65~70	暖，舒适	−300~−200	暖，舒适
70~75	偏热，较舒适	−200~−50	偏热，较舒适
75~80	闷热，不舒适	−50~80	闷热，不舒适
>80	极其闷热，极不舒适	>80	极其闷热，极不舒适

资料来源：刘清春，2007.

（3）舒适指数：

$$Z = 0.5(|t - 24|) + 0.08(|f - 70|) + 0.5(|v - 2|) \qquad (3)$$

公式（3）中，*Z* 是舒适指数，*t* 是月均摄氏度（℃），*f* 是月均空气相对湿度（%），*v* 是地面以上 10 m 高度处的平均风速（米/秒）。当 *Z* ≤ 3.50 时，表示次舒适；当 3.50 < *Z* ≤ 7.00 时，表示舒

适；当 7.00 ＜ Z ≤ 10.00 时，表示不舒适；当 Z ＞ 10.00 时，表示极不舒适。

（二）数据来源

本文以北京、上海、广州和香港等国内发达城市为案例，对其气候适宜性做出评价。日平均日照时间、月平均气温数据采集于香港天文台网站，月平均风速数据来源于北京气象中心资料室编、气象出版社出版的《中国地面气候资料：1951—1980》，相对湿度和年平均气温等数据参考气象出版社出版的《中国气象年鉴 2000—2011》，香港的相对湿度、月平均风速数据亦采集于香港天文台网站。

三、结果分析

由公式（1）测算出北京、上海、广州和香港平均每月的温湿指数（图 3.1.1），1—12 月各月份变化表现为颇缓的倒"U"型曲线，

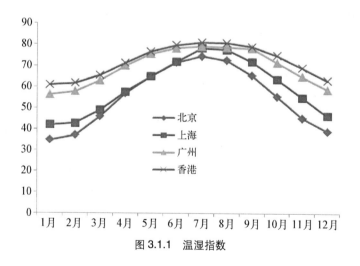

图 3.1.1　温湿指数

香港的温湿指数在各月份之间差异最小，北京的差异最大。从温湿指数 60~65 为非常舒适的标准上看，北京和上海非常舒适的月份分布在春季和秋季，而广州和香港主要分布在冬季（表3.1.2）；从温湿指数小于40或大于75为不舒适的标准上看，北京或上海不舒适的月份主要为冬季和夏季，而香港和广州不舒适的月份主要分布在夏季（表3.1.3）；从全年平均水平上看，上海的温湿指数为62.11，表现为非常舒适，香港为较舒适，北京和广州表现为舒适（表3.1.4）。

表3.1.2　非常舒适的月份

城市	温湿指数	风效指数	舒适指数
北京	5月、9月	4月、10月	5月、10月
上海	5月、10月	3月、4月、10月、11月	4月、10月
广州	3月、11月	1月、2月、3月、12月	1月、2月、12月
香港	1月、2月、12月	1月、2月、3月、12月	1月、2月、3月、7月、8月、12月

表3.1.3　不舒适的月份

城市	温湿指数	风效指数	舒适指数
北京	1月、2月、12月	1月	1月、2月、3月、11月、12月
上海	1月、2月、7月、8月	—	1月、2月、12月
广州	5月、6月、7月、8月	7月、8月	—
香港	5月、6月、7月、8月、9月	7月	—

表 3.1.4　综合评价

城市	温湿指数	风效指数	综合舒适指数
北京	55.57（舒适）	−415.99（非常舒适）	15（2A、4B、1C、5D）
上海	62.11（非常舒适）	−356.49（非常舒适）	18（2A、5B、2C、3D）
广州	70.35（临界舒适）	−198.30（临界舒适）	27（3A、9B）
香港	72.01（较舒适）	−198.54（临界舒适）	30（6A、6B）

　　相对温湿指数而言，风效指数月均变化曲线图显得陡峭，显示为坡陡的倒"U"型曲线（图 3.1.2），表明一年四季各月份的风效指数变化较大。以风效指数 −600～−300 为非常舒适的标准，上海和北京舒适的月份主要分布在春季和秋季，而广州和香港主要分布在冬季（表 3.1.2）；以风效指数小于 −800 或大于 −50 为不舒适的标准，上海全年舒适，北京只有 1 月份不舒适，而广州和香港不舒适的月份主要分布在夏季（表 3.1.3）；从全年平均水平来看，四座城市的风效指数显示为非常舒适和临界舒适（表 3.1.4）。

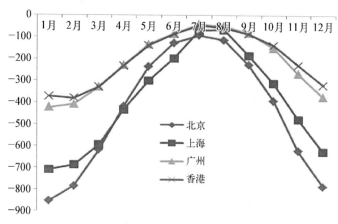

图 3.1.2　风效指数

　　　　　　　　　诗意地栖居：多空间尺度的人居环境评价研究

舒适指数表现为陡峭的"U"型曲线，北京和上海各月份舒适指数差异较大，广州和香港的差异较小（图3.1.3）。以舒适指数大于3.50或小于等于7.00为非常舒适的标准，北京和上海的春秋季非常舒适，而广州和香港的冬季相对舒适（表3.1.2）；以舒适指数大于7.00为不舒适的标准，北京和上海的冬季不舒适，香港和广州全年较为舒适（表3.1.3）。将各月份的舒适指数大于10.00、大于7.00且小于等于10.00、小于等于3.50和大于3.50且小于等于7.00分别赋值0分（等级D）、1分（等级C）、2分（等级B）和3分（等级A），得到北京、上海、广州和香港的综合舒适指数及各月份等级的次数（如：2A表示一年中有两个月份达到等级A，余类推），香港的得分最高，广州次之，上海第三，北京第四（表3.1.4）。

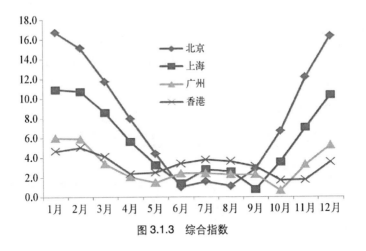

图 3.1.3　综合指数

四、小结与讨论

（1）从全年气候适宜性上看，上海的温湿指数和风效指数都表现为非常舒适，北京居中，广州和香港其次；从综合舒适指数上看，香港和广州的得分较高，北京和上海次之。

（2）从各月气候适宜性上看，北京和上海舒适的月份中集中在春秋季，而广州和香港集中在冬季，区别在于一年四季风效指数不舒适的月份相对较少，而温湿指数不舒适的月份相对较多。

（3）四座城市的气候适宜性评价符合纬度地带性规律。北京属于暖温带气候，上海属于北亚热带气候，而广州和香港属于亚热带气候。越往南降雨量越多，年均气温越高，2010 年北京、上海、广州和香港的降雨量分别是 522.5、1 128.9、2 353.6 和 2 398.5 毫米，年均气温分别是 12.6、17.2、22.5 和 23.2 摄氏度。文中用 3 个指数评价出四座城市舒适和不舒适的月份，验证了中国气候的纬度地带性特征。

（4）由于模型考虑因素不同，舒适指数和其他两个模型评价结果差别较大，其结果值得商榷，它借鉴了已有研究进行分析，该模型的参数设置可能不具备普遍性意义，用于本文分析是为了在一定程度上说明问题。此外，如果能够获取可靠的气候灾难量化数据，那么构建新的气候适宜性评价模型兴许会更完善，更能准确反映城市气候变化特征，进而为整体城市人居环境研究提供可靠参考。

（李陈，求煜英，李恒.原文发表于：资源与人居环境，2012，（10）：59－61）

第二节　上海市公共体育设施建设效应评价研究

　　上海市公共体育设施建设的主要矛盾是市民日益增长的多元化体育需求和公共体育设施建设不平衡、不充分发展之间的矛盾。作为迈向卓越的全球城市，上海正为市民提供多元化需求的公共体育设施而努力。然而，上海公共体育设施建设仍存在密度区域差异显著、软硬件发展不相协调、难以满足居民多元化需求等问题。针对存在的问题，上海市政府先后组织规划《上海市全民健身实施计划（2016—2020年）》和《"健康上海2030"规划纲要》，努力解决公共体育服务均等化问题，推进公共体育服务工作。健身苑点、健身步道常年免费开放，其他公共体育设施公益开放，市民享有公益健身技能指导，每千人配备2名社会体育指导员等；推进"全民健身365"、体育赛事、体育民生健身，提高市民身体素质，将公共体育服务设施建设纳入城乡规划。通过市政府公共体育设施体制机制与供给侧改革，上海公共体育设施建设取得突出成绩。上海各区主要新建、改建和扩建公园、绿地、广场、道路等配套建设的健身步道、健身苑点、市民球场等公共体育设施建设得到明显提升。目前，上海市各类型公共体育设施数累计15 889个，其中市民益智健身（苑）点13 358个，市民球场460个，市民健身房169个，市民健身步道661个，农民体育健身工程1 240个，全民健身活动中心（市民健身中心）1 个。

为鼓励多元社会力量积极参与到上海市公共体育设施建设中，上海市社区体育协会承接了一部分公共体育服务项目，开展体育宣传、培训，组织体育竞赛活动，进行社区体育交流和研究，承担健身讲座、技能配送、社区赛事、青少年培训等业务。上海市公共体育设施布局规划明确提出以满足城乡居民多层次的体育需求为基本目标，建设全市"30 分钟体育生活圈"，实现 2020 年人均公共体育用地面积 0.5 m² 以上，形成市、区、社区三级空间布局，等级错落的空间分布态势。到 2020 年，上海市要形成"4+2+X"市级体育设施布局，一线竞技体育训练设施形成"两个基地、四个点"的格局，二线竞技体育训练设施包括体操中心、射击射箭中心、水上中心、市级体校和市属体育场馆，三线体育训练设施包括区（县）体校、普通中小学、社会力量参与项目。从规划布局上看，上海公共体育设施建设具有模式化运营、带动经济发展和满足居民、运动员训练要求等显著特征。公共体育设施建设带动周边文化产业的发展，促使产业凝聚人气，带动公共体育设施使用效率。

从空间分布与调研情况看，当前上海大型公共体育设施建设存在功能相同、项目设置相对单一的情况，一定程度上影响了市民参与体育活动的积极性。在公共体育设施运行的过程中，其管理方式还存在可改进的空间，公共体育设施布局与人口空间结构存在不匹配、与学校体育设施衔接不够等现象。上海公共体育设施的建设要根据"30 分钟体育生活圈"要求，从整体的角度构建公共体育设施综合评价指标体系，对上海公共体育设施建设的人居环境态势进行研判。

一、理论述评

（一）人居环境科学理论

吴良镛将希腊人居环境学家道萨迪亚斯（C. A Doxiadis）的理论加以提炼，提出符合中国国情的人居环境科学理论。人居环境科学理论大致分为3个阶段：第一阶段是启蒙时期，相关学说主要集中在对西方城市问题的解决上，这时期思想家芒福德（Lewis Mumford）提出综合集成的研究思路，城市规划学家霍华德（Ebenezer Howard）的田园城市试验成为城市问题解决的经典范式之一，生物学家盖迪斯（Patrick Geddes）的城市进化论等经典理论都是早期的探索；第二阶段是发育时期，即道萨迪亚斯的人类聚居学，考虑到快速城镇化的发展特征，道萨迪亚斯特别将时间作为第四维因素进行考察，试图从整体的综合的方法，解决城市病问题；第三阶段是成熟时期，即吴良镛等学者提出的人居环境科学理论。

吴良镛出版的《人居环境科学导论》著作，正式奠定我国人居环境科学研究的学科体系与理论基础。吴良镛提出人居环境科学的一般原则，强调人居环境科学的跨学科性、交叉性与融贯性，提出人居环境的"三五结构"，该理论框架由自然、人类、社会、居住、支撑五大系统构成，涉及全球、区域、城市、村镇、建筑五大层次，坚持生态观、经济观、科技观、社会观、文化观五大原则。人居环境科学最鲜明的特征是融贯的综合集成研究，根据该理论，从上海市公共体育设施建设问题，要找到与问题相关的、基本的、有限的多学科交叉结合点。针对问题，庖丁解牛、牵着牛鼻子、螺旋式上升，再综合集成，提出优化路径。

公共体育设施是城市人居环境的有机组成部分，其分析不能脱离城市人居环境的整体性，更不能"就公共体育设施问题论问题"。因此，需要从宏观层面上，把握城市建设规律与市民需求，提出优化策略。为上海市公共体育设施供需匹配不平衡、综合利用效率低等实际问题的解决提供技术支撑。在宏观分析的过程中，首先要对研究对象的基本概念进行界定。《上海市公共体育设施布局规划（2012—2020）》明确界定了公共体育设施的概念，它指由政府投资、筹集或引导社会资金兴建，向大众开放，满足大众体育锻炼、观赏赛事以及运动员训练竞技需求的社会公益性体育活动场所。从规划中的概念界定可看出公共体育设施具有公共性、公益性，由政府主导，大众和运动员训练使用。

（二）体育公共服务理论

体育公共服务的上层概念是公共体育，体育公共服务概念由公共服务的概念体系内推演而来。根据公共服务的逻辑，肖林鹏认为公共组织是公共体育服务的供给主体，公共体育需要是公共体育服务供给的发端和归宿，广大享有体育权利的公民是公共体育服务的客体，公共体育服务内容具有多样性、供给模式多元等特征（肖林鹏，2007）。公共体育设施是公共体育服务的内容之一，需要通过公共体育服务理论指导公共体育设施建设与评估。

针对公共体育服务的范式、内部存在必要的结构和张力，樊炳有提出体育公共服务的理论框架，指出其分析框架包括 4 个维度，即体育公共服务的定位，体育公共服务模式、结构与政策，体育公共服务体制与机制，体育公共服务管理，认为政府是体育公共服务的主体和供给方，鼓励市场和社会力量参与体育公共服务建设；指出体育公共服务模式与社会经济、历史传统有关，体育公共服务体

　　　　　诗意地栖居：多空间尺度的人居环境评价研究

制要逐步实现分权化、市场化、从单中心到多中心，体育公共服务规范、运行、监管等法律法规配套要逐步完善（樊炳有，2009）。此外，针对体育公共服务城乡差异的实际问题，葛新指出体育公共服务城乡一体化是一个发展的过程，也是最终的一种社会结构状态（葛新，2017）。

二、数据与方法

（一）研究方法

1.文献资料法

收集相关学科文献资料，归纳、总结、提炼上海公共体育设施建设存在的短板；比较最新研究中有关公共体育设施指标体系的构建，为公共体育设施五维度综合评价指标体系的构建提供依据。

2.空间分析法

对公共体育设施进行综合评价，深入分析上海市公共体育设施的发展情况。充分利用地理信息系统（ArcGIS）技术平台，对上海公共体育设施规划布局进行空间分析。

3.问卷访谈和田野调查法

研究发放《上海公共体育设施人居环境评价》调查问卷，问卷的有效率控制在85%以上。对上海虹口区、普陀区、松江区等地区居民就公共体育设施利用情况进行访谈。

（二）样本描述

本文数据主要来源于2018年5月至7月发放的《关于上海公共体育设施利用的调查问卷》。结合公共体育设施布局情况，抽取上海市宜川社区市民健身中心、长征市民健身中心、虹口足球场、松江大学城体育场以及部分小区健身点，发放调查问卷 350 份，其中有效问卷 308 份。

调查问卷基本情况显示（表 3.2.1），受调查对象男女比例比较均衡，各占近 50%，年龄结构中有 20 岁及以下居民占 27.90%，21～59 岁的居民占 59.10%，60 岁及以上居民占 13.00%。从学历结构上看，近 3 成受访者为中小学教育水平，近 6 成的受访者为大学层次教育水平，还有 9.10% 的受访者为研究生层次教育水平。从受访者居住地情况看，上海大部分区都有覆盖，家住在普陀、虹口、长宁、松江、奉贤、嘉定、宝山等地的受访者居多，其余各区都有所涉及。

表 3.2.1　样本描述统计（N = 308）

变量		样本	百分比	变量		样本	百分比
性别	男	156	50.60%	居住地	长宁区	28	9.09%
	女	152	49.40%	（续）	静安区	4	1.30%
年龄	20岁及以下	86	27.90%		普陀区	67	21.75%
	21—59 岁	182	59.10%		虹口区	55	17.86%
	60 岁及以上	40	13.00%		浦东新区	12	3.90%
学历	小学	12	3.90%		闵行区	10	3.25%
	中学	88	28.60%		宝山区	12	3.90%
	大专	64	20.80%		嘉定区	14	4.55%
	本科	116	37.70%		金山区	4	1.30%
	研究生	28	9.10%		松江区	30	9.74%
居住地	市区*	2	0.65%		青浦区	4	1.30%
	黄浦区	10	3.25%		奉贤区	18	5.84%
	徐汇区	36	11.69%		崇明区	2	0.65%

注：表头 N 为问卷调查过程中的有效样本数；＊受访者填写。

　　　　　　　　　　　诗意地栖居：多空间尺度的人居环境评价研究

三、上海市公共体育设施建设的现状分析

（一）上海市公共体育设施建设缓冲区分析

缓冲区分析依据《上海市公共体育设施布局规划（2012—2020）》，利用 ArcGIS 技术平台（汤国安，2018）对上海体育馆、"两个基地、四个点"、市级体育中心和市级体育训练基地、市民健身活动中心等公共体育设施进行描述。叠置分析主要将缓冲区分析的公共体育设施与人口密度进行空间分布对比（图 3.2.1）。

从缓冲区分析与人口密度的叠置分析中，对市级体育设施做 5 km 和 10 km 缓冲区分析，发现市级体育设施主要集中在人口密度高的市区或郊区中心镇，这类体育设施具有辐射范围广、影响力大的特征，如东方体育中心区位优越，交通便利，为市民提供各类球类项目、游泳项目，举办过国际泳联世界锦标赛等，部分设施向市民开放，发挥了社会公益性，为市民健康服务发挥了作用。

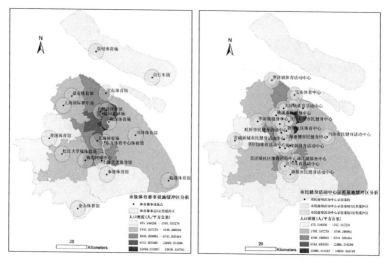

图 3.2.1 上海公共体育设施布局缓冲区分析

对于一级竞技体育训练设施而言，对其进行 5 km 和 10 km 缓冲区分析发现 6 个一级竞技体育训练设施中心布局在空间分布上相对均匀，崇明区布局有崇明国家级训练基地，市区布局有上海棋院，上海西翼拥有东方绿舟训练基地，东南翼布置有临港帆板基地、南翼布置有上海马术运动场。这 6 个一级竞技体育训练设施布局与人口密度关联不大，更侧重布局的均衡性，并考虑原有设施的布局与区域特色。

对市级体育赛事设施做 5 km 缓冲区分析发现全市分布相对均衡，即上海各区至少拥有一处市级体育赛事设施，多数体育设施集运动、健身、休闲、娱乐、办公于一体，具有现代化的体育、休闲和办公等多中心功能，一些市级体育赛事设施具有一定特色，如上海国际赛车场主要承办 F1 世界锦标赛、MotoGP 中国大奖赛、V8 国际房车赛和全国场地锦标赛等国内外赛事。

诗意地栖居：多空间尺度的人居环境评价研究

上海市民健身活动示范基地在空间布局上主要集中在人口密度高的市中心地段，郊区相对稀少；空间分布上看，郊区除宝山具有相对密度较高的市民健身活动示范基地外，多数郊区缺少市民健身活动示范基地，其中崇明、金山、松江、嘉定等郊区规划中缺少市民健身活动示范基地；从市民健身活动示范基地 3 km 和 5 km 缓冲区分析看：绝大部分市民健身活动示范基地仅能覆盖本区域街道活动半径；市区、宝山和闵行等区的市民健身活动示范基地在可达性方面具有叠置效应，即居住在市区、郊区的宝山和闵行居民可拥有更多可以选择的市民健身活动示范基地进行体育活动。

　　总体上，上海市市民健身活动中心示范基地布局主要集中在人口密度较高市区、近郊区布局；市级体育赛事设施和市级体育设施主要集中布局在市区、各区中心镇等人口密度较高的地段；一级竞技体育训练设施空间分布相对均衡，从缓冲区分析情况看，这类设施考虑人口密度的因素不大。缓冲区分析与人口密度的叠置分析结果显示，市级体育设施、市级体育赛事设施布局在市区、中心镇相对较合理，这类设施布局考虑到区域人口门槛因素，具有一定合理性，但市民健身活动中心示范基地布局则出现市区过密、郊区过疏的现象，人口与设施布局匹配度不高，郊区的市民健身活动中心示范基地不够充足。

　　（二）上海市公共体育设施建设的空间分布

　　从街道/镇一级行政单元空间尺度上看，市民健身点、市民球场、市民健身房、市民健身步道的密度呈现明显地理距离衰减规律，而农民健身工程密度呈现明显的逆向距离衰减规律（李陈等，2019）。前 4 个指标与人口密度呈现较强的正相关性，农民健身工程密度与人口密度呈现较强的负相关性（图 3.2.2，图 3.2.3，图 3.2.4）。

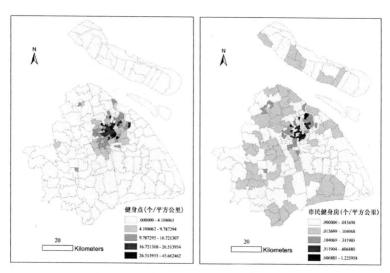

图 3.2.2　市民健身点和健身房密度分析

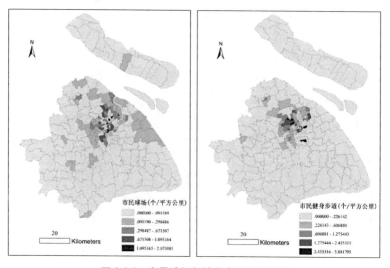

图 3.2.3　市民球场与健身步道密度分析

　　　　　　　　　　诗意地栖居：多空间尺度的人居环境评价研究

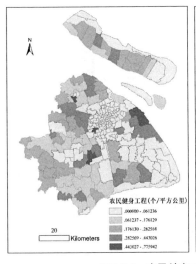

农民健身工程（个/平方公里）

☐ .000000 - .061236
☐ .061237 - .176129
☐ .176130 - .282568
■ .282569 - .443026
■ .443027 - .775942

平均密度（个/平方公里）

☐ .000000 - .750155
☐ .750156 - 2.065863
☐ 2.065864 - 3.764748
■ 3.764749 - 5.987423
■ 5.987424 - 9.401095

图 3.2.4　农民健身工程与平均密度分析

　　从上海市各街道公共体育设施密度空间分布上看，上海市公共体育设施布局呈现等级性，空间上呈现"中心—外围"特征，形成了市—区—街道三级空间尺度的公共体育设施空间布局，基本符合中心地理理论。

　　市民健身点在市中心地段具有高密度的特征，越往郊区，市民健身点密度越低，市区市民健身点密度达到 26~45 个/平方公里，郊区多数街道的市民健身点密度仅在 0~4 个/平方公里之间。市民健身房密度同样是市区高、郊区低，市区密度在 0.32~1.23 个/平方公里之间，郊区密度在 0~0.32 个/平方公里之间，相对市民健身点密度的分布，市民健身房密度在郊区空间分布上有所倾斜。市民球场密度也是呈现地理距离衰减规律，市区密、郊区疏，但宝山区（上海北翼）、浦东新区（川沙地段）市民球场的密度较高，郊区的部分镇也有较高的密度。市民健身步道的空间分布上看，其密度特征与市民健身点的空间分布具有类似的特征，即市区高度密集，郊区相对稀疏，市区的市民健身步道密度主要集中在1.27~5.88个/平方公里，郊区则低于1.27个/平方公里。从农民健身工程空间分布上看，其分布都集中在郊区各镇上。测算公共体育设施平均密度，市区公共体育设施平均密度依然远高于郊区，市区平均密度在3.76~9.4个/平方公里，郊区则低于3.76个/平方公里。

密度分析显示上海市公共体育设施布局与人口密度的空间分布具有较强的相关性。利用SPSS软件对上海各街道的人口密度与公共体育设施的5个密度指标进行Pearson相关分析，结果显示这5组相关分析在Sig.=0.01的显著性水平上皆通过显著性检验。人口密度与市民健身点密度Pearson相关分析的系数为0.895，表现为极强的正相关性，与市民球场密度Pearson相关分析的系数为0.581，具有中等程度的正相关性，与市民健身房密度、市民健身步道密度的Pearson相关系数分别为0.468、0.429，两者具有一般正相关关系，而与农民健身工程密度具有负相关性，两者的相关系数为-0.519。

四、上海市公共体育设施建设效应主观评价与制约因素

（一）上海市居民对公共体育设施建设效应评价

1. 居民对公共体育设施总体评价较好

从居民对公共体育设施的总体评价较好，同时，也反映存在一些不便利的地方。本文通过对上海市公共体育设施建设的满意度进行描述，采用不同年龄层人群做交叉分析，揭示不同年龄组群居民

的满意度评价（表3.2.2）。调查显示，上海居民对公共体育设施建设的总体满意度（A）、安全性（B）和总体评价（C）较好，近50%的受访者对满意度、安全性和总体评价为满意（得分为4），近四成受访者评价为较满意（得分为3）。从分年龄组看，年龄越高，对公共体育设施的满意度相对越低，其中，60岁以上年龄组中有15%的人群对上海市公共体育设施布局与安全性建设的总体评价为满意度一般。

表 3.2.2　上海市公共体育设施建设满意度调查

年龄 测量	20 岁及以下			21~59 岁			60 岁及以上		
	A	B	C	A	B	C	A	B	C
1	0.00%	2.30%	2.30%	2.20%	1.10%	6.60%	0.00%	0.00%	0.00%
2	7.00%	0.00%	9.30%	7.70%	4.40%	15.40%	0.00%	10.00%	15.00%
3	41.90%	48.80%	37.20%	40.70%	47.30%	42.90%	60.00%	35.00%	45.00%
4	51.20%	48.80%	51.20%	49.50%	47.30%	35.20%	40.00%	55.00%	40.00%

注：A、B、C分别表示受访者对上海公共体育设施建设的满意度、安全性和总体评价；1—4分别表示不满意—满意，得分越高评价越好。

数据来源：上海公共体育设施建设调查问卷数据统计。

对上海市公共体育设施建设不便利性的调查显示，服务水平低、活动项目较少、缺少专业人员指导、公共体育设施条件差、费用太高等是造成居民进行体育活动不便利性的重要原因（表3.2.3）。从年龄分组看，20岁及以下年龄组人群认为公共体育设施条件差、缺少专业人员指导、服务水平低和活动项目少是主要因素；21~59岁年龄组认为公共体育设施条件差、服务水平低、路途遥远是主要因素；60岁及以上年龄组认为活动项目较少、服务水平低、缺少专业人员指导是主要因素。

表 3.2.3　上海市公共体育设施建设不便利性调查

年龄分组 制约因素	20 岁及以下	21~59 岁	60 岁及以上
公共体育设施条件差	44.20%	38.50%	15.00%
服务水平低	39.50%	31.90%	30.00%
费用太高	18.60%	22.00%	15.00%
路途遥远	20.90%	31.90%	20.00%
活动项目较少	39.50%	27.50%	35.00%
缺少专业人员指导	41.90%	25.30%	25.00%

数据来源：上海公共体育设施建设调查问卷数据统计。

2. 居民对公共体育设施具有较强需求

本文分别从参加体育锻炼的重要性、锻炼目的、锻炼频次、锻炼时间、锻炼效果和体健信息等方面，反映上海市居民对公共体育设施建设的需求情况。

调研显示，64.90% 的居民认为参加体育锻炼非常重要，22.70% 认为比较重要，说明上海市民对参加体育锻炼活动的重视程度较高；在体健信息方面，近 5 成居民从网络媒体了解公共体育设施相关信息，电视广播、报纸杂志、社区宣传各占 1 成比例；从锻炼频次上看，27.30% 的受访者几乎每天参加体育锻炼，20.10% 的受访者一周参加两次锻炼，三次锻炼的占 17.50%，偶尔锻炼的占 22.10%，说明全民健身理念已深入人心；从锻炼时间上看，59.10% 的居民每次锻炼时间在 30~60 min，超过 60 min 的占 11.00%。从锻炼效果上看，48.1% 的居民认为参加锻炼后身体比以前健康多了，24.00% 的居民认为比以前健康一点，25.30% 的居民认为变化不大。

3. 居民对公共体育设施需求多元、形式多样

本文进一步从上海市居民参加体育锻炼的项目类别、活动场所、

主要形式 3 个方面反映居民的多元体育需求。调查显示，在给出选项项目类别中，跑步散步类、球类和水冰类（如游泳项目）三项体育活动颇受居民青睐，舞蹈类、武术类、体操类运动受到的欢迎程度次之（图 3.2.5）。

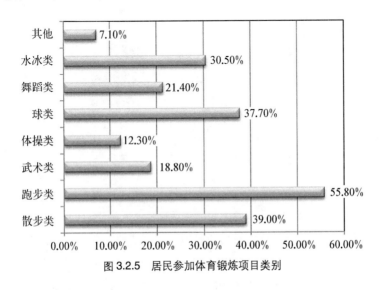

图 3.2.5　居民参加体育锻炼项目类别

从锻炼场所看，健身点、公园、收费体育场馆等公共体育场所颇受欢迎，而家里、学校体育场地受到的欢迎程度较低（图 3.2.6）。工作之余，到室外场地活动成为一种生活方式，但中小学体育场地还没能有效衔接好公共体育场馆，实行封闭式管理，也许是限制居民到学校体育场地参加体育锻炼的原因之一。此外，从体育锻炼主要形式看，60.20% 的居民倾向于与家人或朋友一起参加体育锻炼，而选择社区组织体育锻炼的居民仅占 11.30%，反映社区未能充分发挥公共体育活动的组织作用。以上表明，居民对体育场所选择与公

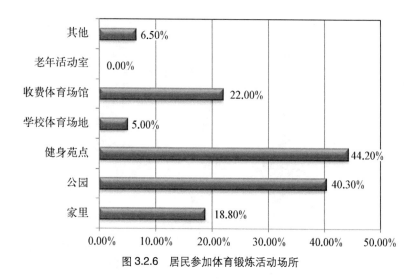

图 3.2.6 居民参加体育锻炼活动场所

共体育项目的需求越来越趋于多元化。

4. 公共体育设施条件尚不能满足居民多元需求

通过对影响参加体育活动的原因分析，发现上海市公共体育设施的建设与设施的完备性尚未能充分满足居民的多元需求。有37.00%的受访者认为公共体育设施的条件较差，33.80%的受访者认为服务水平差，31.80%的受访者认为活动项目较少，27.30%的受访者认为路途遥远，20.10%的受访者认为部分公共体育设施场馆收费太高。在公共体育设施是否有专业体育指导员的调查中，本文还发现47.40%的受访者认为缺少专业体育指导员，27.90%的受访者认为不缺体育指导员，但不够专业，仅24.70%的受访者认为有专业的体育指导员。

5. 上海市居民对公共体育设施供给情况的态度

面对多元化的体育需求，公共体育设施建设与发展不平衡问题

　　　　　　　　　诗意地栖居：多空间尺度的人居环境评价研究

依然突出。本文通过质性访谈进一步反映了居民对公共体育设施建设需求。

① 社区公共体育设施的有效供给情况

受访者对社区公用体育设施的有效供给情况的态度大致可以分为3种情况：还可以；一般般；较差。

回答"还可以"的人群认为，本社区公共体育设施"很好""能够满足基本需求""我区通过调查问卷、走访等形式所接收到的信息针对性地进行了改进，基本做到了有效供给""对供给情况满意"。访谈反映这部分群体对上海市社区公共体育设施的有效供给总体满意，体育设施的项目能够满足多数需求。

回答"一般般"的人群认为，"一般般吧""我认为还可以""一般般，没人维修老旧设备""能够满足需求，基本上每块区域都有""本区的有待提高，因为一些设备坏掉了，还没更换，但总体来说还不错吧""用的人不多，只有儿童会去玩儿"。这部分受访者认为社区健身点的公共体育设施无人看管，设施老化，缺少及时维修。

回答"较差"的人群认为，"条件差，水平低""本社区居民较多，场地、器材等公用设施较少，在有效供给上不是十分充分"。这部分受访者认为健身点的公共体育设施难以满足体育健身需求，体育健身设施均量不足。

② 社区公共体育设施的利用率情况

受访者对社区公共体育设施的利用率的态度大致可以分为3种情况：利用率高；利用率低；不了解。

回答"利用率高"的人群认为，"利用率高，尤其是老年人群里""高，人太多，集中在一个时间段""对中老年人（来说）利用率还是很不错的，因为平时都是中老年人（在使用）"。受访者认为中老年人比较青睐社区健身设施，利用率比较高。

回答"利用率低"的人群认为，"利用率低，设施陈旧，简陋，一般都去健身房""利用率不怎么样，宣传度低，也不知道安全性""利用率不高，设施太过陈旧，安全性低""不是很高，基本上都是老人（在使用），现在年轻人大多数都去健身房吧"。访谈表明受访者平时不大愿意去简易的健身点锻炼，而是去比较专业的健身房。

回答"不了解"的人群认为，"应该高吧，不太清楚"。这部分受访者平时不大参与到社区体育锻炼中，对公共体育设施情况不熟悉。

③ 社区公共体育设施发展情况

访谈者对社区公共体育设施发展情况的评价大致可以分为两种情况：发展较快；没有太大变化。

回答"发展较快"的人群认为，"活动项目变多了，工作人员专业化""硬件和软件的提高，同时人们对公共体育设备的需求增加""有的，像场地的数量，设施种类我们都有增加""有吧，活动项目明显变多""还好，与时俱进吧，设备多了一点"。受访者认为近年来上海的公共体育设施供给有了很大提升，能够与时俱进，满足多数居民的体育健身需求。

回答"没有太大变化"的人群认为，"一般，跟以前差不多""我觉得并没有，跟以前差不多一样""无，只是针对场地，器材进行了维护与更换，但数量少这一大问题还没解决""发展程度缓慢，设施依旧陈旧""建成之后，并没有进行发展"。这部分受访者认为社区体育健身设施陈旧，缺乏更新与维护，难以满足多元化的体育健身需求。

④ 公共体育设施便捷性情况

访谈者对公共体育设施便捷性的评价大致可以分为两种情况：便捷；不便捷。

回答"便捷"的人群认为，"步行，十分钟""步行或者骑车，十分钟之内能到""不远，十几分的车程吧""步行，也就五六百米，不远"。这部分受访者认为家附近的公共体育健身设施可及性强，步行或乘车过去比较方便。

回答"不便捷"的人群认为，"不太方便，挤公交大概要20分钟左右吧""我家离体育中心还是比较远的，不过每次来健身时，来回路上听听歌啊，散散步什么的，也算是一种锻炼"。这部分受访者认为家离附近的公共体育设施场所比较远，公共体育设施可及性较差。

⑤ 公共体育设施总体满意度情况

多数受访者认为，公共体育设施能满足基本需求，"能满足，反馈情况良好，对本区公共体育设施基本满足""还可以，如果更多就更好了"。这部分受访者认为公共体育设施总体上能够满足需求。

也有部分居民认为有待提高，指出"从反馈来看，还是场地太有限，本区居民有不少都去健身房或者高校运动""满足了大多数人的需求，设施配套方面还有待增加，还可以""能够基本满足，但是希望进一步更新设施条件""一般般，种类都差不多，锻炼来锻炼去，基本都是一样的方式，花样不多"。这部分受访者认为公共体育设施还难以满足多元化的需求，一些个性化的体育健身项目仍需提升、加强供给。

（二）上海市公共体育设施建设的制约因素

1. 公共体育设施与人口分布匹配不佳

根据空间分析，除健身点外，市民健身房、市民健身步道、市民球场等公共体育设施布局与人口密度的空间分布匹配度不高。虽然上海市增加了农民健身工程布点，但市区和郊区公共体育设施密度之间的不均衡性并没有显著改观。尽管中心地理论认为市级公共体育设施具有等级性，不同等级的公共体育设施具有一定的服务半径与门槛人口，但若从均衡发展的角度讲，郊区的公共体育设施仍有很大改善和提升的空间。从公共体育设施均量区域差异的分析上看，本文发现近年来郊区的公共体育设施在数量和均量上有了很大发展，但若从公共体育设施的服务范围与项目的种类、类型看，郊区的公共体育设施建设和发展与市区仍有较大的距离。一定程度上与郊区不够便利的公共交通水平有关，还与郊区行政区面积、体量相对庞大有一定关联。

2. 公共体育设施软硬件发展不相协调

根据上海公共体育设施发展度的分析发现，2010 年以来上海公共体育设施建设，无论从密度、总量，还是均量上看，都取得了突出成绩。公共体育设施布局、规划建设都有了较大提升。但若从公共体育设施的软件上看，上海体育界职工人数变化却相对缓慢，多数指标呈现波动变化的态势，一定程度上反映公共体育设施硬件发展与软件（人员、服务）的配套不同步不相协调，即公共体育设施建设较快，而对应的服务未能较好地跟进。公共体育设施建设除满足市民的基本需求外，还要为运动队员提供竞技、训练场地，上海科技人员、体育界医务人员的流失，势必影响到专业运动员训练能否提供优良的后勤保障。对于社区级的公共体育设施，专业体育指导员的缺乏，将影响到居民健身效果和健身质量，导致公共体育设施硬件与软件的发展不相协调。

3. 公共体育设施维护与品质有待提高

从不同等级的公共体育设施规划与布局情况看，当前上海公共体育设施数量上取得突飞猛进的发展，但是质量提升上仍不够充分。调查过程中，居民反映社区公共体育设施建成之后长期缺乏必要的维护，部分公共体育设施零部件损坏也没能得到有效管理。品质较高的体育设施，如健身房一般采取收费的形式而社区健身点缺少有效的维护与看管，由于其公用性和共享性，一定程度上导致"公地悲剧"效应。上海市民健身活动示范基地在空间分布上主要集中在市区地段，而多数郊区缺少市民健身活动示范基地，表明具有示范性的公共体育设施基地在空间分布上仍不平衡，公共体育设施在品质建设和质量提升上仍有较大发展空间。

4. 公共体育设施建设整体人居性缺位

2018年5月上海开始实施《上海市体育设施管理办法》，该办法规定了上海市公共体育设施建设或设置的标准，明确公共体育设施的建设用地、旧改配套、体育建设设施配套要求，但当前上海市公共体育设施建设忽视了作为公共空间的一部分，尤其是城市人居环境整体的一部分。公共体育设施建设与社区、学校文体设施运作机制相互割裂。基于管理便利和空间有限的需求，多数公共体育设施为封闭性空间设置，影响了市民参与积极性，尤其是外来人口的参与。

五、上海市公共体育设施建设的优化路径

（一）结合常住人口空间分布，优化公共体育设施空间布局

公共体育设施建设不仅需要分析其与人口密度的空间分布匹配

度，而且需要加强对人口结构的分析，加强公共体育设施建设的空间分布研究，可使人口结构空间分布与多元需求的公共体育设施建设相结合。结合上海人口空间分布的变动态势，在郊区适当开发、建设相关公共体育设施，以减轻市区的管理压力和城市空间压力。上海 16 个区人口结构差异较大，这种人口结构（性别、年龄）的差异势必影响到各区公共体育设施建设的需求。数据显示，上海各区的公共体育设施在数量上有了很大改观，但高质量的公共体育设施与多元化的公共体育设施供给不足，这势必会影响公共体育设施的效果，如何组织好政府、社区、地方媒体，发挥各自的监督作用，提升公共体育设施质量是上海未来公共体育设施建设的着力点之一。

（二）努力提升公共体育设施品质和利用效率，协调公共体育设施软硬环境

目前，一些露天的公共体育设施缺乏防雨、防晒、防风、防寒措施，公共健身设施老化严重，设施缺少一定的保养、维修和看护，导致公共体育设施的品质受到影响。因此，迫切需要建立公共体育设施建设的长效机制，加强健身点的管理，加强公共体育场所器材的适用性和安全性指导，努力营造各具特色的上海市社区公共体育设施。在优化公共体育设施空间布局的过程中，努力实现精细化管理，做精细化公共体育设施建设，加强小区的健身点的建设与维护，努力做到"一区一点，一苑一长"。通过公共体育设施的空间优化与精细化管理的有效结合，协调好社区公共体育设施建设的软硬件环境。加强政府、社会、公众等 3 个主体共同参与的协调机制，共同维护维持公共体育设施的可持续运行。

（三）有效衔接学校体育设施，平衡公共体育设施的公益性与效益性

利用各类学校寒暑假文体设施利用率不高的特点，可向社会开放，有偿使用，构筑更广泛的城市公共体育设施复合体。校园体育设施的开发对当地居民而言，是最大的利好之一，这意味着以中小学为圆心的缓冲区半径15 min内，小区居民增加了公共体育健身与运动的机会，一定程度上提升了人均体育场地面积。但事物总是具有两面性，开放后的学校体育设施可能存在隐患，各类人群拥入校园，给学校的管理带来压力。在此，还需要考虑如何有效分割教学区和体育场。同时，体育局应将校园体育设施的开发时间公之于众，为市民到学校参加体育运动提供相应的服务。此外，一些公共体育设施对公众开放需要收取一定的费用，以维持其基本运行、保养与管理费用，而另一些公共体育设施需要向公众免费开放，这就需要平衡好公共体育设施的公益性和效益性。

（四）公共体育设施建设应作为整体城市人居要素考虑

城市公共体育设施是人居要素的重要组成部分，绝不是一个个孤立的原点。城市公共体育设施的建设不仅要考虑中心地理理论中设施功能的等级性规律，还要考虑作为整体城市人居要素，需要协调好公共体育设施的软硬环境建设，平衡好公共体育设施发展的公益性和效益性。例如，调查显示部分受访者认为公共交通的便捷程度决定是否有意愿前往体育馆内进行体育锻炼。当公共交通便捷时，人们更愿意前往体育馆内进行体育锻炼，而当交通存在稀疏、停车难等一系列交通问题时，人们会选择放弃。所以便捷的交通会影响人们体育锻炼的欲望，这意味着公共体育设施的建设不仅仅是自身

功能的完备性，还要综合平衡人居要素，将公共体育设施的建设与居民的多元化需求、交通的便利性、设施可达性、人口结构的匹配程度、城市战略规划、总体规划、详细规划、地形地势、自然环境等自然经济社会人文环境有效结合起来。

（李陈.原文发表于：体育科研，2019，40（02）：21－31）

第三节　上海市公共体育设施布局的时空差异研究

《上海市公共体育设施布局规划（2012—2020）》指出公共体育设施是指由政府投资、筹集或引导社会资金兴建，向大众开放，满足大众体育锻炼、观赏赛事以及运动员训练竞技需求的社会公益性体育活动场所，包括市级、区级、社区级体育设施。在《上海市全民健身实施计划（2016—2020 年）》提出基本公共体育服务均等化的要求。2018 年"健康上海 2030"又将公共体育服务设施建设纳入城乡规划，统筹运动场、健身步道等设施。2018 年 8 月 29 日发布的《关于加快本市体育产业创新发展的若干意见》中提出实施全民健身场地设施全覆盖计划，并打造"15 分钟体育生活圈"。以上规划、政策充分显示市政府对公共体育设施硬件和软件设施建设的重视。

从已有文献看，相关研究主要体现在以下方面：第一，公共体育设施的供需平衡研究。从"全面健身"层面上讲，研究认为我国城市公共体育设施存在总体供给不足、城市公共体育设施服务能力有限、城市公共体育设施供需不平衡问题突出（张岩，2015；张宇，2015；汪全胜，2015）。针对公共体育设施供给不平衡、不充分问题（赵修涵，2018），学者还研究探讨了具有"准公共产品性质"的公共体育设施，对其进行经济学理论分析（马玉芳，2011）。也有学者认为人民主体、政府主导、混合结构、社会条件是公共体育设施供给实践的内在逻辑（张金桥，2013）。第二，公共体育设施的空间布局研究。大型公共设施的空间布局是地理学和规划学研究的核心问题之一。研究者往往综合利用问卷访谈和 GIS 空间分析相结合的方法（张学研，2014；金银日，2017；Kwan，2003；Hansen，1959；Penchansky，1981；Geurs，2004），从区域、城市、社区、小区等多空间尺度探讨公共体育设施的空间布局问题。毕红星（2012）结合经济地理学的"点-轴系统"理论考察了城市公共体育设施的布局问题。王智勇（2011）从市、区、社区三级空间尺度探讨了大城市公共体育设施的布局模式。张培刚（2017）对宿迁市的黄河城区段的公共体育设施布局进行实证分析。第三，公共体育设施的空间规划研究。公共体育设施的规划目的是为解决社会体育资源供需不平衡问题（蒋睿，2007）。空间规划理念上，朱宏（2013）认为城市公共体育设施的规划应坚持低碳出行的原则。空间规划技术上，杜长亮（2017）认为公共体育设施的规划选址需要考虑"健身圈"设施的公益性，可通过 GIS 技术分析出合理的公共体育设施选址。空间规划战略上，学者认为应建立公共体育设施专项规划，摆脱过去依附于总体规划或大型赛事而编制的思路（闫永涛，2015）。

综上，学界比较关注公共体育设施的供需平衡关系，注意到公共体育设施"准公共产品"的有效供给不足等问题，重点从规划、空间布局的角度进行研究，但对多级空间尺度尤其是社区公共体育设施布局的时空分析把握不够充分。因此，本研究将从时空差异的视角，对上海公共体育设施发展进行分析。时间维度上，对公共体育设施发展的硬环境和软环境展开分析，对比全市公共体育设施建设的发展趋势；空间维度上，从区和街道两级空间尺度，挖掘公共体育设施建设的空间差异。时空分析有助于挖掘上海公共体育设施建设的存量，发现公共体育设施建设过程中存在的不足，为公共体育设施的空间布局优化提供决策支持。

一、数据与方法

（一）数据来源

上海社区体育健身设施、社区体育健身点、社区健身场地面积、社区公共运动场等公共体育硬件指标，以及专职教练员、运动员、管理干部、专职教师、科技人员、医务人员等软指标来源于 2011—2017 年上海统计年鉴。上海市社区体育设施管理服务平台为研究提供了宝贵的街道空间尺度数据资源，研究收集该平台资源中上海各街道市民益智健身（苑）点、市民球场、市民健身房、市民健身步道、农民体育健身工程等 15 889 个数据。上海各区、街道行政区划面积、常住人口数据来源于各区、街道政府网站。

（二）研究方法

1. 数据归一化处理

利用归一化处理的方法对上海公共体育设施发展情况进行分析。定义起始年份为 1，随着时间推移，指标高于 1，表明有所发展，指标低于 1，表明有所倒退。

2. 空间自相关分析

空间自相关技术源于 Tober 提出地理学第一定律思想，即任何事物存在空间相关，事物之间呈现距离衰减规律，距离越接近的事物之间空间相关性的可能性越大（李陈，2018）。空间自相关包括全局空间自相关和局部空间自相关。一般采用 Moran's I 统计量测度全局空间自相关，全局 Moran's I 统计量的计算公式为：

$$I = \frac{\sum\limits_{i=1}^{n}\sum\limits_{j=1}^{n} w_{ij}(x_i - \bar{x})(x_j - \bar{x})}{S^2 \sum\limits_{i=1}^{n}\sum\limits_{j=1}^{n} w_{ij}} \tag{1}$$

式（1）中，指数 I 为全局 Moran 的统计量，n 为样本总数，x_i（x_j）为第 $i_{(j)}$ 个区的公共体育设施指标，$\bar{x}$ 为各街道公共体育设施指标均值，$S^2 = \frac{1}{n}\sum\limits_{i=1}^{n}(x_i - \bar{x})^2$ 是各区公共体育设施指标方差。W_{ij} 反映两街道邻近关系的二元变量，即邻近为 1，不邻近为 0。I 的取值范围在 $[-1, 1]$ 之间，大于 0 表示正相关，小于 0 表示负相关，等于 0 表示不相关。全局 Moran 指数可通过构造服从正态分布的统计量 Z，采取双尾检验的方法判断 n 个区域是否存在显著空间相关关系。Z 统计量的计算公式为：$Z = \dfrac{I - E(I)}{\sqrt{VAR(I)}}$，其中 I 表示 Moran's I 统计量；$E$（$I$）表示 Moran's I 的期望；$VAR$（$I$）表示 Moran's I 的方差。

局部空间自相关分析主要用来测量局部子系统的空间集聚特征，用以探索上海某街道和其他相邻的街道在公共体育设施指标上的空间差异程度及显著性。一般采用局部 Moran's I 统计量进行测度，结合 LISA 集聚图对人口文化素质的局部空间分布集散情况进行判断。局部 Moran's I 统计量定义如下：

$$I_i = z_i \sum\limits_{j=1}^{n} w_{ij} z_j \tag{2}$$

式（2）中，z_i 和 z_j 为第 i、第 j 个街道的公共体育设施指标与均值的偏差，即 $z_i=(x_i-\overline{x})$，$z_j=(x_j-\overline{x})$。w_{ij} 为标准化的空间权重矩阵，其对角线元素都为 0。在给定显著性水平下，$I_i>0$ 表明存在正相关，相邻街道相似值集聚；$I_i<0$ 表明存在负相关，相邻街道不相似值集聚。结合 LISA 显著性水平，形成 LISA 集聚图，它可以识别人口文化素质在局部空间的"冷点"和"热点"地区，揭示上海公共体育设施发展的空间异质性现象。

3. 变异系数

变异系数用于比较数据离散程度，可用于测度变量之间变异程度的差异，该方法消除变量的量纲差异。变异系数的测度公式如下：

$$CV=\frac{1}{\overline{h}}\sqrt{\sum_{i=1}^{n}\frac{(h_i-\overline{h})}{(n-1)}} \tag{3}$$

式（3）中：CV 为变异系数；n 为样本区或街道数；h_i 为 i 上区的街道公共体育设施指标；$\overline{h}$ 为 h_i 的平均值。变异系数 CV 越大，则上海各区或街道公共体育设施发展差异越大。

二、上海市公共体育设施发展的时间序列分析

（一）公共体育设施发展度

为准确地反映上海公共体育设施的总体发展情况，研究从总量、均量和密度三个层面测量上海公共体育设施的发展程度。利用归一化处理的方法定义起始年份标准，随着时间推移，总量、均量和密度等指标将发生变化。从上海公共体育设施建设情况看，2010—2016 年社区体育健身设施数、社区体育健身点数、社区健身场地面

积、社区公共运动场、社区公共运动场面积总体有所发展，个别指标有所下降，部分指标在个别年份呈现下降的态势（表3.3.1）。

表3.3.1　上海公共体育设施建设发展度

指 标 测 度	2010	2011	2012	2013	2014	2015	2016	年均增长*
总量指标								
社区体育健身设施数	1.00	1.30	1.33	1.35	2.79	2.48	2.77	18.47
社区体育健身点数	1.00	1.00	1.00	1.00	2.42	2.16	2.42	15.88
社区健身场地面积	1.00	1.39	1.42	1.45	1.49	1.50	1.52	7.25
社区公共运动场	1.00	1.03	1.03	1.03	1.12	1.23	1.23	3.57
社区公共运动场面积	1.00	0.18	0.19	0.19	0.20	0.22	0.24	−21.33
均量指标								
万人拥有社区体育健身设施数	1.00	1.28	1.28	1.29	2.65	2.36	2.63	17.50
万人拥有社区体育健身点数	1.00	0.98	0.97	0.95	2.30	2.06	2.30	14.93
人均社区健身场地面积	1.00	1.36	1.37	1.38	1.42	1.43	1.45	6.36
万人拥有社区公共运动场数	1.00	1.01	0.99	0.98	1.07	1.18	1.17	2.72
人均社区公共运动场面积	1.00	0.18	0.18	0.18	0.19	0.21	0.23	−21.97
密度指标								
社区体育健身设施密度	1.00	1.30	1.33	1.35	2.79	2.48	2.77	18.47
社区体育健身点密度	1.00	1.00	1.00	1.00	2.42	2.16	2.42	15.88
社区公共运动场密度	1.00	1.03	1.03	1.03	1.12	1.23	1.23	3.57

注：* 表示各指标2010—2016年年平均增长率，单位为%。

从公共体育设施各指标发展总量上看，2010年上海社区体育健身设施数4 845个，2016年增加到13 398个，年均递增18.47%，扩大 2.77 倍，在 5 个指标中增速最快；健身点数由 2010 年的 4 586 个增加到 2016 年的 11 106 个，年均递增 15.88%，扩大 2.42 倍，在 5 个指标中增速居于第二；社区健身场地面积由 301 万平方米增加到 2016 年的 458 万平方米，年均递增 7.25%，累计增加 157 万平方米；社区运动场数由 2010 年的 316 个增加到 2016 年的 390 个，年均递增 3.57%，累计增加 74 个；值得关注的是社区公共运动场面积不升反降，可能与统计标准有关，查询更早的数据，发现在 2008—2010 年社区公共运动场面积由 234 万平方米增加到 246.7 万平方米，2011 年降低到 45.5 万平方米，此后有一定回升，到 2016 年社区公共运动场面积回升到 58.5 万平方米，与 2010 年仍有不少差距，2010—2016 年社区公共运动场面积年均递减 21.33%。

从公共体育设施各指标发展均量上看，2010 年万人拥有社区体育健身设施数为 2.104 个，2016 年上升到 5.537 个，年均递增 17.50%；万人拥有健身点数由 2010 年的 1.992 个增加到 2016 年的 4.589 个；人均社区健身场地面积由 0.131 平方米增加到 0.189 平方米；万人拥有社区公共运动场数由 0.137 个增加到 0.161 个；人均社区公共运动场面积由 0.107 平方米下降到 0.024 平方米。从公共体育设施密度指标上看，社区体育健身设施密度由 2010 年的 0.764 个/平方公里增加到 2016 年的 2.113 个/平方公里，密度增加了 2.77 倍，密度年均增长率为 18.47%；社区健身点密度指标由 2010 年的 0.723 个/平方公里增加到 2016 年的 1.752 个/平方公里，密度增加 2.42 倍，年均递增 15.88%；社区公共运动场密度由 0.049 8 个/平方公里增加到 0.061 5 个/平方公里，年均递增 3.57%。

总体上，社区体育健身设施与健身点数发展最为迅速，社区健身场地发展速度一般，社区公共运动场和社区公共运动场面积指标发展缓慢。因此，有必要结合城乡规划和小区实际情况，适当增加社区运动场和社区健身场地，优化公共体育设施建设的总量供给，提高均量和公共体育设施密度，以满足上海市民日益增长的体育健身需求。

（二）公共体育软环境建设

选取体育系统职工人数变化作为公共体育设施建设的软环境指标，反映上海公共体育设施建设的软环境情况。总体上，上海体育界职工人数变化却相对缓慢，多数指标呈现波动变化的态势，一定程度上反映公共体育设施硬件发展与软件（人员、服务）的配套不同步不相协调，即公共体育设施建设较快，而对应的服务未能跟进。

2010年上海体育界有专职教练员1 119人，运动员771人，管理干部1 589人，专职教师431人，科技人员71人，医务人员82人；2013年各指标变为1 075人、752人、1 515人、431人、69、81人，除专职教师人数没变外，其余指标人数都在下降；2016年各指标变为1 289人、1 042人、1 194人、86人、74人、17人，2013—2016年专职教练员、科技人员数略有上升，运动员数大幅上升，管理干部人数略有下降，专职教师和医务人员数大幅下降。

公共体育场（馆）对应的各指标人数也表现为波动变化的过程。2010年，公共体育场（馆）专职教练数为78人，2013年增加到104人，2016年再下降到93人；公共体育场（馆）运动员数由2010年的8人下降到2013年的0人，再上升到2016年的9人；公共体育场（馆）管理干部数由2010年的669人下降到2016年的475人；公共体育场（馆）专职教师数由 2010 年的 0 人增加到 2016 年的 8 人；
公共体育场（馆）科技人员由 2010 年的 0 人增加到 2016 年的 7 人；
公共体育场（馆）医务人员由 2010 年的 8 人下降到 2016 年的 2 人
（表 3.3.2）。

表 3.3.2　上海体育界职工情况（单位：人）

指标* ＼ 年份	2010	2011	2012	2013	2014	2015	2016
专职教练员	1 119	1 089	1 119	1 075	859	859	1 289
	78	73	90	104	61	57	93
运动员	771	949	1 073	752	766	766	1 042
	8	0	9	0	38	0	9
管理干部	1 589	1 471	1 427	1 515	1 229	1 229	1 194
	669	511	595	593	646	601	475
专职教师	431	362	307	431	132	120	86
	0	0	0	0	20	8	8
科技人员	71	88	79	69	92	92	74
	0	2	0	0	20	20	7
医务人员	82	63	70	81	27	27	17
	8	9	7	7	7	7	2

注：*指标中第一行为体育界职工各指标总人数，第二行为对应公共体育（馆）各指标人数。

上海体育系统职工的变化某种程度上反映管理效率得到一定提升，表现在管理干部人数的持续下降，机构管理人员得到精简；公共体育设施利用效率不够高，表现在运动员数和专职教练数波动变化过于明显，公共体育场（馆）专职教练与运动员数倒挂，即公共体育场（馆）教练数量远超过运动员数；公共体育设施配套服务不能得到充分保障，如大量医务人员的流失，科技人员不增反减。

三、上海市公共体育设施布局的空间差异分析

(一) 区级尺度的空间差异

从全市层面看，市民健身步道密度区域差异最大，变异系数达到 1.95，其次是市民健身房密度的区域差异，再次是市民球场密度和农民健身工程密度的区域差异，市民健身点密度的区域差异相对最小。从市区、郊区的公共体育设施区域差异看，市区的公共体育设施密度变异系数远低于郊区，表明市区的公共体育设施布局相对均衡，而郊区的公共体育设施布局相对分散，郊区公共体育设施密度差异最大的是市民健身步道密度，其变异系数达到 3.83，是市区变异系数的 3.57 倍。从各区公共体育设施的街道变异系数看，黄浦区的公共体育设施密度最低，浦东新区的变异系数最高，此外闵行、宝山等区的差异系数也较高（表 3.3.3）。

表 3.3.3　上海各区公共体育设施密度变异系数

行 政 区	健身点密度	市民球场密度	市民健身房密度	市民健身步道密度	农民健身工程密度
黄 浦 区	0.25	0.42	0.70	0.77	/
徐 汇 区	0.48	1.23	0.99	0.70	/
长 宁 区	0.44	0.73	1.33	0.76	/
静 安 区	0.44	1.07	0.99	0.77	/
普 陀 区	0.48	1.14	1.14	0.58	/
虹 口 区	0.75	1.53	3.00	1.29	/
杨 浦 区	0.46	0.64	0.68	0.83	/
市 　 区	0.57	1.07	1.14	1.07	/
浦东新区	0.79	0.90	2.05	2.89	1.56
闵 行 区	0.84	0.70	2.38	1.13	1.52
宝 山 区	0.90	0.88	1.69	0.88	1.28
嘉 定 区	1.05	1.01	1.36	0.97	0.98

行 政 区	健身点密度	市民球场密度	市民健身房密度	市民健身步道密度	农民健身工程密度
金 山 区	0.78	0.70	1.31	0.88	0.59
松 江 区	1.23	0.75	1.36	0.68	0.86
青 浦 区	0.86	0.59	0.95	1.34	0.40
奉 贤 区	0.69	1.16	0.59	0.56	0.71
崇 明 区	0.68	0.87	0.89	0.94	0.53
郊 区	1.39	1.38	1.62	3.83	1.00
全 市	1.11	1.55	1.90	1.95	1.51

从全市各街道公共体育设施均量看，上海各区万人拥有公共体育设施变异系数要低于密度指标，表明均量指标的差异程度相对较低。从全市情况看，万人拥有市民健身房数和万人拥有市民健身步道数的变异系数较大，表明两者的区域差异程度较大，而万人拥有健身点数的区域差异程度较小，其变异系数也相对较小。从市郊情况看，除万人拥有市民健身房数的变异系数外，其余市区的公共体育设施的均量指标总体变异系数要低于郊区，表明在街道层面上市区公共体育设施人均拥有量相对要高于郊区。从各区街道公共体育设施均量变异系数上看，万人拥有健身点数的变异系数最低，表明该公共设施在均量上发展相对均衡，而万人拥有市民健身房数的变异系数最高，表明该公共设施在均量上发展相对不够均衡，此外，万人拥有市民健身步道数的变异系数也较高，表明该指标在平衡发展上仍有提升空间。

从全市各街道公共体育设施总量看，其变异系数总体上要低于均量，更低于密度指标，表明上海各街道加到了公共体育设施的总量供给，缩小市郊的区域差异。从市区和郊区公共体育设施总量变异系数看，市民健身点数和市民健身房数两个指标，市区变异系数低于郊区，而市民健身房和市民健身步道反之。密度、均量和总量三个层面的变异系数，市民健身点的差异系数相对较小，而市民健身房和市民健身步道的差异系数相对较大，市民球场的差异系数居中；郊区农民体育健身工程的变异系数与市民球场相近，区域差异水平整体处于居中的位置。

（二）街道尺度的空间差异

考虑交通便利性、社区公共体育设施可达性等因素，研究重点对街道尺度的公共体育设施密度进行空间分析。市民健生点、市民球场、市民健身房、市民健身步道密度呈现明显地理距离衰减规律，而农民健身工程密度呈现明显的逆向距离衰减规律。市民健生点、市民球场、市民健身房、市民健身步道、农民健身工程等 5 个指标的平均密度亦呈现地理距离衰减规律。将人口密度与公共体育设施密度相关分析，结果进一步验证了地理学第一定律。两者 Pearson 相关分析显示，在 Sig.=0.001 的显著性水平上，人口密度与公共体育设施密度皆通过显著性检验，人口密度与市民健身点密度 Pearson 相关系数为 0.895，表现出很强的正相关性，与市民球场密度 Pearson 相关系数为 0.581，具有较强的正相关性，与市民健身房密度、市民健身步道密度的 Pearson 相关系数分别为 0.468、0.429，两者具有中等强度正相关关系，而与农民健身工程密度呈负相关关系，两者的 Pearson 相关系数为−0.519。

通过全局 Moran's I 统计量对上海各街道、镇公共体育设施进行全局空间自相关分析，旨在对上海各街道、镇的公共体育设施建设情况进行高、低集聚度量。健身点密度、健身步道密度、健身房密度、市民球场密度、农民健身工程密度以及平均密度的全局 Moran's I 统计量在 0.001 的显著性水平下皆通过检验。全局 Moran's I 统计量大于 0，表明上海各街道的公共体育设施密度在全局范围内存在正的空间相关性，同时，6 个指标的方差都接近于 0，表明变量之间具有平稳性（表 3.3.4）。由于 Moran's I 统计量反映的是上海公共体育设施密度的全局空间自相关情况，并未提供各街道、镇的公共体育设施密度局部空间集聚性，为此，需利用局部空间自相关（LISA）作进一步分析。

表 3.3.4　上海各街道公共体育设施全局空间自相关

Table 标	Moran's I	E（I）	方差	Z 统计量	P 值
健身点密度	0.776 72	−0.004 608	0.000 167	60.383 6	0.000 0
健身步道密度	0.169 94	−0.004 608	0.000 159	13.857 7	0.000 0
健身房密度	0.335 01	−0.004 608	0.000 165	26.461 6	0.000 0
市民球场密度	0.225 05	−0.004 608	0.000 164	17.917 2	0.000 0
农民健身工程密度	0.295 93	−0.004 608	0.000 166	23.312 1	0.000 0
平均密度	0.774 09	−0.004 608	0.000 168	60.160 8	0.000 0

LISA 局部空间自相关分析不仅能直观表达上海各街道、镇公共体育设施建设的集聚类型，而且能够在给出通过显著性检验的局部空间集聚特征进行 GIS 可视化表达，可对 Tober 地理学第一定律进行验证。对于统计量显著的高高集聚地区（HH），可认为它们具有很高的正向邻近效应，使邻近街道/镇的公共体育设施密度处于较高水平；对于统计量显著的低低（LL）则出现负向邻近效应，即邻近街道/镇的公共体育设施建设也受到影响；对于统计量显著的高低（HL）、低高（LH）集聚区则处于正向和负向邻近效应过渡地带。

在通过局部 Moran's I 统计量在 P 值小于等于 0.001 的显著性检验后，得出 6 个变量空间统计局部空间自相关 LISA 集聚图（图 3.3.1）。

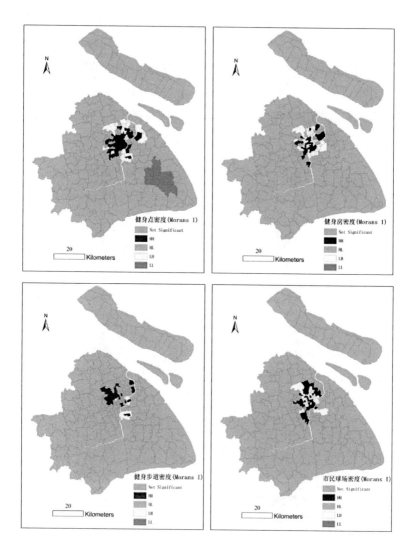

　　　　诗意地栖居：多空间尺度的人居环境评价研究

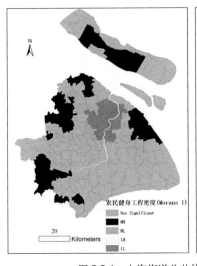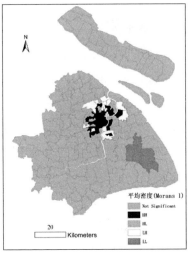

图 3.3.1　上海街道公共体育设施局部空间自相关

从上海各街道公共体育设施密度 LISA 集聚地图上看，HH 集聚的街道/镇主要集中在市区、宝山南翼部分街道/镇，市民健身点在市中心地段具有高密度的特征，越往郊区，市民健身点密度越低，市区市民健身点密度一度达到 26~45 个/平方公里，郊区多数街道的市民健身点密度仅在 0~4 个/平方公里之间。市民健身房密度在 0.32~1.23 个/平方公里之间，郊区密度在 0~0.32 个/平方公里之间，相对市民健身点密度的分布，市民健身房密度在郊区空间分布上有所倾斜。市民球场密度呈现"市区密、郊区疏"的特征，市区、上海北翼市民球场的密度较高，郊区的部分镇也有较高的密度。市民健身步道市区密度在 1.27~5.88 个/平方公里，郊区则低于 1.27 个/平方公里。农民健身工程空间分布上看，其分布都集中在郊区各镇上。各类公共体育设施平均密度，市区公共体育设施平均密度依然远高于郊区，市区平均密度在3.76~9.4个/平方公里，郊区则低于3.76个/平方公里。

局部空间自相关显示，上海公共体育设施建设依然存在"强市区、弱郊区"的空间分布态势，公共体育设施密度上"市区密、郊区疏"的特征形成，郊区公共体育设施建设的投入仍然存在较大幅度的提升空间；同时，由于市民的多元化需求，市区的公共体育设施布局、服务质量，尤其是软环境建设上也需要优化。

四、结语

研究综合利用归一化方法、变异系数、地理信息系统空间分析等研究方法，从全市、区、街道等角度，对上海公共体育设施的软硬环境进行了时空分析，对公共体育设施的供需匹配和空间布局优化具有一定借鉴。

从全市空间尺度看，上海公共体育设施建设成绩显著，全市公共体育设施建设在公共体育设施数量上有了明显的增加，投入力度也在不断加强。2010—2016年公共体育设施建设的总量、均量、密度指标都有显著增长。但也注意到，上海公共体育设施软硬环境协调发展程度不高，公共体育软件配套相对滞后。从区级空间尺度看，密度指标的变异系数最大，主要表现在市区和郊区之间的区域差异上；均量变异系数中，万人拥有健身点数相对差异较小，而万人拥有市民健身房数的差异较大；规模变异系数中，总体上要低于均量，表明上海各区加强了公共体育设施的总量供给，缩小了区域差异。从街道空间尺度看，上海公共体育设施密度存在区域差异显著的特征，健身点密度、健身房密度、健身步道密度、市民球场密度以及

诗意地栖居：多空间尺度的人居环境评价研究

加上农民健身工程后的平均密度，都呈现地理距离衰减特征，验证了地理学第一定律。平均密度 HH 集聚达 64 个街道/镇，形成公共体育设施"市区密、郊区疏"的空间格局。

从实证结果看，公共体育设施建设的空间布局与人口密度具有较强的相关性。因此，加强与人口空间分布相匹配的公共体育设施布局是今后研究的热点之一。同时，论文还存在一些值得进一步深入的地方，论文仅从公共体育设施的数量分布进行空间分析，对人均公共体育设施面积的分析不够充分。今后，需从多个视角、利用不同的研究方法对公共体育设施的空间布局与优化配置展开实证研究。如对市区、郊区的人均公共体育设施建筑面积、公共体育设施类型、运营方式等更多指标的硬环境评价与时空分异分析；对居民在公共体育设施使用过程中的满意度、便捷度进行社会调查，补充一手资料的统计分析；还可以对不同群体居民健身与身体素质之间的相关关系、因果关系展开讨论。以上，可作为公共管理学、社会保障、经济学、地理学、人居环境科学等多学科交叉研究的方向。

（李陈，戴磊，林书伟，卢美霖，李欣怡.原文发表于：上海工程技术大学学报，2019，33（1）：72－79）

第四节　松江区人居环境指标构建与评价研究

　　本研究旨在构建松江区城市人居环境综合评价指标体系并对其人居环境进行评价研究，能够为松江区人居环境优化提供依据。本课题研究分四个部分：第一，提出人居环境科学的理论基础和理论框架。对人居环境科学的发展脉络进行简要回顾；对人居环境指标体系的典型案例进行梳理（道萨迪亚斯、吴良镛、道格拉斯、经济学智囊团、住建部等提出人居环境评价指标体系）；对松江人居环境发展情况进行概述。第二，提出松江区人居环境指标体系构建的指导原则：生态原则、人居环境建设与经济发展良性互动原则、区域性原则、以人为本原则、可操作性原则。在指导原则的基础上，分别从居住条件、基础设施建设、生态环境质量、公共服务、经济社会发展五个维度构建松江区人居环境综合评价指标体系。同时，研究还设计松江区人居环境满意度调查问卷，对松江区人居环境展开实地调研。第三，是松江区人居环境评价结果的展现。居住条件上，松江区总体居住水平显著提升，但房价高企，对社会发展不利；通过对旧城居住环境进行大力整治，"五违四必"区域环境综合整治效果显著，守住了人口、土地、环境、安全的底线。基础设施建设上，松江区基础设施建设提升明显，快递业务量扩大 3.32 倍，表明城市基础设施承载力能级得到增强。生态环境质量上，取得一定成绩，

　　　　　　　　诗意地栖居：多空间尺度的人居环境评价研究

但在国家和上海市政府对生态环境保护前所未有重视和百姓对青山绿水美好生态人居环境追求的背景下，生态环境治理和环境保护的压力依然巨大，部分生态环境指标（如空气质量）并不理想。公共服务上，基础教育、医疗卫生等公共服务供需矛盾得到缓解，但问题依然突出，松江区基本公共服务不足与人口总量需求较大之间的矛盾仍有待解决。经济社会发展上，取得长足进步，城乡居民家庭人均可支配收入有所缩小，人均地方财政收入显著提高，人均期望寿命逐步增加。第四，从生态环境治理、公共服务压力、后"五违四必"时代新城人居环境有机更新上提出优化对策。

一、人居环境评价的指标构建依据

（一）人居环境科学的理论基础

1. 文献综述

（1）发展历程

人居环境是近年来社会各界关注的热点话题之一，它是20世纪下半叶在国际上逐渐发展起来的一门综合性学科群（吴良镛，1997）。20世纪60—70年代，在希腊人居环境学家道萨迪亚斯（C. A. Doxiadis）的带领下成立人类聚居学会，直接推动联合国"人居一"大会的召开。1996年，联合国"人居二"大会提出"人人拥有适当的住房"（Adequate shelter for all）和"城市化世界中的可持续人类住区发展"（Sustainable human settlements in an urbanizing world）。2016年，联合国"人居三"通过《新城市议程》和2015年后发展议程《变革我们的世界——2030年可持续发展议程》（Transforming Our World：The 2030 Agenda for Sustainable Development，SDGs），《新城市议程》明确提出人人共享城市（Cities for All），其实质就是包容的理念（石楠，2017）。为响应联合国 2030 年可持续发展议程，联合国、住建部和上海市政府（2016）共同编写了《上海手册 2016》，手册聚焦"社会融合与包容性城市""经济发展与创新城市""绿色低碳与弹性城市""文化传承与创意城市""公共服务与宜居城市"等五个领域。

（2）基本概念

基本概念是人居环境科学体系的核心。梳理文献发现，学界影响力较大的观点有：① 吴良镛（2001）认为人居环境是人类聚居生活的地方，是与人类生存活动密切相关的地表空间，是人类在大自然中赖以生存的基地，是人类利用自然、改造自然的主要场所。② 刘滨谊（1996）指出人类聚居环境学是探索研究人类因各种生存活动需求而构筑空间、场所、领域的学问。③ 宁越敏、查志强（1999）将人居环境分为人居硬环境和人居软环境，其中人居硬环境是以居民行为活动为载体的物质设施总和，人居软环境是居民在利用硬环境系统功能中形成的一切非物质形态事物的总和。④ 彼得·霍尔爵士（Sir Peter Hall）（2011）借鉴弗罗里达（Richard Florda）的创意阶层理论，指出创意阶层并非居住在某些硬件特质较好的地段，而是更加说不清的软性因素，松江区开始布局的"G60 科创走廊"吸引了海尔集团等 90 家高新技术企业，某种程度反映了除硬件条件外的这种"说不清的软性因素"。

2. 理论框架

理论框架是人居环境评价研究的基础。芒福德、盖迪斯、霍华德以及经济地理学家克里斯塔勒等先驱为人居环境学家道萨迪亚斯的人居理论框架提供思想渊源。道萨迪亚斯指出包括乡村、集镇、城市等在内的所有人类聚居应着重研究人与环境之间的关系，强调

诗意地栖居：多空间尺度的人居环境评价研究

把人类聚居作为一个整体，从政治、经济、社会、文化、技术等各方面，全面地、系统地、综合地加以研究；道氏从自然、人类、社会、建筑、支撑网络，将人类聚居划分为15个不同等级的单元（吴良镛，2001）。在道氏人类聚居理论的基础上，吴良镛（2001）从中国国情出发，提出人居环境的"三五结构"，包括五大系统（自然系统、人类系统、社会系统、居住系统、支撑系统）、五大层次（全球、区域、城市、社区/村镇、建筑）、五大原则（生态观、经济观、科技观、社会观、文化观）。吴良镛院士还强调人居环境的"三五结构"体系不是等量齐观的，而是要面向实际情况、问题，选择若干方案及若干可能，松江区的人居环境指标体系建构需面向松江的发展情况，侧重"三五结构"中的若干方面。例如，实践过程中，赵万民、汪洋（2014）结合吴良镛的理论框架，依据西部人居环境特征，提出山地人居环境信息图谱理论，其结构体系包括三大模块（自然、社会、人工）、三大层次（宏观、中观、微观）、三种类型（征兆、诊断、实施）和三种维度（时间、空间、时空综合）。

（二）人居环境指标评价的借鉴

1. 道萨迪亚斯的人类聚居量度

道萨迪亚斯以社区层次（城镇）为例，构建人类聚居的评价指标体系，包括社区现状、社区功能和与其他社区的关系三个层面（表3.4.1）。

表3.4.1　社区整体效果评价

一级指标	二级指标	得分	备注
社区现状	密度	35	合理密度的重要性
	形态	20	
	内聚性	5	

一级指标	二 级 指 标	得分	备 注
社区功能	有意义的总体规划	10	
	中心社区功能的重要性	4	
	社区中心的形态	4	
	社区中心的通达程度	2	
	主要干线的方向	4	
	次级中心	3	
	居住街道和广场的设计	3	
与其他社区的关系	与高一级社区的距离	2	
	高一级社区中心的通达程度	2	
	与其他同一级社区之中心的关系	1	
	来自其他社区中心的消极影响	5	

资料来源：根据吴良镛（2001）对道萨迪亚斯的研究整理，第245—248页。

启示：① 密度指标的重要性，包括人口密度和居住密度。② 支撑系统建设的重要性，即道路、管道等基础设施建设的重要性。③ 人居环境多尺度评价的重要性，除本身的评价，还要关注上、下层次人居环境的评价。

2. 吴良镛的实践案例

（1）菊儿胡同改造工程

① 指导思想：有机更新论。

② 前期调查：人口调查（街坊总人口、人口毛密度、净密度、街坊总户数、户均人口）→用地分析（居住用地、非居住用地）→房屋现状质量调查（低洼积水、房屋质量［建成年代、结构、装修、设施］、建筑密度、建筑产权）。

③ 菊儿胡同8.2公顷改造用地指标：

用地指标：街坊总用地，居住用地，道路广场用地，商业、服务、办公等、集中绿化用地，其他用地。

人口指标：总人口、居住人口、人口密度、居住人口密度。

④启示：因地制宜，综合考虑人体适宜性（容积率的考察）、经济效益、环境效益和社会效益。

（2）长三角城市群的实践

①基本原则：可持续发展、区域整体化发展、城乡协调发展和经济、社会、文化、环境综合发展。

②挑战：土地资源日益紧张、工业污染全面扩散、城乡建设不协调、体制障碍束缚发展。

③应对：着眼区域整体发展、构建多层次的区域交通体系、加强环境协调治理、提倡有限目标下的融贯研究、分析与综合并举。

④关键指标：紧凑城市理念，"紧凑的城市"并非人口和建筑密度越高越好，也并非无限度地提高容积率，而是要达到一种合理密度（Optimum Density）。这要求探索合适的城市形态，涉及城市结构形态、城市绿地系统、街道系统与街坊格局、建筑群的空间组合等指标。

⑤启示：针对区域差异与城乡建设、环境污染等不协调问题，区域观和整体性思维对研究城市人居环境具有重要启示。在整体性思维的指导下，关注城市微部机理，有利于更好探索和建设适宜的城市人居环境，达到一种"合理密度"。

3. 道格拉斯的评价标准

迈克·道格拉斯（Mike Douglass）构建的宜居模型由生活世界（Lifeworld）、个人福祉（Personal Well-being）和环境福祉

（Environmental Well-being）组成。道格拉斯认为宜居的空间不仅仅
是经济、社会、环境之间的平衡，还应包括宜居的公共空间，它在
生活世界（Lifeworld）中占有重要地位。与道格拉斯观念相呼应的
是 2016 年联合国"人居三"中有关公共空间的理念，"人居三"认
为，公共空间根本属性并不是产权，而是在于主要功能，这些空间
可能属于公共所有，也可能产权上归属私人业主，但只要它是为公
众服务的，就被归入公共空间的范畴（石楠，2017）。此外，道格拉
斯的人居环境管治（Governance）中认为管治是一种双向过程：政治
展现（reveal the politics）和宜居城市建设的双向过程。

4. 经济学智囊团的评价标准

受西门子集团资助，英国经济学智囊团（EIU）在城市宜居排
名上给出相关指标体系，提出《亚洲绿色城市指标》，对亚洲 22 座
重点城市人居环境排名进行测度（表 3.4.2）。

表 3.4.2　亚洲绿色城市指标体系

分　类	指　　标	分　类	指　　标
能源和 CO$_2$	人均 CO$_2$ 排放 单位 GDP 能源消费 清洁能源政策 气候变迁行动计划	废弃物	垃圾收集与充分处理比例 人均垃圾生产 垃圾收集处理政策 垃圾回收与再利用政策
土地利用与建筑	人均绿地空间 人口密度 生态建筑政策 土地利用政策	水资源	人均水资源消耗 水系统渗漏 水质政策 水资源可持续政策
交通	高等公共交通网络 城市大型交通政策 减轻拥挤政策	卫生设施	改善卫生设施公众可达性 污水处理分享 卫生设施政策

　　　　　　　　　诗意地栖居：多空间尺度的人居环境评价研究

分　类	指　　标	分　类	指　　标
空气质量	NO_2集中水平 SO_2集中水平 悬浮颗粒集中水平 清洁空气政策	环境治理	环境管理 环境监督 公众参与

　　启示：习近平总书记指出："绿水青山就是金山银山"，表明中国政府对大力推进生态文明建设的重视，经济学智囊团提出《亚洲绿色城市指标》多数集中在环境现状、保护和治理等指标上，如人均 CO_2 排放、环境监督等指标。

　　5. 住建部的宜居城市指标体系

　　2007 年 4 月，住建部科技司组织专家对中国城市科学研究会等单位承担的建设部科技计划项目《宜居城市科学评价指标体系研究》进行验收。同年，5 月 30 日，中国城市科学研究会公布《宜居城市科学评价标准》。"宜居城市"标准有社会文明度、经济富裕度、环境优美度、资源承载度、生活便宜度、公共安全度等指标体系。评价标准实行百分制，宜居指数累计高于 80 分且没有否定条件的城市，评为"宜居城市"；宜居指数在 60—80 分之间，评为"较宜居城市"；宜居指数低于 60 分，评为"宜居预警城市"。

　　如，社会文明度包括社会文明、社会和谐、社区文明、公众参与等 4 项二级指标 14 项三级指标。

　　再如，环境优美度包括生态环境、人文环境、城市景观等 3 项二级指标 16 项三级指标。

启示：住建部的指标体系能够为城市人居环境评价提供参考，但由于指标体系繁多，需要选择部分适合地方的指标进行评价。

（三）松江区人居环境发展概况

"十三五"以来，松江在旧城居改、生态环保、道路建设、公共服务等人居环境建设上加大了投入，也取得较大成绩[1]。

旧城住房改造力度加大，群众居住水平得到一定提升。中山街道沪松路 21 弄、50 弄及方塔北路 485 弄和岳阳街道戴家浜、大涨泾"城中村"地块改造项目进展顺利。危旧房解困签约动迁达到 1 199 户。2016 年，针对建成年代久远（1996 年及之前建成）、配套设施落后、住房建设标准不高等老旧街坊进行综合改造，全区启动 58 个旧街坊整体改造项目，改造面积约 280 万平方米，约 3.8 万居民受惠。2017 年上半年完成拆违 783 万平方米。区属动迁房竣工 3 422 套，开工 2 598 套。

基础设施持续改善，道路等网络支撑系统趋于完善。有轨电车建设有序推进，文汇路-文翔路通电试车，T1、T2 线有序施工。G15 车墩匝道及沪松公路九涞段实现通车。积极调整公交线路，新辟公交线路 2 条，调整公交线路 19 条，暂停公交线路 2 条，划转公交线路 1 条。2017 年上半年新开辟、调整公交线路 8 条，新增公共停车泊位 3 000 个，完成 999 户居民住宅二次供水设施改造试点工程。

---

1 本节内容参考了上海市地方志办公室网《上海年鉴 2016》、上海市松江区统计局网《2016 年上海松江区国民经济和社会发展统计公报》、上海市松江区发改委网《松江区"十三五"规划》《关于松江区 2016 年国民经济和社会发展计划执行情况与 2017 年国民经济和社会发展计划草案的报告》。上海松江公众号：陈宇剑代区长的报告，2017－08－30。

诗意地栖居：多空间尺度的人居环境评价研究

铁腕稳妥推进"五违四必"生态环境综合整治，生态文明建设加速推进。拆除"五违"建筑 973 万平方米，超过前十年拆违总量，消除违法用地 1 751 亩，拆除整治污染企业 840 家，取缔违法经营 4 600 户。以九亭 198 地块为代表的"五违四必"整治攻坚清库决胜，启动推进"人文松江三年行动计划"[1]。全年 PM2.5 年均浓度 50 微克/立方米，环境空气质量优良率 74.0%，比往年度都有所提高。持续推进"绿色账户"延伸工作。建成城区绿地面积 1 366.60 万平方米，城区绿化覆盖率 31.8%，城区人均公共绿地面积 10.85 平方米。2017 年上半年完成 126 条黑臭河道治理工作。

加强公共服务投入建设，提高居民生活幸福水平。优化教育空间布局和发展环境，在九亭、泗泾、松江新城等资源紧缺严重地区增加校舍设点，年内按期完成上海对外经贸附属松江实验学校、中山第二小学、上海赫德双语学校等 10 所学校建设。全区共有公立医疗卫生机构 29 个，专业卫生技术人员 5 278 人，床位数 4 249 张，家庭医生服务覆盖率达 100%。举办佘山元旦登高、端午龙舟赛等一系列品牌赛事。开展各类群众文化活动，实施"万、千、百"公共文化配送工程，启动区文化馆新馆、图书馆分馆、新松江剧场项目建设。2017 年上半年新设 4 所公办学校，加强 G60 科创走廊建设力度，被上海列为具有全球影响力的科创中心承载区。

松江人居环境建设还存在一些尚待加强和持续改进的地方，如生态环境、网络支撑系统、旧城改造、公共服务等上仍存在压力。例如，在人口持续增长的态势下，公共服务与人口需求之间的匹配

---

1 《市委督查组来松开展贯彻落实意识形态责任制专项督查》，上海松江门户网，2017 - 09 - 12。

关系如何？与市区的交通体系相比，松江仍有差距，松江与城区的公共交通连接度不够。

二、松江区人居环境的指标构建

（一）人居环境指标设计原则

1. 生态原则

可持续发展是当前上海建设全球科创中心的基础。建立健全可持续的生态人居环境体系，对松江区人居环境可持续发展具有指导性意义。但坚持生态原则必须有重点地选择部分指标，考虑各研究机构生态环境指标设计的复杂性，松江区生态人居环境指标要有可操作性，数据容易获取，充分反映松江区的实际生态环境与治理情况。

2. 人居环境建设与经济发展良性互动原则

人居环境的建设与优化需要与松江区的经济发展相协调，在经济可持续增长的基础上促进人居环境的进一步改善，通过人居环境的改善策略优化松江区的经济结构，提高经济发展能级，尤其是加快3.0园区建设步伐、强化科技创新能力，通过优质的人居软环境吸引技术、资金、人才，促进经济增长与人居环境的互动耦合机制。

3. 区域性原则

借鉴吴良镛与道萨迪亚斯有关人居环境科学体系的区域观，构建松江区人居环境的指标体系需要注意三大层次的考量：① 具有中等城市规模相当的松江区需要放眼上海市甚至长三角城镇等级体系更大空间范围内的人居环境，选择某些关键指标，作为前提，予以

　　　　　　　诗意地栖居：多空间尺度的人居环境评价研究

认真考虑；②每一个具体时段的人居环境评价，要在同级即相邻郊区之间研究的关系，松江区人居环境的评价要重视已存在的条件，择其利而运用发展之，见其有悖而避之；③每一个具体时段的人居环境评价，在可能的条件下要为松江区下一层次乃至今后的发展留有余地，在可能的条件下提出对未来的设想或建议。

4.以人为本原则

人是人居环境科学体系的核心，也是人居环境指标体系的关键因素。同时，人居环境的建设和发展离不开人，人居环境的建设和发展更是为居民提供便利，提供服务。构建松江区的人居环境评价指标体系，需要将人、地、物有机结合起来，将人的因素居于首要位置，充分反映居民对人居环境的需要，建设适合居民生产、生活所需的人居环境空间。

5.可操作性原则

由于人居环境科学体系的复杂性和动态性，一些研究机构为了追求人居环境指标体系的完整性，往往构建上百甚至上千个指标，这些数目众多的指标对评价区域人居环境具有借鉴意义，但难于操作，往往部分指标或替代指标在数据搜集上存在巨大挑战，导致不具备可操作性。因此，松江区人居环境指标的构建，要在尽可能简单的前提下，挑选一些比较容易量化测度的指标，这些指标能够从统计年鉴、统计公报、政府网站上获取，且真实反映松江区情况。

（二）人居环境指标构建方案

松江区人居环境指标体系要紧密结合创建全国文明城区的现实情况，在人居软环境和人居硬环境两个维度的基础上，从时间和空间、居民短期需求与长远需求、上海短期规划与长远规划的角度，构建综合评价指标体系。综合评价指标体系包含人居硬环境指标体系和人居软环境指标体系。

1. 松江区人居硬环境指标体系的构建

主要利用公开的数据资料，查阅历年《上海统计年鉴》《松江区统计年鉴》、松江统计公报、松江政府工作报告相关数据，给予构建。松江区人居硬环境指标体系的构建除包括居住条件、基础设施建设、生态环境质量，还应包括经济社会的可持续发展，考虑松江新城区外来人口的大量增加和城区人口承载力问题。

① 居住条件

人均住房面积。反映松江区平均意义上的居住水平。采用人均住房建筑面积表示，单位是平方米。数据来源：《松江统计年鉴》2007、2011、2012、2013。

住房竣工面积和销售面积之比。在房价迅速上升的背景下，从住房存量的角度反映松江区住房的供需状况，包括住房竣工面积和住房销售面积两个指标，单位为万平方米。数据来源：2016 和 2015两个年份的《松江区国民经济和社会发展统计公报》《松江统计年鉴 2015》。

住房结构。分别利用新公房占居住用房比重、花园别墅占居住用房比重、旧式里弄占居住用房比重三个指标表示，反映松江历年住房结构变化。单位为%。数据来源：《松江统计年鉴》2015、2014、2013。

住房整治与拆违建筑量。分别利用老城区住房整治面积和拆除违法搭建建筑量两个指标表示，反映松江区居住条件改善的力度和强度。

单位为万平方米。数据来源：2016 和 2015 两个年份的《松江区国民经济和社会发展统计公报》，《松江统计年鉴》2015、2014、2013。

居住安全度。采用受理治安案件数和交通事故死亡人数两个指标，反映松江区社会治安状况和交通安全性。单位分别为起和人。数据来源：2016 和 2015 两个年份的《松江区国民经济和社会发展统计公报》，《松江统计年鉴》2015、2014、2013。

② 基础设施建设

基础设施建设投资总额。反映松江区在提高人居环境过程中基础设施建设的资金投入强度和力度。单位：亿元。数据来源：《2015 松江区国民经济和社会发展统计公报》《松江统计年鉴 2015》。

自来水管道长度。反映松江网络支撑系统建设情况。单位：公里。数据来源：《松江统计年鉴》2015、2014、2013、2012。

天然气管道长度。反映松江网络支撑系统建设情况。单位：公里。数据来源：《松江统计年鉴》2015、2014、2013、2012。

公路总里程。反映松江道路系统建设情况。单位：公里。数据来源：《松江统计年鉴》2015、2014、2013、2012。

内河航道通航总里程。反映松江河网系统情况。单位：公里。数据来源：《松江统计年鉴》2015、2014、2013、2012。

公交系统。采用公交运营线路长度和公交运营线路两个指标表示，反映松江公交网络系统建设。单位分别是万公里和条。数据来源：《2015 松江区国民经济和社会发展统计公报》《松江统计年鉴》2015、2014、2013、2012。

快递业务量。侧面反映松江支撑网络系统的承载力。单位：万件。数据来源：2016 和 2015 两个年份的《松江区国民经济和社会发展统计公报》,《松江统计年鉴》2015、2014。

③ 生态环境质量

城市绿化。分别采用绿化覆盖面积和人均公共绿地面积两个指标表示,反映松江在园林城市建设上的投入。单位分别是公顷和平方米。数据来源:2016 和 2015 两个年份的《松江区国民经济和社会发展统计公报》,《松江统计年鉴》2015、2014、2013、2012。

生活垃圾处理。分别采用生活垃圾清运量、粪便清运量、生活垃圾无害化处理率三个指标表示,反映松江在居民生活垃圾处理上的投入。单位分别是万吨、万吨、%。数据来源:《松江统计年鉴》2015、2014、2013、2012。

空气质量。采用空气质量优良率表示,反映松江空气质量状况。单位为%。数据来源:2016 和 2015 两个年份的《松江区国民经济和社会发展统计公报》。《松江统计年鉴》2015、2014、2013、2012。

工业"三废"排放。采用废水排放总量(含工业废水)、工业废气排放总量和工业废弃物综合利用率表示,侧面反映松江工业污染排放治理状况。单位分别为万吨、亿标立方米、%。数据来源:《松江统计年鉴》2015、2014、2013、2012。

环保资金投入。采用环境保护投资总额指标,反映松江在环境治理和环境保护上投入的力度和强度。数据来源:2016 和 2015 两个年份的《松江区国民经济和社会发展统计公报》,《松江统计年鉴》2015、2014、2013。

④ 公共服务

基础教育建设。分别采用学校占非居住用房面积比重、基础教育支出占财政总支出比重、基础教育学校数、基础教育师生比、普通中学师生比、普通小学师生比表示。单位都为%。反映松江在基础教育公共服务上的建设力度和投入强度。数据来源:《松江统计年鉴》2015、2014、2013、2012。

医疗卫生建设。采用医疗卫生与计划生育支出占财政中支出比重、万人拥有医生数表示。反映松江在医疗卫生公共服务上的投入和医疗卫生人才引入状况。单位分别为%和人。数据来源:《2016松江区国民经济和社会发展统计公报》《松江统计年鉴》2015、2014、2013、2012。

社会保障公共服务。采用社会保障和就业支出占财政总支出比重和福利院和人均(户籍常住人口)拥有敬老院床位数,反映松江在社会保障和老龄护理等方面的投入和现状情况。单位分别为%、张。数据来源:《松江统计年鉴》2015、2014、2013、2012。

⑤ 经济社会发展

人均期望寿命。采用人均期望寿命指标表示,是反映松江人民生活水平的重要指标,也是人类发展指标三大构成指标之一。单位是岁。数据来源:2016和2015两个年份的《松江区国民经济和社会发展统计公报》《松江统计年鉴2015》。

城镇居民家庭人均可支配收入。反映松江城镇居民生活水平。单位:元。数据来源:《松江统计年鉴》2015、2014、2013、2012。

城乡居民家庭人均可支配收入之比。反映松江城乡居民的收入差异情况。单位:%。数据来源:《松江统计年鉴》2015、2014、2013、2012。

工资水平。分别用从业人员平均工资水平和从业人员平均工资极差表示。前者反映松江区居民行业平均收入水平,后者反映行业之间收入差距。单位：元。数据来源：《松江统计年鉴》2015、2014、2013、2012。

人均财政收入。反映松江经济发展水平。单位：元。数据来源：2016和2015两个年份的《松江区国民经济和社会发展统计公报》《松江统计年鉴2015》。

2. 松江区人居软环境指标的构建

从居民需求的角度构建评价指标体系，指标的选取应符合松江发展现实情况和居民真正需求，反映民生。主要采用调查问卷的形式构建指标。

① 居住条件

居住条件设计房屋性质、家庭住房面积、家庭常住人口、住房配套设施等指标。

② 出行便捷度

出行便捷度设计公共交通设施、日常生活出行、距离市中心距离、通勤、外出停车等指标。

③ 居住环境满意度与发展度

居住环境满意度与发展度包括安全性、绿化、邻里关系、公共服务等四个方面14个二级指标。

④ 理想人居环境

从7项人居环境指标选取居民认为最重要的三项指标。

三、松江区人居环境的评价研究

（一）松江区人居环境评价研究方法

考虑指标在评价过程中量纲不同，需要对数据作标准化处理。

由于打分或均值都是正向指标，采用极差标准化处理的过程中不必处理负向指标，即直接处理正向指标：

$$z_{ij} = (x_{ij} - x_{ij_{min}}) / (x_{ij_{max}} - x_{ij_{min}}) \qquad (1)$$

式中，z_{ij} 为人居环境三级指标 i 指标 j 标准化后的取值，x_{ijmax} 为三级指标 i 指标 j 的最大值，x_{ijmin} 为三级指标 i 指标 j 的最小值，x_{ij} 为指标的原始值（表 3.4.2 数据），处理后的标准化数据取值范围在 0—1 之间。

以下对调查问卷数据作进一步处理：

松江人居环境二级指标得分测算公式：$A = w_i \sum\limits_{i=1}^{8} z_{ij} / N / 8$，$B = w_i \sum\limits_{i=1}^{5} z_{ij} / N / 5$，$C = w_i \sum\limits_{i=1}^{3} z_{ij} / N / 3$，$D = w_i \sum\limits_{i=1}^{4} z_{ij} / N / 4$，$E = w_i \sum\limits_{i=1}^{3} z_{ij} / N / 3$，$F = w_i \sum\limits_{i=1}^{3} z_{ij} / N / 3$，其中 a_{ij}、b_{ij}、c_{ij}、d_{ij}、e_{ij}、f_{ij} 分别为居住条件、出行便捷度、安全满意度、生态环境满意度、邻里社区文化环境、基本公共服务满意度等松江人居环境系统子指标，N 为调研有效样本，w_i 为权重，考虑二级指标重要性相当，故研究采取等额权重的方式赋权。

松江人居环境一级指标得分（综合得分）测算公式：$S = (A + B + C + D + E + F) / 6$。

（二）松江区人居硬环境测度与评价

1. 居住条件

人均住宅建筑面积从平均意义上反映居住水平，数据显示 2010 年以来，松江人均住宅建筑面积已超过 30 平方米，表明居民的总体居住水平达到一定高度。但从住房竣工面积与住房销售面积之比看，呈现一定波动增长的特征（图3.4.1）。受金融危机影响，2008年和2009年房价出现下浮，住房销售面积高于竣工面积，2012—2014年住房销售面积高于竣工面积。从住房结构上看，新公房占居住用房比重最高，2012—2014年在75%上下波动，花园别墅比重占20%，旧式里弄比重最低，占4%左右。

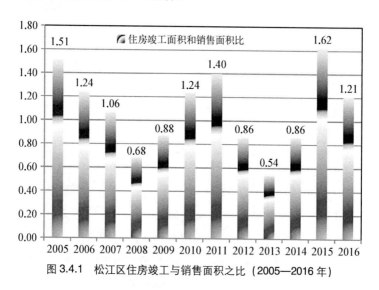

图3.4.1　松江区住房竣工与销售面积之比（2005—2016年）

从住房条件改善和拆违情况看，2015年老城区住房整治面积65万平方米，2016年为33万平方米。从拆除违法搭建建筑量看，2012—2016年呈现上升的态势，尤其是2016年拆违建筑达到973万平方米，超过前10年的总和（图3.4.2）。

从居住安全性上看，松江交通事故死亡人数从2012—2014年徘徊在90人次下降到2016年的75人。2016年受理治安案件数数为106.87万件，办结率为99.6%。

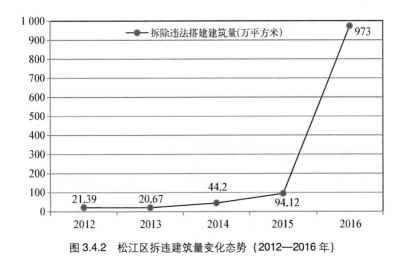

图 3.4.2　松江区拆违建筑量变化态势（2012—2016 年）

2. 基础设施建设

松江区基础设施建设得到大力增强。2005—2015 年基础设施建设累计投资 136.35 亿元，2008—2010 年、2015 年基础设施建设投资总额有所回落，其余年份基础设施建设投资总额呈现增长态势（图 3.4.3）。管道网线建设呈现增长态势，2011 年自来水和天然气管线长度分别为 1 834 公里和 1 525 公里，2014 年分别增加到 3 099 公里和 2 041 公里。公路总里程由 2011 年的 1 215.04 公里增加到 2014 年的 1 485.86 公里。内河航道通航总里程 285.67 公里。公交线路及营运得到优化，2014 年公交运营线路 127 条。快递业务量显著增加，由 2013 年的 0.87 亿件迅速增加到 2016 年的 2.89 亿件，业务量扩大 3.32 倍。

3. 生态环境质量

松江环境保护投资额度显著提升，表明区政府治理生态环境

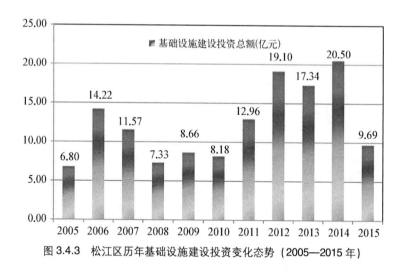

图 3.4.3　松江区历年基础设施建设投资变化态势（2005—2015年）

的力度和决心大，同时侧面反映居民对青山绿水美好生态环境的期盼。2012—2016年，松江区环境保护投资总额累计230.11亿元，超过2016年松江区政府一年的地方财政收入的总和（163.98亿元）（图3.4.4）。绿化覆盖面积由2011年的1 910.17公顷变化为2014年的1 367.57公顷，人均公共绿地面积也由2011年的22.40平方米降为2014年的10.67平方米，2016年上升到10.85平方米。生活垃圾清运量由2011年的44.69万吨增加到2014年的71.06万吨，2014年粪便清运量4.13万吨。生活垃圾无害化处理率由2012年的95%上升到2014年的98%，提高3个百分点。空气质量优良率由2012年的97%下降到2014年的72.1%，2015年为66.8%，2016年回升到74%[1]。废水排放总量由2011年的11 754万吨上升到2014年的

_____

1 空气质量优良率由2012年的97%到2014年下降20多个百分点，这是由于2014年环保部实施新的空气质量标准，' 相对过去对空气质量优良率的测度要求更为严格。

诗意地栖居：多空间尺度的人居环境评价研究

14 415 万吨，其中工业废水由 2 411.86 万吨上升到 2 737.48 万吨。工业废气排放总量由 2011 年的 492 亿标立方米，下降到 2012 年的 260.07 亿标立方米，再上升到 2014 年的 347.54 亿标立方米。工业废弃物综合利用率由 2011 年的 87.06% 上升到 2012 年的 93.47%，再下降到 2014 年的 83.09%。

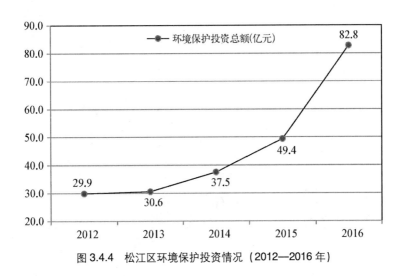

图 3.4.4 松江区环境保护投资情况（2012—2016 年）

4. 公共服务

基础教育公共服务。2011—2014 年，基础教育支出占地方财政总支出比重由 14.54% 提高到 17.88%，基础教育财政支出额度由 18.26 亿元增加到 20.41 亿元；学校占非居住用房面积比重由 7.25% 提高到 7.47%。2011—2014 年，基础教育学校数由 165 所增加到 182 所，其中中学、小学、幼儿园与托儿所分别增加 3 所、2 所、12 所。2012—2014 年，基础教育师生比由 1：17.16 提高到 1：16.37，

普通中学师生比由 2012 年的 1：13.29 提高到 2016 年的 1：12.90，
普通小学师生比由 2012 年的 1：19.32 提高到 2016 年的 1：16.10 [1]
（表 3.4.3）。

表 3.4.3　松江区基础教育师生比分布（2012—2016 年）　单位：人

年份	专任教师数*	学生数*	基础教育师生比	中学专任教师数	中学生数	中学师生比	小学专任教师数	小学生数	小学师生比
2012	7 524	129 090	1：17.16	2 448	32 529	1：13.29	3 125	60 390	1：19.32
2013	8 026	137 899	1：17.18	2 556	33 635	1：13.16	3 315	64 513	1：19.47
2014	8 593	140 688	1：16.37	2 695	33 975	1：12.61	3 503	64 328	1：18.36
2015	/	/	/	/	/	/	/	/	/
2016	/	/	/	2 671	34 460	1：12.90	3 761	60 554	1：16.10

　　数据来源：2012—2014 年数据采集于《松江统计年鉴 2013—2015》；2016 年中学生数和小学生数数据采集于《2016 年松江区国民经济和社会发展统计公报》，师生比数据来源于松江教育网，其余数据推算。

　　*包含小学、中学、幼儿园与托儿所数据。

　　社会保障和就业支出持续增长，表现在总量和结构两个方面：社会保障和就业支出由 2012 年的 16.02 亿元增加到 2016 年的 43.39 亿元，社会保障和就业支出占地方财政总支出比重由 11.05% 持续增加到 18.34%，增加 7.29 个百分点。医疗卫生与计划生育保持增长态势，由 2012 年的 8.94 亿元增加到 2016 年的 15.44 亿元，医疗卫生与计划生育支出占地方财政总支出比重由 6.37% 增加到 6.52%。卫生技术从业人员数由 2011 年的 4 491 人增加到 2016 年的 5 278 人，万人拥有卫生技术从业人员数由 2011 年的 27 人增加到 2016 年的 30 人。

1　2016 年师生比数据采集于松江教育网，《松江区城乡义务教育一体化工作规划（2016—2020 年）（征求意见稿）》，网址：http：//www.sjedu.cn/xxgk/ghjh/jygh/201606/t20160612_ 160725.htm。注：2016 年的松江教育网中学生比是初中数据，与之前年份的中学师生比（包含高中）数据略有偏差。

　　　　　　　　　诗意地栖居：多空间尺度的人居环境评价研究

户籍人口万人拥有福利院和敬老院床位数由 2011 年的 68 张增加到 2014 年的 74 张。

5. 经济社会发展

人均地方财政收入由 2011 年的 5 203.64 元增加到 2016 年的 9 291.70 元，年均递增 15.60%。城镇居民家庭人均可支配收入由 2011 年的 29 608 元提高到 2014 年的 39 510 元，扩大 1.33 倍；城乡居民家庭人均可支配收入比由 2011 年的 1.85∶1 缩小到 2014 年的 1.82∶1。从业人员平均工资水平由 2011 年的 4.34 万元增加到 2014 年的 5.86 万元，从业人员平均工资极差在 2013 年是 2.87 万元（最大值外商投资从业人员收入是 6.84 万元，最小值建筑业，为 3.96 万元），到 2014 年扩大为 3.15 万元。人均期望寿命由 2005 年的 79.77 岁增加到 2016 年的 83.52 岁，人均期望寿命增加 3.75 岁，年均递增 0.46%（图 3.4.5）。

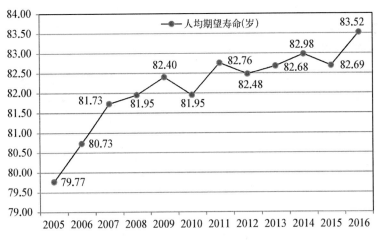

图 3.4.5　松江区人均期望寿命变化（2005—2016 年）

（三）松江区人居环境居民满意度调查

1. 样本描述统计

本研究中的问卷调查数据来源于上海工程技术大学课题组对松江人居环境评价研究组织的《松江人居环境满意度调查问卷》社会调查。问卷调查采用分层抽样和随机抽样相结合的方法确定样本选取。调查样本涉及区域包括松江城区的中山街道、岳阳街道、永丰街道、广富林街道、方松街道，共发放186份问卷，其中有效问卷150份。

松江人居环境调查基本情况显示，受调查对象中男女比例为44.7∶55.3，年龄结构以26—55岁的人口为主要受访者，年龄结构呈现较合理的正态分布态势，婚姻结构中有近七成的受访者为已婚；同样，户籍结构中有七成受访者为上海户籍。从文化层次上看，大部分样本的文化层次较高，高中及以上学历获得者占近九成的比例。从月收入情况看，多数受访者月收入在3 001—5 000元区间，其中调查对象中受访者的月收入中位数在5 350元，月收入9 000元及以上者比重相对不高（表3.4.4）。

表3.4.4　样本基本情况描述统计

变　　量		样本	比重（%）
性别 （N＝150）	男	67	44.7
	女	83	55.3
年龄结构 （N＝150）	25岁以下	26	17.3
	26—40岁	40	26.7
	41—55岁	53	35.3
	56—70岁	24	16.0
	70岁以上	7	4.7

（续表）

变　　量		样本	比重（%）
婚姻状况 （N＝150）	未婚	36	24.0
	已婚	101	67.3
	离异	4	2.7
	丧偶	9	6.0
户籍 （N＝150）	上海户籍	104	69.3
	非上海户籍	46	30.7
文化程度 （N＝150）	初中及以下	12	8.0
	高中/中专	36	24.0
	大专	49	32.7
	本科	44	29.3
	研究生	9	6.0
月收入 （N＝150）	2 000 元以下	21	14.0
	2 000—3 000 元	14	9.3
	3 001—5 000 元	51	34.0
	5 001—7 000 元	40	26.7
	7 001—9 000 元	16	10.7
	9 001—10 000 元	5	3.3
	10 000 元以上	3	2.0

注：表中 N 为问卷调查过程中的有效样本数。

2. 结果与分析

① 人居环境整体满意度较佳

按照1—5打分方法，其指标所代表的含义，受调查松江人居环境的整体满意度样本均值为3.63分，表明松江人居环境整体满意度接近较为满意的水平。同时，松江人居环境满意度打分存在一定差异，表现在居民对松江休闲娱乐的满意度最高（3.93分），而在噪声状况、防灾宣传上的满意度较低（满意度为3.3分）。松江人居环境三级指标中，居民对满意度的打分靠前的指标还有生活垃圾处理（满意度为3.87分）、邻里关系（满意度为3.87分）、教育服务（满意度为3.85分）和文化配套设施（满意度为3.76分），满意度排名靠后的还有医疗卫生情况（3.41分）、水污染治理（3.44分）和紧急避难所状况（3.48分）。

休闲娱乐满意度最高的原因在于松江城区具有相对完善公共交通体系（公交系统、地铁系统、在建的有轨电车、共享单车）加上良好自然资源的开发（佘山风景区、辰山植物园、广富林遗址等），为居民出行、休闲娱乐提供了物质上的便利。生活垃圾处理满意度较高是因为松江正大力推进全国文明卫生新城建设，在上海全市推进绿色账户的过程中，松江新城的中山街道推动"3+3+1"的工作模式，98%的居民都能自行将垃圾定点投放[1]，绿色账户用户数量明显提高，无形中形成良好的示范效应，问卷调查的满意度情况反映这一点。

② 居住条件的得分相对较高

居住条件得分要高于交通便捷度和安全、生态环境质量、邻里社区文化环境、基本公共服务满意度得分。居住条件得分为0.152，相对其他人居环境系统得分高出近10个百分点（图3.4.6）。居住条件得分表现在人均住房面积、厨房拥有率、独立卫生间拥有率、淋浴设施拥有率、天然气拥有率和互联网拥有率等指标上。

---

1 上海市人民政府办公厅"上海发布"微信公众号："绿色账户"今年计划再覆盖200万户，积分用途将更多！2017－01－18。

诗意地栖居：多空间尺度的人居环境评价研究

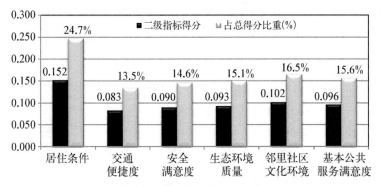

图 3.4.6　松江新城人居环境二级指标得分情况

根据调查问卷数据，家庭户人均住房面积与住建部公布全国村镇人均住宅建筑面积 33.37 平方米的水平相当[1]，同时，新城住房配套设施总体水平远高于全国城镇的平均水平，受调查新城厨房拥有率为 86.0%，全国平均水平为 84.7%，受调查新城独立卫生间拥有率为 86.0%，全国平均水平为 72.5%，受调查新城淋浴设施拥有率为 100.0%，而全国平均水平仅 54.5%（徐小任、徐勇，2016）。与受调研的上海"城中村"的住房条件相比，松江新城住房配套设施完善率要高很多，表现在上海"城中村"居民人均居住面积仅为 $7.1\ m^2$，液化煤气拥有率 76%，独立厨房、独立卫生间、空调、互联网等住房配套设施拥有率均在 20.0% 左右，而淋浴设施拥有率仅 11.0%（汪明峰，林小玲，宁越敏，2012）。

拥有房产权自住商品房意味着居住安定和在新城中拥有属于个体的生活空间和室内娱乐休闲空间，相对住房配套设施，调查新城

1　住房和城乡建设部.2014 年城乡建设统计公报［EB/OL］.http：//www.mohurd.gov.cn/wjfb/201507/t20150703_ 222769.html，2017－04－01。

房产权自住商品房拥有率相对较低，仅五成受访居民拥有房产权自住商品房，而拆迁房、租房、群租房及其他类型住房的比重依次占23.3%、14.7%、1.3%和10.7%。

③ 交通便捷度得分相对较低

松江区交通便捷度总体得分相对较低，是由于外出停车、市中心距离、通勤等交通便捷度三级指标的得分低所致，而公共交通设施和日常生活出行等交通便捷度的得分并不低。对于到市中心距离交通便捷度，居民普遍反映较差，这是因为上海中心城区与松江新城之间轨道交通仅地铁线路9号连接。实际上，当前上海的城市空间结构以及轨道交通设施布局与建设也存在"强市中心，弱郊区新城"的情况，即郊区之间的轨道交通普遍不便捷，通往上海的另一座郊区新城的轨道交通线路要先通往市中心轨道交通换乘，才能转乘到另一个新城的轨道交通上来，给郊区新城之间的空间联系带来较大"联通障碍"。这种市区—新城单线联系交通以及新城之间的"联通障碍"导致较为不理想的通勤状况（卢汉龙、杨雄、周海旺，2016），对新城通勤的调查显示，17.3%的居民认为通勤极不便捷或较不便捷，有四成的受访者认为一般便捷（表3.4.5）。

表 3.4.5　松江交通便捷度统计分析

交通指标	交通便捷度得分	极不便捷（%）	较不便捷（%）	一般便捷（%）	较为便捷（%）	非常便捷（%）
公共交通设施	3.98	0.0	0.0	34.0	34.0	32.0
日常生活出行	3.47	0.0	12.0	40.0	36.7	11.3

交通指标	交通便捷度得分	极不便捷（%）	较不便捷（%）	一般便捷（%）	较为便捷（%）	非常便捷（%）
市中心距离	2.56	15.3	36.0	26.0	22.7	0.0
通勤	3.35	4.0	13.3	41.3	26.7	14.7
外出停车	2.80	12.7	25.3	33.3	26.7	2.0

对于外出停车问题，有近四成的受访者认为存在停车较为不便捷或极不便捷的情况，仅 26.7% 的受访者认为外出停车较为便捷。事实上，停车难问题是大城市发展过程中的普遍难题，一台私家车一般要占用三个车位（小区停靠一个车位，路上行驶一个车位，单位上班一个车位），而新城人口规模的增加，道路面积和停车场资源的稀缺性导致居民外出停车难的问题产生。2006 年松江新城常住人口规模 94.4 万人，人口密度 1 560.0 人/平方公里，公路总里程 1 133.9 公里，公路密度为 12.0 公里/万人，2014 年常住人口规模增加到 187.9万人，人口密度迅速上升至 3 107.6 人/平方公里，公路总里程提高到 1 485.9 公里，公路密度下降为 7.91 公里/万人。不到 10 年内，松江新城的人口规模扩大近 1 倍，累计增加 93.5 万人，人口密度增加 2 倍，公路密度下降 4.09 公里/万人[1]，人口密度增加，而公路密度减少显然带来停车难问题突出。

④ 人居环境满意度存在差异

人居环境满意度得分的差异性主要体现在群体收入的差异性和居住的差异性上。以人居环境满意度综合得分为列变量，居民的月

---

[1] 根据《松江统计年鉴》2007，2015 两年数据测算。

收入为行变量，对此进行交叉分析，以反映人居环境存在的群体分异现象。松江新城不同的收入水平和不同地区的街道居民对人居环境满意度的评价存在一定的差异。交叉分析表明，总体而言收入水平越高，人居环境满意度相对越高；新设街道（如广富林街道）的人居环境总体满意度要高于2000年之前建成的街道（如中山街道）。调查还显示，居民认为可支付的住房、学区房和交通便捷性是影响松江人居环境最重要的因素。

四、松江区人居环境的制约因素

1. 生态环境治理仍具有较大挑战

从环保指标体系上看，近年来松江区加大了环境保护与生态环境治理的投资力度，如环保资金投资额度由2012年的29.90亿元扩大到2016年的82.76亿元。虽然松江区在环境保护方面取得一定成绩，但随着国家和上海市政府对生态环境保护前所未有重视和百姓对青山绿水美好生态人居环境追求的大趋势下，松江区生态环境治理和环境保护的压力依然巨大，部分生态环境指标并不理想，如工业废水在2011年排放量为2 411.86万吨，2014年反而上升到2 737.48万吨，空气质量优良率2016年为74.00%。

2. 人口压力与公共服务匹配问题突出

从人口变化的态势看，松江区总人口保持持续增长的态势，其中户籍常住人口处于增长过程，外来常住人口在2005—2014年呈现迅速增长的态势，外来常住人口2014年以后有所回落，但仍保持可观的规模且大于户籍常住人口的格局（图3.4.7）。巨大的人口规模给松江发展带来活力，同时对城市公共服务的供给提出挑战，例如

　　　　　诗意地栖居：多空间尺度的人居环境评价研究

近年来松江区基础教育资源配置供给短缺问题虽然得到缓解,但距离优质的基础教育等公共服务还有一段距离。松江区医疗资源供给与上海市平均水平存在较大差距,如 2016 年松江区万人拥有卫生技术从业人员数仅 30 人,而上海全市在 2015 年就达到 70 人[1]。此外,随着老龄化问题的加重,人均期望寿命的提高,失能老人、弱势老龄群体的增加,给原本稀缺的区福利院和敬老院资源供给雪上加霜。

图 3.4.7 松江区人口规模变化态势（2005—2016 年）（单位：万人）

3. 后"五违四必"时代新城管理体制创新存在挑战

2016 年,松江区采用铁腕手段拆除大量违章搭建建筑,活得了宝贵的城市土地资源,但这些宝贵的土地资源如何利用,是过去成立城市开放公司,继续开发房地产（所谓"公鸡"）以快速增加地方财政收入,还是发展服务业,营造促进松江产业转型升级的空间

---

1 根据上海统计网提供的《2016 年上海统计年鉴》数据测算,网址:http://www. stats-sh.gov.cn/html/sjfb/201701/1000339.html。

环境（所谓"母鸡"）？九亭等地区大量的违章建筑拆除工作，与市政府推进的"198区块"相呼应，这类正在复垦区块建设的管理体制、机制都有待进一步探索。松江南部新城规划（车墩、永丰街道部分地区、华阳湖和松南郊野公园）人居环境规划设计功能如何定位？南部新城"大居"规划设计如何与产业规划设计有机结合起来？如何依托松江南站发展服务业？

五、松江区人居环境的优化对策

1. 建立健全环境保护短线机制与长线机制

环境保护的关键是实现产业结构的优化升级，最大程度减少工业"三废"排放，从源头上治理生态环境问题。从短线上看，利用政策手段和财政手段，注入大量环保资金，清除污染型企业，治理河流、土壤、大气污染能够在一定程度上立竿见影。但是，生态环境保护应当是一种长线机制，最终让松江区居民达成共识，意识到环境保护的重要性，减少生产垃圾、生活垃圾排放量，集约资源，践行绿色、生态、低碳环保理念。将生态环境治理的短线机制与长线机制有机结合起来，促进经济、社会、环境的平衡发展，实现生态人居环境建设的永续增长意识，带动松江区的可持续发展，为争创全国文明城区注入活力和发展动力。

2. 优化松江区城乡公共服务设施空间布局

当前，松江区城市公共服务存在总量不足、城乡空间结构布局不完善等问题。针对松江区基本公共服务不足与人口总量需求较大之间的矛盾，可从空间布局的视角解决矛盾。例如，基础教育资源不足问题，一方面，需要盘活存量，对基础教育资源空间分布情况进行摸底（可通过地理信息系统 ArcGIS10.2 从空间上反映出来）；另一方面，找到可比对的关键指标（如师生比），发展各街道尺度的学校资源可能存在的短板，从而做到有的放矢、定点优化、靶向治疗，实现城乡教育资源的最优空间分布。以上建议，需要历年的教育数据，也可通过调研获取质性资料，进而全方位、多视角地提出有针对性对策建议。再如，医疗资源的空间分布、养老资源的空间分布等都可以采取以上方法深入研究。

3. 提倡新城人居环境建设的有机更新理念

新城人居环境有机更新是后"五违四必"时代松江区政府面临的挑战。一方面，城市面临产业转型升级的发展阵痛，不能再走依托土地-房地产实现地方财政增收的老路；另一方面，在环境保护的压力下，"五违四必"政策下拆除的地块要充分利用。在此提议，从横向上看，拆除地块要有机衔接城区街道，城市建筑在空间分布上具有连续性和艺术性，符合城市更新的形态美和艺术美；从纵向上看，既要考虑过去地区的地理、历史因素，包括人文的社会的因素，思考人们为什么选择这里居住（不仅仅是外来常住人口，还包括户籍常住人口），又要考虑未来的发展空间，将城市有机更新与国家新型城镇化综合试点工作结合起来，实现城市有机更新。

（李陈，赵海涛，杨倩等. 2017 年松江区软课题研究报告"松江区人居环境指标构建与评价研究"（175JRKT37），部分成果发表在2018 年《劳动保障世界》期刊）

第四章

城市化与
人居环境研究

第一节　发展中地区城市化过程及动力机制研究——以江苏宿迁为例

城市化是一个过程，是人类社会经济转型、社会变迁和文化重构的过程，反映在经济结构由以农业为主转变为以非农业为主的过程，城乡社会结构出现乡村人口比重逐渐降低、城镇人口比重稳步上升的过程，居民点的物质面貌和人们的生活方式逐渐转向城镇性质的过程（顾朝林，2004）。城市化又是一种社会现象，是经济发展的必然结果，是社会发展的必然趋势，人类步入社会发展的高级阶段将逐渐实现高质量的城市化，在社会发展过程中，城市化动力机制具有多维性和时段性，不同空间尺度、不同阶段内推动城市化的动力也不尽相同。城市化的动力机制可分为"自力型""他力型"和"自力他力综合型"三种模式。典型研究有城市化水平因乡镇企业而提高的苏南模式（Shen，2004）、外资推动的珠三角模式（薛凤旋，1997；Shen，2002）。有人则提出发展以市场为导向的自下而上的城市化更符合中国国情（宗琮，2011），而其他研究表明，第三产业（陈波翀，2002）、制度改革（王发曾，2010）、国家政策（段杰，1999）、市场机制与政府行为的逐渐转型（马仁锋，2010）、都市圈经济（王志强，2005）等因素对中国城市化有不同程度的影响，转型时期，中国东中西部地区处于不同的发展阶段，其城市化动力也明显不同（刘耀彬，2003）。发展中地区具有后发优势，宿迁既是一座新兴城市（1996 年成为地级市），又是沿海发达省份——江苏省的发展中地区。建市以来经济社会建设成绩显著，但城市化水平较低（2008 年宿迁城市化水平仅为 36%，低于中国平均水平 9.77 个百分点），宿迁城市化过程及动力机制的分析能够为中国发达省份的发展中城市的研究提供一定借鉴。

一、指标体系构建

按照针对性原则、层次性原则、系统性原则和可操作性原则构建指标体系。指标体系旨在对总体目标进行综合评价，不同的指标体系评价的结果不尽相同，为了使得评价结果科学合理，在数据资料可获取的情况下，构建以下指标体系（表 4.1.1）。

表 4.1.1　宿迁城市化综合评价指标体系

一 级 指 标	二 级 指 标
人口城市化	非农业人口（万人）
	非农化水平（%）
	二三产业就业人口比重（%）
	市区人口密度（人／平方公里）
经济城市化	GDP（亿元）
	工业增加值（亿元）
	二三产值占 GDP 比重（%）
	城镇固定资产投资（万元）
生活方式城市化	每万人拥有医生数（人）
	每万人拥有图书数（册）
	每万人拥有大中学生数（人）
	人均邮电业务量（元）

　　　　　诗意地栖居：多空间尺度的人居环境评价研究

一 级 指 标	二 级 指 标
地域景观城市化	建成区绿化覆盖率（%）
	建成区园林绿地面积（公顷）
	建成区面积（平方公里）
	人均城市道路面积（平方米）

二、研究方法和数据来源

（一）研究方法

熵值法是一种能够反映出指标信息熵值的效用价值的方法，所给出的指标权重值比层次分析法中用德尔菲法确立权重有更高的可信度，能够对多元指标进行综合评价，熵值法的主要步骤（郭显光，1998；乔家君，2004）：

设有 m 个待评方案，n 项评价指标，形成原始指标数据矩阵 $X=(x_{ij})\ mn$，则 x_{ij} 为第 i 个待评方案第 j 个指标的指标值（$i=1$，2，$\cdots$，m；$j=1$，2，$\cdots$，n），（$x_{ij} \geqslant 0$，$0 \leqslant i \leqslant m$，$0 \leqslant j \leqslant n$）。

① 原始数据非负化处理

在应用熵值时常会遇到一些负值或者极端值，影响计算，因此要对其进行非负化处理，一般是采用标准法，并将数据进行平移

$$\gamma_{ij} = \frac{x_{ij} - \bar{x}_j}{s_j} + 3$$

式中 $\bar{x}_j$ 是第 j 项指标的平均值，s_j 为第 j 项指标值的标准差，一般标准化后数值在 -3 到 +3 之间，所以坐标平移 3，即可消除负值。

② 计算第 j 项指标下第 i 个方案指标值所占的比重 P_{ij}

$$P_{ij} = \frac{\gamma_{ij}}{\sum\limits_{i=1}^{m} \gamma_{ij}}$$

③ 计算第 j 项指标的熵值 e_j

$$e_j = -K \sum\limits_{i=1}^{m} p_{ij} In P_{ij}$$

式中，$k>0$，In 为自然对数，$e_j \geq 0$。如果 γ_{ij} 对于给定的 j 全部相等，那么

$$P_{ij} = \frac{\gamma_{ij}}{\sum\limits_{i=1}^{m} \gamma_{ij}} = \frac{1}{m}$$

此时，e_j 取极大值，即 $e_j = -k \sum\limits_{i=1}^{m} \frac{1}{m} \ln\left(\frac{1}{m}\right) = k \ln m$，若设 $K = \frac{1}{\ln m}$，有 $0 \leq e_j \leq 1$

④ 计算第 j 项指标的差异性系数 $\delta_j = 1 - e_j$，当 δ_j 越大时，指标值越重要

⑤ 定义权数 ω_j

$$\omega_j = \frac{\delta_j}{\sum\limits_{j=1}^{m} \delta_j}$$

⑥ 计算总和得分值 M_i

$$Mi = \sum\limits_{j=1}^{n} w_j p_{ij}$$

式中 M_i 为第 i 方案的总和评分值。

（二）数据来源

历年数据选自中国统计出版社出版的《江苏统计年鉴》1997～
2009、《宿迁统计年鉴》1997～2009、《江苏省城市（县城）建设统
计年报》1996～2008、《中国城市统计年鉴》1997～2009 直接或经过
整理计算而得。

三、城市化演化过程分析

从评价指标体系的权重看，每万人拥有医生数的权重最高
（0.069 3），反映生活方式的变化对宿迁城市化的重要影响，二三产
业就业人口比重和非农化水平的权重分别居第二和第三位，反映人
口城市化的促进作用；从其他指标的权重看，大部分指标的权重大
于 0.060 0，表明人口城市化、经济城市化、生活方式城市化和地域
景观城市化对宿迁整体城市化都产生重要影响（表 4.1.2）。

表 4.1.2　宿迁城市化综合评价指标体系赋权

一级指标	二级指标	权重
人口城市化 0.266 4	非农业人口	0.065 8
	非农化水平	0.066 3
	二三产业就业人口比重	0.067 6
	市区人口密度	0.066 6
经济城市化 0.234 4	GDP	0.059 0
	工业增加值	0.055 5
	二三产值占 GDP 比重	0.065 2
	城镇固定资产投资	0.054 7

一 级 指 标	二 级 指 标	权 重
生活方式城市化 0.249 2	每万人拥有医生数	0.069 3
	每万人拥有图书数	0.055 3
	每万人拥有大中学生数	0.063 2
	人均邮电业务量	0.061 3
地域景观城市化 0.250 0	建成区绿化覆盖率	0.062 9
	建成区园林绿地面积	0.060 7
	建成区面积	0.063 5
	人均城市道路面积	0.063 0

（一）人口城市化

人口城市化方面，各项指标变化较复杂。非农业人口得分、非农化水平得分和二三产业就业人口比重得分的增长具有明显的阶段性，而市区人口密度得分出现"大起大落"。1996 年，宿迁由县级市升为地级市，原有的城市规模被打破，城市扩展迅速，从事非农产业的人口迅速增长，非农化水平快速提高。

1996—2008 年宿迁人口城市化进程可以划分为三个阶段：1996—1999 年为起步增长阶段，二三产业就业人口比重得分呈直线上升态势，而非农业人口和非农业水平得分呈坡度上升态势；2000—2003 年为稳步增长阶段，非农业人口和非农化水平增长比较稳定，2003 年两者得分相对微降，而二三产业就业人口比重得分与前两者得分相比，略微波动，但仍保持稳定增长的态势；2004—2008 年为持续增长阶段，非农人口得分、非农化水平得分、二三产业就业人口比重得分和市区人口密度得分呈现较为持续和稳定的增长态势。

行政区划调整是导致市区人口密度大起大落的直接原因，2003年宿豫县并入市区，设宿豫区，使原市区面积扩大，而市区非农业人口并没有太大变化，使得市区人口密度由2003年的2 106.62人／平方公里降为2004年的724.60人／平方公里。

（二）经济城市化

经济城市化方面，可划分为两大阶段：

1996—1999年为缓慢增长阶段，除二三产业产值占GDP比重得分上升较快，其余指标增长缓慢甚至个别指标出现负增长，1999年GDP得分和城镇固定资产得分仅为1996年得分的1.18和1.10倍，而1999年工业增加值得分仅为1996年得分的86%。

2000—2008年为快速增长阶段，二三产业产值占GDP比重得分继续保持稳定增长，总体上增长速度快于其余指标得分，期间GDP得分增长居中，保持较快的增长态势，而工业增加值和城镇固定资产投资得分的增长相对GDP和二三产值占GDP比重的得分增长要偏缓；2008年，GDP、城镇固定资产投资和工业增加值得分都超过二三产值占GDP比重得分，达到新的水平。

经济增长是宿迁城市发展的重要动力源泉，工业化和城市化相互促进，城镇固定资产投资直接影响城市空间拓展。二三产值占GDP比重增加反映了经济结构优化过程，从1996—2008年宿迁经济城市化主要指标增长态势上看，经济结构处于不断调整和优化的过程，2007年前一直保持领先增长的地位；2008年GDP和工业增加值处"居上"的地位，城镇固定资产投资也实现突破，2008年城镇固定资产投资339.75亿元，是2007年的1.51倍，反映宿迁近年来注重城市投资，注重城市空间拓展和城市资源的开发利用。

（三）生活方式城市化

生活方式城市化方面，从健康保障、教育程度、文化素养和信息设施等四个方面反映生活城市化进程，分别使用每万人拥有医生数、每万人拥有图书数、每万人拥有大中学数和人均邮电业务量等量化指标表现宿迁生活方式城市化演化过程。1996—2008 年宿迁生活城市化指标得分变化可以分为两类：稳定增长型和波动增长型。

稳定增长型方面，每万人拥有大中学生数和人均邮电业务量呈现持续稳定增长的状态，反映宿迁地区人民受教育的机会不断提升，特别是 2002 年宿迁学院的成立为宿迁教育增添活力，宿迁结束了没有本科教育的历史，开始步入高、中、低三个层次的较合理的教育结构体系。人均邮电业务量反映居民办理邮政和电信业务等与信息设施相关活动所获得的收入和效益，是城镇居民日常生活不可或缺的重要组成部分，1996—2008 年宿迁人均邮电业务量得分迅速提高反映信息设施水平的进步，反映居民生活水平得到不断提高。

波动增长型方面，每万人拥有医生数和每万人拥有图书数得分的增长波动性较大，2002 年每万人拥有医生数得分出现最小值，得分为 0.001 6，仅占其最大值 2005 年得分 0.008 0 的 20.56%，2005 年每万人拥有图书数出现最小值，得分为 0.002 8，是最大值 2008 年得分的 34.16%。宿迁市对医疗等公共事业大刀阔斧改革是产生巨大波动性的重要原因。

以医疗改革为例，宿迁医改始于 1999 年，当时宿迁市卫生资产 4.95 亿元，人均卫生资产处于江苏省最后一位。随后，宿迁开始后来广受关注的"卖医院"模式，卖医院所得全部投入公共卫生防保体系，政府不再办医院只是监管，这种"卖医院"模式对宿迁公共卫生事业发展影响长远而又深刻。北京大学中国经济研究中心医疗卫生改革课题组（2006）的研究指出，将医疗改革纳入市场机制，实现了超常规赶超发展，使医改取得了一定成绩，但"看病贵"等核心问题还有待解决。

(四）地域景观城市化

地域景观城市化方面，四个指标都能直观地反映城市空间拓展过程，分别以建筑、道路、绿化等城市空间形态直观表现城市化进程。各指标的重要性程度也有先后顺序，最重要的指标是建成区面积，它是城市空间拓展和城市建筑形态最直观的表现，其次是人均城市道路面积，是城市基础设施建设量化表达的代表，能够反映城市道路等基础设施的总体概况和人均享用公共基础设施的可能性，再次是建成区园林面积和建成区绿化覆盖面积，两个指标都能够反映城市绿化生态建设，是表达城市空间人造自然景观的重要手段。

从地域景观城市化指标得分来看，建成区绿化覆盖率得分波动性明显，建成区面积得分呈现稳定增长的态势，而建成区绿地面积和人均道路面积的得分呈现小波动但总体上较为稳定增长的特征。宿迁市建成区面积由 1996 年的 25.90 平方公里扩展到 2008 年的 160.40 平方公里，累计增长 134.50 平方公里，年均递增 15.06%，城市空间拓展显著，建成区面积扩展快速；建成区绿地覆盖面积 1996 年为 35.40%，而 2008 年仅提高了 3.52 个百分点，中间的波动性很大；建成区园林绿地面积指标的得分增长相对稳定、迅速，由 1996 年的 82 公顷提高到 2008 年的 2 180 公顷，扩大了 26.59 倍；人均道路面积由 1996 年的 5.14 平方米/人提高到 2008 年的 18.57 平方米/人，累计增长 13.43 平方米，极大地带动了宿迁城市基础设施建设水平。

（五）城市化过程综合评价

各指标得分从四个层面上反映宿迁城市化发展过程，而城市化水平综合评价从整体上反映宿迁城市化综合演化过程（图4.1.1）。从人口、经济、生活方式和地域景观城市化得分百分比演化过程看，人口城市化得分百分比呈现"上升—下降"的过程，经济城市化得分百分比呈现"逐渐上升"的过程，而生活方式城市化和地域景观城市化得分百分比呈现多个倒"U"字型波动增长过程。得分的变化反映了宿迁城市化中人口转变、经济发展、生活方式和城市空间扩展的此消彼长，反映不同作用力在不同时段对宿迁城市化的推动作用。

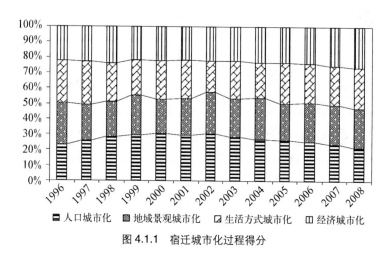

图4.1.1　宿迁城市化过程得分

四、城市化动力机制定量分析

结合宿迁城市化过程的综合评价，从人口、经济、生活方式和地域景观城市化等四个方面，建立多元回归模型，对其城市化的动

　　　　　　诗意地栖居：多空间尺度的人居环境评价研究

力机制进行定量分析。

以城市化的综合得分（Y）作因变量，分别以非农业人口（X_1）、非农化水平（X_2）、二三产业就业人口比重（X_3）、市区人口密度（X_4）、GDP（X_5）、工业增加值（X_6）、二三产值占 GDP 比重（X_7）、城镇固定资产投资（X_8）、每万人拥有医生数（X_9）、每万人拥有图书数（X_{10}）、每万人拥有大中学生数（X_{11}）、人均邮电业务量（X_{12}）、建成区绿化覆盖率（X_{13}）、建成区园林绿地面积（X_{14}）、建成区面积（X_{15}）和人均城市道路面积（X_{16}）等 16 个二级指标为自变量，采用逐步回归的方法进行分析。运用 SPSS12.0 软件对因变量和自变量进行回归分析，结果见表 4.1.3，根据方程回归非标准化系数（B），建立多元回归方程：

$$Y = 0.048X_5 + 0.011X_{10} - 0.149X_3 - 0.009X_{16} + 0.439$$

回归方程的总体显著性为 0.001，在 $\alpha = 0.05$ 的水平下通过检验；回归方程 F 值为 665.50，在自由度 $df = 12$ 的情况下，$F_{0.05}$（4，13－4－1）＝3.84，远远小于 F 值，方程通过 F 检验。逐步回归后，X_5、X_{10}、X_3 和 X_{16} 为回归系数，这四个自变量和因变量之间具有很高的相关性，调整后的决定系数 R^2 都大于 0.90，对四个变量进行显著性检验，在 $\alpha = 0.05$ 的水平下皆通过检验，且显著性水平很高，GDP 和每万人拥有图书数显著性水平高达 0.001。

标准化系数（Beta）显示，自变量 X_3、X_{16} 和因变量 Y 负相关，其余自变量分别和因变量 Y 正相关。地区生产总值对宿迁城市化综合得分具有相对较强的关系，它的标准化系数等于 1.290，相关强度居于第二位的是二三产业就业人口比重，Beta 系数等于 －0.207，而人均城市道路面积对城市化综合得分影响最弱，标准化系数为-0.191。

非标准化回归系数（B）表明，在其他变量不变的情况下，1 个单位 GDP 的变化将会引起综合得分 0.048 个单位的变化，1 个单位每万人拥有图书数的变化将会引起综合得分 0.011 个单位的变化；二三产业就业人口比重上升 1 个百分点，城市化综合得分将减少 14.90%，人均城市道路面积上升 1 个百分点，宿迁城市化综合得分将会减少 0.9%。

表 4.1.3　宿迁城市化过程动力回归分析

自变量	决定系数 R^2	调整后的 R^2	非标准化系数（B）	标准误（Std. Error）	标准化系数（Beta）	t 统计量	双尾显著性水平（Sig.）
常数项			0.439	0.222		1.976	0.084
GDP（X_5）	0.967	0.964	0.048	0.003	1.290	14.918	0.000
每万人拥有图书数（X_{10}）	0.988	0.986	0.011	0.002	0.133	5.383	0.001
二三产业就业人口比重（X_3）	0.994	0.992	−0.149	0.051	−0.207	−2.919	0.019
人均城市道路面积（X_{16}）	0.997	0.996	−0.009	0.003	−0.191	−2.824	0.022

统计表明，地区生产总值和每万人拥有图书数的变化对宿迁城市化综合得分起积极影响。地区生产总值是经济发展的重要指标，是经济发展综合实力的体现。建市以来，宿迁经济发展迅速，2008 年 GDP 达到 655.06 亿元，年均递增 13.60%，工业增加值达 149.72 亿元，年均递增 11.57%，在城市化初期向中期过渡阶段，经济增长对宿迁城市化过程有显著的影响，城市化动力定量分析证明了这一点。

每万人拥有图书数指标是生活方式城市化的重要组成部分，宿迁进行过大量改革，不断地进行制度创新和体制创新，不仅像建成区面积等城市实体得到迅速扩张，而且诸如医疗、技术和文化等软实力获得一定发展，每万人拥有图书数对城市化的积极影响表明精神领域得到一定的发展，市民能够享受到改革和创新带来的实惠，城市化在内涵上得到一定程度提升，体现了生活方式城市化取得一定的成绩。

二三产业就业人口比重上升对宿迁城市化综合得分负面影响很大。原因是多方面的，其中最重要的原因是宿迁非农化水平提高速度异常地快，2003年宿迁非农化水平是26.28%，2004年跃升到38.03%，2008年达到44.57%，而2008年宿迁政府公布的城市化水平是36%。非农化水平远高于城市化水平，非农业人口的快速增长是直接原因。非农业人口的快速增长增加了宿迁政府解决的非农业人口就业问题的压力，城市本身有需要安置的下岗职工，而快速增加的非农业人口使就业问题更为严重，这是城市化进程中的阻力。为此，宿迁政府仍然需要大力改革创新，创造更多的就业机会，增进城市的发展。

道路清扫保洁面积得分对城市化综合得分起到阻碍作用，随着城市空间的不断拓展，道路等基础设施建设投入不断增加，道路建设对市政府而言是一笔不小的财政投资，一方面影响到市政府的财政收入，另一方面，道路等带状设施的建设对城市环境的维护也提出了更高的要求。

五、结论与讨论

（1）从人口城市化、经济城市化、生活方式城市化和地域景观城市化得分百分比演化过程看，不同得分增长过程反映宿迁城市化中人口转变、经济发展、生活方式和城市空间扩展的此消彼长，反映不同时段作用力对宿迁城市化具有不同的推动作用。

（2）多元回归模型定量分析城市化动力得出：地区生产总值和每万人拥有图书数与城市化综合得分呈现正相关，对宿迁城市化综合得分起积极影响；而二三产业就业人口比重和道路清扫保洁面积得分与城市化综合得分呈现负相关，一定程度上阻碍了城市化进程。

（3）研究城市的过程和动力机制需遵循客观事物发展的演化规律，城市是人类生活的集聚地，研究城市也需要遵循社会发展规律，不管是何种评价体系，都具有一定的主观性。因此，需积极发挥主观能动性，做到主观反映客观规律，指标体系的构建具有一定难度，但要尽量做到反映客观情况，是后续研究的重要内容。

（李陈，欧向军.原文发表于：云南地理环境研究，2011，23（3）：38－44）

第二节　基于复合指标法对省际边缘区城市化水平测度——以淮海经济区为例

城市化水平测度的研究是当今研究的热点问题之一。城市化水平的测度反映地区城市发展状况。城市化水平研究表现这些方面：（1）对城市化水平测度的研究。从城市发展的潜在力、城市发展经济力、城市发展的装备力多个方面去测度城市化水平情况（李振福，2003）。（2）对人口城市化的研究。通过我国的人口城市水平的研究，得出人口城市化滞后于工业化阻碍经济增长（刘伟德，2001）。讨论我国人口城市化水平的差异，得出近十年来我国人口城市化水平提高的速度相当迅速，人口城市化的区域差异最根本在于发展机制和发展条件的差异（黄扬飞，2002）。（3）推动城市化原因的研究。省级区域，如以江苏省为研究区域，对江苏省的城市化水平综合测度（欧向军，2008）。国家级区域，如研究中国城市化水平变动及其动力分析，从全国总体情况看，在我国转型时期，工农业发展推拉因子、产业结构转换因子和出口替代外向因子是影响我国城市化发展的主要动力因子，然而由于我国东中西处于不同发展阶段，其市化发展的主要因素也表现出明显不同，城市化推动力是动态的变化的（刘耀彬，2003）。（4）城市化水平趋势的研究。使用双轨城市化概念模式的区域方法，对1982—2000年中国各省的城市化水平进行了评估（沈建法，2005）。（5）城市化水平测度方法的总结。选取人口比重指标法、城镇土地利用比重指标法、调整系数法、农村城镇化指标体系法与现代城市化指标体系法等五种方法，测度城镇化水平，分析这五种方法的运用条件和利弊（姜爱林，2002）。在前人研究的基础上，这里选取复合指标法对省际边缘区城市化水平进行测度。

一、指标体系构建与赋权

遵循指标选取的可操作性、系统性和完整性原则，我们选取四大指标：人口城市化、经济城市化、生活方式城市化和地域景观城市化确立准则层，再根据准则层细分31项目子指标（表4.2.1）。

表 4.2.1　城市化水平测度复合指标体系及其权重

目标层	准则层	指　标　层	
A 区域城市化水平测度	B1 人口城市化 (0.250 0)	C11 市区年末总人口（万人）	(0.027 8)
		C12 市区非农业人口占市区人口比重（%）	(0.055 6)
		C13 市区第二产业从业人员占总从业人员比重（%）	(0.041 7)
		C14 市区第三产业从业人员占总从业人员比重（%）	(0.055 6)
		C15 市区人口密度（人/km²）	(0.041 7)
		C16 城市人口自然增长率（‰）	(0.027 8)
	B2 经济城市化 (0.312 5)	C21 市区人均 GDP（元）	(0.031 3)
		C22 市区二三产业产值占 GDP 比重	(0.041 7)
		C23 市区 GDP 密度（万元/km²）	(0.052 1)
		C24 市区当年实际使用外资金额（万美元）	(0.010 4)

　　　　　诗意地栖居：多空间尺度的人居环境评价研究

（续表）

目标层	准则层	指标层	
		C25 市区限额以上批发零售贸易业商品销售总额（万元）	(0.031 3)
		C26 市区社会消费品零售总额（万元）	(0.031 3)
		C27 市区在岗职工平均工资（万元）	(0.031 3)
		C28 市区工业总产值（万元）	(0.041 7)
		C29 市区人均工业产值（元）	(0.041 7)
	B3 生活方式城市化（0.250 0）	C31 市区每万人拥有医生数（个）	(0.018 6)
		C32 市区每百人拥有公共图书数（册）	(0.027 8)
		C33 市区剧场、影剧院数（个）	(0.027 8)
		C34 人均邮政业务（元／人）	(0.018 6)
		C35 市区人均家庭生活用水量（m³／人）	(0.027 8)
		C36 市区居民人均生活用电量（千瓦小时）	(0.027 8)
		C37 市区人均用煤气量（万立方米／人）	(0.027 8)
		C38 市区人均用液化气量（t）	(0.027 8)
		C39 市区每万人拥有公共汽车（辆）	(0.046 3)
	B4 地域景观城市化（0.187 5）	C41 城市建设用地面积（km²）	(0.033 5)
		C42 城市建设用地占市区面积比重（%）	(0.026 8)
		C43 建成区面积（km²）	(0.033 5)
		C44 建成区面积占市区面积比重（%）	(0.026 8)
		C45 建成区绿化覆盖率（%）	(0.020 1)
		C46 市区人均绿地面积（m²）	(0.026 8)
		C47 市区人均城市道路面积（m²）	(0.026 8)

对于城市化水平的测度关键在于能否准确地把握城市化的水平，对城市化进程准确预测。在以往的研究中，侧重于人口的城市化，即市区非农业人口占市区城市人口的比重，采单一指标法对城市化水平测度，但是随着社会的发展与进步，出现大量的人口流动，外

来务工人员在各个城市的人口统计过程中口径不一，造成研究的困难，复合指标法尽量克服这一缺陷，选取多个指标，反映城市化水平，同时，这些指标又不宜太多，这里选取31项指标对城市化水平综合测度，能够较好得出地区城市化水平的概况。在给出指标之后，运用层次分析法对各个指标赋予权重。

美国运筹学家 A. L. Saaty 于 20 世纪 70 年代提出的层次分析法（Analytical Hierarchy Process，简称 AHP 法），这是一种定性与定量相结合的决策分析方法。

层次分析法的计算步骤。首先，使用德尔菲法，根据指标体系构建判断矩阵。其次，通过各个指标对上一层次指标的重要程度算出权重，如人口城市化 B1 对区域城市化水平 A 的重要程度为 4.2（专家打分平均分），利用层次分析法计算出来的权重为 0.250 0，其余各个指标权重计算相同。最后，进行一致性检验，得出 CR 为 0，具有完全一致性，通过检验。

利用层次分析法，对淮海经济区城市化水平各个指标的权重赋值，各指标权重（w_j）见表 4.2.1 括号内值。表 4.2.1 中经济城市化的权重相对较大，经济发展的城市化过程中扮演重要角色。其他指标，如人口城市化，生活方式城市化影响次之。指标层中对各项指标进一步细化，给出具体权重。

二、淮海经济区城市化水平测度

基于复合指标对淮海经济区城市化水平的测度，运用层次分析法确立各个指标的权重，在通过各权重乘各个指标值后，获得区域城市化水平得分。由于各个指标存在量纲差异，需要进行无量纲化

诗意地栖居：多空间尺度的人居环境评价研究

处理，采取极差标准化方法，对 620 个数据标准化处理，使各指标值介于 0 和 1 之间。

复合指标法计算公式是

$$F_i = \sum W_j \cdot X_{ij}$$

上式中 F_i 为 i 城市化水平指数，W_j 为 j 项指标的权重，X_{ij} 为 i 城市 j 项指标的标准化值。从上述方法，分别计算出各个城市人口城市化、经济城市化、生活方式城市化和地域景观城市化的指数（表 4.2.2）。

表 4.2.2　淮海经济区城市化水平指数

城　　市	人口城市化	经济城市化	生活方式城市化	地域景观城市化
徐　　州	0.009 1	0.056 9	0.102 5	0.063 4
连云港	0.008 9	0.049 8	0.053 2	0.064 8
淮　　安	0.005 8	0.034 8	0.040 2	0.033 4
盐　　城	0.003 6	0.031 4	0.067 6	0.025 7
宿　　迁	0.006 3	0.022 7	0.036 4	0.041 5
蚌　　埠	0.006 9	0.022 1	0.059 9	0.031 3
淮　　北	0.006 2	0.021 1	0.066 5	0.052 3
阜　　阳	0.001 5	0.014 3	0.034 5	0.020 9
宿　　州	0.001 8	0.011 6	0.052 4	0.021 9
亳　　州	0.001 2	0.013 1	0.041 6	0.024 3
枣　　庄	0.003 1	0.037 2	0.069 8	0.036 4
济　　宁	0.004 6	0.046 7	0.069 5	0.036 6
泰　　安	0.006 7	0.041 1	0.062 7	0.040 9
日　　照	0.007 4	0.044 7	0. 0 498	0.032 3
莱　　芜	0.004 4	0.035 3	0.060 6	0.036 6
临　　沂	0.006 8	0.047 3	0.051 2	0.039 3

城　市	人口城市化	经济城市化	生活方式城市化	地域景观城市化
菏　泽	0.005 1	0.019 8	0.037 5	0.039 7
开　封	0.006 5	0.027 8	0.061 8	0.026 7
商　丘	0.004 7	0.014 1	0.045 9	0.022 9
周　口	0.004 9	0.024 3	0.021 5	0.045 4

表 4.2.2 中可以看出，人口城市化、经济城市化、生活城市化徐州排名第一，地域景观城市化连云港排名第一。

人口城市化：淮海经济区大部分市县的人口城市化水平偏低（朱传耿，2008）。无论从单一指标的人口城市化水平来看，还是从复合指标的人口城市化指数分析，这个区域内的人口城市化水平整体偏低，2007 年市区平均人口城市化率仅为 52.38%，与全国平均水平 59.56%，相差 7.18 个百分点。从该区域人口城市化综合指标看，区域总人口城市化指数占区域总城市化综合指数的 4.15%，复合指标法计算出来的人口城市化得分低，也反映人口城市化对淮海经济区城市化的贡献率低。

经济城市化：生产力决定生产关系，生产关系反作用于生产力。经济要素在推动城市化进程中起着决定作用，在指标体系中经济城市化所赋予的权重也最大。在淮海经济区中，江苏的经济城市化较高，徐州、连云港排名第 1 名和第 2 名。山东的城市介于中间，排名靠后的主要是安徽、河南的城市。

生活方式城市化：生活方式的城市化是整个城市化过程的有机组成部分，也是城市化内涵丰富性的体现（邓拓芬，2001）。生活方式城市化指数反映该地区城市化内涵。这里有市区每万人拥有医生数、市区每百人拥有公共图书数、市区居民人均用水用电用气和市区每万人拥有公共汽车等指标，充分反映生活方式的城市化水平，在淮海经济区内，徐州再次领先，山东的济宁、泰安、枣庄、莱芜等城市随后。

地域景观城市化：人口、经济和生活方式的城市化不能直接看出，地域景观的变化能够直接反映，地域景观城市化是城市化的外延表现。城市建设用地面积和市区绿地、道路等，这些都能够直观地看出来，对这些指标综合评价，得到的情况是，总体上江苏的城市排名靠前，山东其次，河南，安徽相对较低。

从人口城市化，经济城市化，或从生活方式城市化，地域景观城市化上看，淮海经济区各个城市发展很不平衡。省际之间，如苏北的徐州、连云港在区域中城市化复合指标领先于鲁南，鲁南的城市城市化水平总体上居中，鲁南总体上又先于豫南和皖北。各省之内，如苏北的徐州、连云港各个城市化的复合指标远超过宿迁、淮安等城市。安徽的淮北城市化各指标又远超过阜阳、亳州和宿州。

三、淮海经济区城市化水平综合分析

根据复合指标法最终测算出城市化综合指数及城市化水平排名，城市化综合指数是对人口城市化、经济城市化、生活方式城市化和地域景观的求和，以得出各个城市的综合排名。选取单一指标人口城市化水平，得出排名，对比两者的变化情况：总体上，两类指标排名上下幅度不大，它们的幅度一般介于3—4个名次。个别城市变化较大。如苏北的城市，宿迁下降10个名次；皖东的蚌埠下降5个名

次；鲁南的泰安和济宁迅速上升，分别上升 10 个和 6 个名次；豫南的商丘变化不小，下降 10 个名次。一方面，这些变化说明单一指标法在某种程度反映城市化水平。另一方面，单一指标法在城市化水平测度上不一定能够准确地反映城市化真实水平，尤其是在省际边缘区，因为要考虑到行政区划的调整，人口流动，交通条件的改善等因素，这里面任何一个因素的变化都会影响到城市化进程。还要说明的是，国家政策的制定，省市政府政策的影响，政策倾斜对区域城市化也有重要影响。

总体上，淮海经济区综合城市化指数所得结果能够反映该区域城市化水平，该地区城市化水平仍然偏低，城市化水平有待于不断提高，提高城市化水平关键在于地区经济的持续健康快速的发展。促进地区协调，实现地区一体化，形成强有力的中心城市是基本要求。尽管徐州居于淮海经济区中心，并且它的城市化水平居于首位，但目前徐州还无法真正发挥中心城市的地位。城市间要相互促进，共同发展，形成区域发展合力，不断增进各自城市竞争力。区域规划时，要考虑到城市化带来的利弊，减少不利的方面，促进城市化进程稳步推进，提高城市化水平，促进为区域发展协调可持续发展。

四、结论

城市化水平是各种复杂因素综合的结果，选取指标综合测度能够在某种程度上说明它的城市化状况。复合指标法相对于过去常用的单一指标法要有所改进，得到的结果有一定可信度。采取层次分析法，定性与定量的研究，得出各个指标的权重，并且由城市化水

诗意地栖居：多空间尺度的人居环境评价研究

平指数得出结果，这是该研究的优点。

本研究数据直接取于市辖区数据，很大程度上反映了市区的城市化状况，能够为市辖区规划提供决策支持，更好地促进市域发展，进而带动区域发展。

（李陈，欧向军，黄翌等.原文发表于：国土与自然资源研究，2011，（01）：21–23）

第三节　基于 DAHP 法的长三角城市化与
城市人居环境协调度分析

提高人居环境质量，实现人居环境可持续发展是城市化进程的目标。人居环境状况是城市化结果的具体体现，能够真实地反映由于城市化引起的经济、社会、环境、文化诸多方面转变的动态的时空过程，城市人居环境可持续发展状况是城市化是否有序化的最终标准，人居环境与城市化是先验的相互作用和影响的关系（李雪铭，2004）。无论是城市化还是人居环境建设，都是强调人在城市中的本质作用，都能对人类福祉和社会进步产生重要影响。城市化的研究主要集中体现在城市化综合评价（李陈，2011）、城市化差异演化（范斐，2010）、世界城市（MeeKam，2003）、城市化动力机制（Susan，2006；宁越敏，1998）、经济发展与城市化的协调（宁越敏，2005）等领域。人居环境是系统集成性的科学理念，吴良镛倡导多学科的融合，从而实现人居环境科学化（吴良镛，2001）。在定量评价上，宁越敏等（1999、2002）分别对大城市和小城镇的人居环境进行研究。对大城市上海的人居环境演化和优化研究首先建构人居硬环境和人居软环境的概念，从而对上海的人居环境做动态演化分析，进而有针对性地提出人居环境优化原则；对于小城镇的人居环境研究，采用问卷调查的方法，对比上海三个小城镇人居环境变化特征。以上两个实证研究从不同角度重点探讨了大城市和小城市的人居环境变化特征，为城市人居环境实证研究提供有力参考。城市化的研究有利于刻画城市化过程、揭示城市化发展研究规律，但城市化本身又与人居环境的变化存在相关联系，若能对人居环境和城市化进行协调性分析，则能够更好地加深对人居环境的理解和认识。

　　长三角城市群位于中国沿江沿海"T"字带，是中国最大的城市群，也是中国目前经济发展速度最快、经济总量规模最大、最具有发展潜力的经济板块（范斐，2013）。近年来，长三角城市群城市化发展进入加速阶段，快速发展的城市化带动了工业化和信息化的迅猛发展，但同时城市化也带来诸如城市住房紧张、交通堵塞、空气污染严重、生态环境恶化、城市基础设施超负荷运行等一系列问题，使城市人口的生存环境面临越来越多的挑战。有鉴于此，本文从可持续发展的角度，结合长三角各城市的发展特点，综合运用动态层次分析法和协调度模型，从时空角度对 2000、2005、2007 和 2010 年四个阶段长三角 25 座中心城市人口城市化和城市人居环境的关系进行动态演化分析，以期揭示长三角各地区城市化与城市人居环境的交互胁迫、动态耦合规律，从而为决策机构在城市化与人居环境建设与调控上提供一定的参考借鉴。

一、指标体系与数据来源

　　城市化是经济社会发展到一定阶段的普遍现象和必然趋势，其范围包括人口、经济、土地景观和生活方式等方面的城市化（李陈，

2011），但其中最主要的是人口城市化，因此本文采用人口城市化单一指标测度长三角城市群的城市化水平。而城市人居环境是指在一定的地理系统背景下进行着居住、工作、文化、教育、卫生、娱乐等活动，从而在城市立体式推进的过程中创造的环境。城市人居环境强调的是人类聚居和生活的地方，其核心是"人"，它包括人居硬环境和人居软环境两个方面。因此，在参考相关人居环境评价指标体系的基础上（宁越敏，1999，2002），遵循指标体系构建应具有针对性、可比性和可操作性原则，本文分别从居住条件、经济社会、基础设施和软环境的角度构建人居环境综合评价指标体系（表4.3.1）。

表 4.3.1　城市人居环境综合评价指标体系

目 标 层	指 标 层	单 位
居住条件	人均居住面积	m^2
	房价收入比	%
	住房投资占固定资产投资比重	%
	人口密度	人／km^2
经济社会	城市居民可支配收入	元
	人均财政支出	元
	生产者服务人员占总从业人员比重	%
	城镇登记失业率	%
基础设施	人均城市道路面积	m^2
	人均居民年用水量	t
	人均居民年用电量	kwh
	通信指数	—

　　　　　　　　　　诗意地栖居：多空间尺度的人居环境评价研究

目 标 层	指 标 层	单 位
软环境	万人拥有大学生数	人
	万人拥有医院床位数	张
	万人拥有医生数	人
	万人拥有图书数	册

居住条件是人居生活之本、立生之本，居住条件的改善与否对人居生活环境至关重要，不仅考虑人均居住面积，还考虑到住房投资、人口密度、房价收入比等指标，尤其是房价收入比这一指标在中国尤其重要，它不仅反映家庭对商品房购买或租房的刚性需求，还能反映人居环境社会公平性问题。利用收入、财政支出、生产服务、失业率等指标综合反映人居经济社会环境，能够从经济社会环境层面理解人居环境。基础设施是城市人居环境的依托，城市基础设施若不能满足城市居民生活需求，则它的宜居度会降低，就是不宜居的城市，本文从道路面积、水电通信等角度反映基础设施建设情况。软环境实质上是一座城市社会服务和软实力的重要表征，用万人拥有大学生数、万人拥有医院床位数、万人拥有医生数和万人拥有图书室集中反映城市科教文卫发展程度，以反映城市配套设施。研究数据来源于2001、2006、2008和2011年的《中国城市统计年鉴》《江苏统计年鉴》《浙江统计年鉴》和《上海统计年鉴》。

二、模型构建

在指标权重的赋值方面，由于动态层次分析法能将人的主观判断用数量形式进行表达和处理，为确定权重提供了科学的数量化处理方法，故本文结合样本数据特征，采用该方法进行评价指标赋权，在此基础上，利用协调度模型进行评价。

（一）数据预处理

在定量评价前，先对原始数据无量纲化处理，使其具有可比性：

$$F = \begin{cases} (x_i - x_{\min})/(x_{\max} - x_{\min}) \leftarrow F\text{为效益型指标} \\ (x_{\max} - x_i)/(x_{\max} - x_{\min}) \leftarrow F\text{为成本型指标} \end{cases} \tag{1}$$

公式（1）中，F 表示变量 x_i 对评价对象的贡献大小，且 $0 \leq F \leq 1$，x_i 为原始数据，$x_{\min}$ 为 25 个城市中指标 i 的最小值，$x_{\max}$ 为 25 个城市中指标 i 的最大值。

（二）动态层次分析法

动态层次法是利用终始年份打分确定动态权重的研究方法（李梅霞，2000），其优点不仅能克服判断矩阵不一致性问题，还能为若干年份评价对象权重的确定提供可靠解。DAHP 是根据两个评价时段指标体系的重要程度利用建立方程动态模拟的方式确定权重。在改进的判断矩阵基础上，确定初始年份判断矩阵（2000 年）和终止年份判断矩阵（2010 年），根据具体情况确定新的判断矩阵元素，判断矩阵元素可通过常数、线性函数、对数函数、指数函数、抛物线函数等来确定（孙才志，2002，2011）。动态层次分析法过程如下：

① 利用德尔菲法确立二级指标平均得分并做重要性排序：

2000 年，人居环境二级指标居住条件、经济社会、基础设施和软环境专家平均打分依次为：3.6、3.5、3.8 和 3.75，根据打分结果对人居环境二级指标进行重要性排序，其重要程度从高到低分别为：基础设施、软环境、居住条件和经济社会。2010 年，对人居环境二级指标居住条件、经济社会、基础设施和软环境专家平均打分依次为：3.6、3.5、3.5 和 3.75，其重要性排序从高到低依次为：软环境>居住条件>经济社会＝基础设施。②～③步对 2000 和 2010 年重要性排序后所构建的判断矩阵进行检验。

② 2000 年和 2010 年目标层的判断矩阵：

$$
a_{ij2\,001} = \begin{vmatrix} 1 & 0.80 & 1.05 & 1.25 \\ 1.25 & 1 & 1.33 & 1.15 \\ 0.95 & 0.75 & 1 & 1.5 \\ 0.80 & 0.87 & 0.67 & 1 \end{vmatrix} \qquad a_{ij2\,011} = \begin{vmatrix} 1 & 1.15 & 2 & 0.40 \\ 0.87 & 1 & 1 & 1.33 \\ 0.50 & 1 & 1 & 1.5 \\ 2.50 & 0.75 & 0.67 & 1 \end{vmatrix}
$$

③ 2000 年的 $CR(a_{ij2\,001}) = 0.007\,6 < 0.1$，满足一致性检验，因此，不需要利用改进的判断矩阵；而 2011 年的 $CR(a_{ij2\,011}) = 0.109\,4 > 0.1$，不通过一致性检验，因而须改进：

$$
c_{ij} = \begin{vmatrix} 0.80 & 1.15 & 1.68 & 0.37 \\ 0.74 & 1.06 & 0.89 & 1.31 \\ 0.44 & 1.11 & 0.92 & 1.53 \\ 1.89 & 0.71 & 0.53 & 0.87 \end{vmatrix}
$$

矩阵 C 中偏离 1 最大值为 $c_{31} = 1.89 > 1$，且 c_{31} 不是整数，因此通过公式 $a'_{kl} = 1/(1/a_{kl} + 1)$ 替换 c_{31}，即 $c'_{31} = 0.71$，$c'_{13} = 1.4$，从而可得：

$$a'_{ij2\,011} = \begin{vmatrix} 1 & 1.15 & 2 & 1.4 \\ 0.87 & 1 & 1 & 1.33 \\ 0.50 & 1 & 1 & 1.5 \\ 0.71 & 0.75 & 0.67 & 1 \end{vmatrix}$$

$CR(a_{ij2\,011})' = 0.016\,1 < 0.1$，因而满足一致性检验。

由于 2010 年专家打分所确立的判断矩阵没能通过检验，故要对打分结果进行重新评估。再次通过专家打分得出改进后的人居环境重要指标排序，其重要程度从高到低变为：居住条件>软环境>经济社会＝基础设施。专家打分重要性排序意在表明，随着时间推移居住条件对人居环境的重要影响，本文的三级指标则反映在人均居住水平、房价收入比上，这些都涉及民生、社会公正等现实问题。重新评估后的软环境重要程度排名第二，表明文化、教育、医疗等对人居环境的影响仍然较大。经济发展和基础设施环境建设具有同等重要地位。

④ 动态权重确立过程：在 2000 年和改进后 2010 年判断矩阵的基础上建立动态判断矩阵，由于线性函数和对数函数数值变化相对稳定，对考察年份内的权重不会产生大起大落的影响。本文优先给出这两种函数的动态判断矩阵。

对数函数动态矩阵：

$$A_1 = \begin{vmatrix} 1 & \begin{matrix} 0.195\,4\ln(t+1) \\ +0.664\,5 \end{matrix} & \begin{matrix} 0.530\,2\ln(t+1) \\ +0.682\,5 \end{matrix} & \begin{matrix} 0.083\,7\ln(t+1) \\ +1.192 \end{matrix} \\ \begin{matrix} 1/[0.195\,4\ln(t+1) \\ +0.664\,5] \end{matrix} & 1 & \begin{matrix} -0.184\,2\ln(t+1) \\ +1.457\,7 \end{matrix} & \begin{matrix} 0.100\,5\ln(t+1) \\ +1.080\,4 \end{matrix} \\ \begin{matrix} 1/[0.530\,2\ln(t+1) \\ +0.682\,5] \end{matrix} & \begin{matrix} 1/[-0.184\,2\ln(t+1) \\ +1.457\,7] \end{matrix} & 1 & 1.5 \\ \begin{matrix} 1/[0.083\,7\ln(t+1) \\ +1.192] \end{matrix} & \begin{matrix} 1/[0.100\,5\ln(t+1) \\ +1.080\,4] \end{matrix} & 0.67 & 1 \end{vmatrix}$$

线性函数动态矩阵：

$$
A_2 = \begin{vmatrix} 1 & 0.035t+0.765 & 0.095t+0.955 & 0.015t+1.235 \\ 1/(0.035t+0.765) & 1 & -0.033t+1.363 & 0.018t+1.132 \\ 1/(0.095t+0.955) & 1/(-0.033t+1.363) & 1 & 1.5 \\ 1/(0.015t+1.235) & 1/(0.018t+1.132) & 0.67 & 1 \end{vmatrix}
$$

动态判断矩阵中 t 为时间计数（单位：个），本文中起始年份是 2000 年，$t=1$；终止年份是 2010 年，$t=11$。根据动态判断矩阵可确定权重。指标层动态权重的计算过程同上述步骤，不再详述。

（三）协调度模型

借助物理学中的耦合概念，引入人口城市化和人居环境得分协调度模型（王希琼，2011；郁沁军，2006）：

$$
X(t) = \left[\frac{M_t^F \cdot M_t^U}{(M_t^F + M_t^U)^2} \right]^k
\tag{2}
$$

$$
M_t^F = \sum_{i=1}^{n} \overline{w_i} F(i=1, \ 2, \ \cdots, \ n)
$$

该协调度模型能够根据数据梯次变化情况对两个变量相互关系进行准确判断，具有简易、可行和便于操作等特点。在公式（2）中，M_t^F 是某城市人居环境在 t 年份的综合得分，M_t^U 是某城市在 t 年份的人口城市化水平；$\overline{w_i}$ 是动态权重；F 是人居环境标准化数据；$X(t)$ 是协调度；k 为调节系数，它反映人口城市化与城市人居环境指标在一定条件下，为使两者的复合效益最大，人口城市化与人居环境指标进行组合协调的数量程度，一般情况下 k 值取 0.5。

M_t^F 和 M_t^U 之间的差异越小，协调度越高。协调度 $X(t)$ 取值范围是 $[0, 1]$，$X(t)$ 等于 0 表示完全不协调，$X(t)$ 等于 1 表示完全协调。在参考协调发展研究相关文献的基础上（王希琼，2011），结合样本数据特征，将 $0 \leqslant X(t) < 0.5$ 表示人口城市化和人居环境初级协调，$0.5 \leqslant X(t) < 0.6$ 表示初中级协调，$0.6 \leqslant X(t) < 0.7$ 表示中级协调，$0.7 \leqslant X(t) < 0.8$ 表示高级协调，$0.8 \leqslant X(t) \leqslant 1$ 表示极高级协调。

三、长三角人口城市化与城市人居环境协调度分析

（一）协调度变化特征

比较对数动态判断矩阵和线性动态判断矩阵两种方案所确立权重及其分析结果，我们选择对数动态矩阵进行综合分析，因为它所确立的动态权重在分析时段内变化更平稳。由协调度模型可得长三角人口城市化与城市人居环境协调度变化情况（图4.3.1）。2000年，长三角中心城市没有一座进入极高级协调层次，进入高级协调层次的城市有杭州、上海、苏州、无锡、常州、镇江、南京、南通、扬州和连云港10座城市，徐州、宿迁、淮安、盐城、绍兴、宁波、金华、衢州和温州9座城市处于中级协调层次，丽水、嘉兴、舟山和泰州4座城市处于初中级协调层次，湖州和台州2座城市处于初级协调层次。2005年，上海和南通2座城市进入极高级协调层次，绍兴、无锡、南京、徐州、连云港和绍兴6座城市处于高级协调层次，温州、宁波、杭州、苏州、常州、镇江和扬州7座城市处于中级协调层次，丽水、金华、湖州、嘉兴、舟山、宿迁、淮安和盐城8座城市处于初中级协调层次，衢州和台州2座城市处于初级协调层次。2007年，上海和南通2座城市处于极高级协调层次，绍兴、杭州、苏州、无锡、南京、徐州和连云港7座城市处于高级协调层次，温州、宁波、嘉兴、常州、镇江、扬州、泰州7座城市处于中级协调层

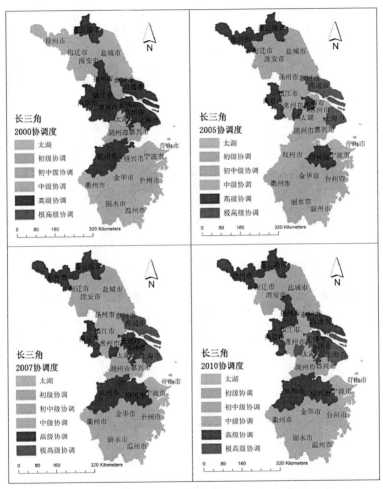

图 4.3.1 长三角人口城市化与城市人居环境协调度空间分布

次，处于初中级协调层次的城市有丽水、金华、衢州、舟山、湖州、盐城、淮安和宿迁 8 座，只有台州 1 座城市处于初级协调层次。2010 年，上海和无锡 2 座城市处于极高级协调层次，杭州、绍兴、苏州、南通、南京、扬州、徐州和连云港 8 座城市处于高级协调层次，温州、宁波、嘉兴、常州、镇江、泰州、宿迁 7 座城市处于中级协调层次，丽水、金华、衢州、湖州、舟山、盐城 6 座城市处于初中级协调层次，台州和淮安 2 座城市处于初级协调层次。

分别从时间、空间、差异和经济发展水平角度，将长三角人口城市化与城市人居环境协调度变化特征归纳如下：

（1）从时间变化上看，长三角中心城市人口城市化与城市人居环境整体协调度较高且极高协调度城市略有增加。长三角大部分中心城市的协调度多数处于中高级协调阶段，少数中心城市处于初级协调和极高级协调阶段。将 4 个年份的协调度进行归纳，得出处于中高级协调度的城市数量要多于初（中）协调度，中高级协调层次的城市都在 15 座以上，初（中）级最多只有 10 座（2005 年统计）（表 4.3.2）。极高级协调度层次的数量从无到有，由 2000 年的零座增加到 2010 年的 2 座城市。协调度时间变化过程反映了长三角整体具有较高的城市人居环境水平，还反映长三角具有较高的人口城市化水平。

（2）从空间分布上看，长三角中心城市人口城市化与城市人居环境整体协调度呈现"北高南低"的分布特征。2000 年，江苏处于高级协调层次的城市占高级协调层次城市总量的 80%，而浙江只有杭州 1 座城市处于高级协调层次，处于中级协调层次的城市中，江苏占了 44.44%，逊于浙江的 66.66%；若将中级和高级协调层次合并

　　　　　诗意地栖居：多空间尺度的人居环境评价研究

表 4.3.2　长三角中心城市人口城市化与城市
人居环境协调度划分（单位：座）

年　份	初级协调	初中级协调	中级协调	高级协调	极高级协调
2000 年	2	4	9	10	／
2005 年	2	8	7	6	2
2007 年	1	8	7	7	2
2010 年	2	6	7	8	2

注："／"表示没有一座城市进入这一阶段。

且作为较高协调度统计，则江苏和上海的较高协调度的城市数量比重高于浙江，苏沪较高协调度城市数量总比达 68.42%。到了 2010 年，处于（极）高级协调层次的城市中，江苏占 41.17%，浙江占 11.76%；处于中级协调层次的城市中，江苏占 57.14%（比 2000 年提高 12.7 个百分点），浙江占 42.85%；若将中级和高级协调层次合并且作为较高协调度统计，则江苏和上海的较高协调度的城市数量比重远高于浙江，苏沪较高协调度城市数量总比达 70.59%，比 2000 年增加 2.17 个百分点。由协调度得分比重与变化可见，协调度空间分布上具有明显的"北高南低"的特征。

（3）从协调度差异上看，长三角中心城市人口城市化与城市人居环境整体协调度总体差异经历"扩大—缩小"的过程，苏沪协调度总体差异先后经历扩大和缩小的过程，而浙江协调度总体差异经历先缩小再扩大的过程。将江苏划分为苏北、苏中和苏南，发现苏北地区的协调度差异总体保持增长的趋势，变异系数由 2000 年的 0.043 7 增加到 2005 年的 0.169 9，到 2010 年略缩小到 0.149 9，2010 年的苏北协调度变异系数仍远高于 2000 年；苏中地区的协调度差异表现为下降趋势，变异系数由 2000 年的 0.115 4 下降到 2010 年的

0.053 4；苏南地区的协调度差异表现为上升趋势，变异系数由 2000 年的 0.035 9 增加到 2010 年的 0.099 0。同样，将浙江划分为浙东北和浙西南，发现浙东北地区的协调度差异趋于下降，变异系数由 2000 年的 0.187 1 下降到 2010 年的 0.119 7；浙西南地区的协调度差异也趋于下降，变异系数由 2000 年的 0.190 4 下降到 2010 年的 0.136 8。

表 4.3.3　长三角中心城市人口城市化与
城市人居环境协调度变异系数

年份	苏沪※	苏北	苏中	苏南	浙江	浙东北	浙西南	长三角
2000	0.081 4	0.043 7	0.115 4	0.035 9	0.181 4	0.187 1	0.190 4	0.158 5
2005	0.141 9	0.169 9	0.151 9	0.094 6	0.164 0	0.116 6	0.151 2	0.174 5
2007	0.135 0	0.160 5	0.140 0	0.093 2	0.157 6	0.119 8	0.134 0	0.165 8
2010	0.130 1	0.149 9	0.053 4	0.099 0	0.164 4	0.119 7	0.136 8	0.163 6

注：① 苏北有徐州、连云港、淮安、盐城和宿迁 5 座城市，苏中有南通、泰州和扬州 3 座城市，苏南有南京、镇江、常州、无锡和苏州 5 座城市；浙东北有杭州、宁波、嘉兴、湖州、绍兴和舟山 6 座城市，浙西南有温州、金华、衢州、台州和丽水 5 座城市。② 划分依据参考江苏省和浙江省的统计局网站。
※为便于分析，将江苏和上海进行合并，简称苏沪。

（4）从经济发展水平上看，经济发展水平较高的城市，人口城市化与城市人居环境协调度也较高，经济发展水平较低的城市，协调度未必低。为准确反映各城市人居环境与人口城市化协调度和经济发展水平之间的关系，本文选择人均 GDP 反映经济发展水平，这是由于人均 GDP 能够较好地衡量一个国家或区域宏观经济运行情况。在绘制 2000 和 2010 年协调度和经济发展水平二维平面图中（图 4.3.2），将人均 GDP 表征的经济发展水平和协调度都标准化到 −1 到 1 之间，以便于数据处理和可视化。在二维平面图中，象限Ⅰ、

　　　　　诗意地栖居：多空间尺度的人居环境评价研究

象限Ⅱ、象限Ⅲ、象限Ⅳ中，分别表示经济发展水平高、人口城市
化和城市人居环境协调度高（高高型），经济发展水平高、人口城市
化和城市人居环境协调度低（高低型），经济发展水平低、人口城
市化和城市人居环境协调度低（低低型）和经济发展水平低、人口城
市化和城市人居环境协调度高（低高型）。

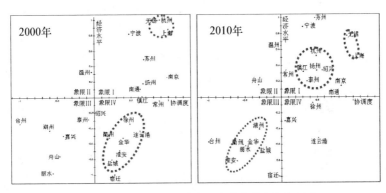

图 4.3.2　2000 与 2010 年长三角中心城市经济水平、
人口城市化和城市人居环境协调度象限图

　　2000 年，经济发展水平相对高且协调度高的城市（高高型）有
无锡、杭州、上海、宁波、苏州、扬州、南京、南通、镇江 9 座。
经济发展水平相对较低且协调度较高的城市（低高型）有常州、徐
州、连云港、衢州、金华、淮安、盐城、宿迁 8 座。象限Ⅱ中的城
市仅温州 1 座，属于"高低型"。"低低型"的城市有绍兴、泰州、
嘉兴、舟山、湖州、丽水和台州 7 座。图 4.3.2 还显示一些特征，无
锡、杭州和上海等发达城市协调度高且呈"集聚状"分布，徐州、
连云港、衢州、金华、淮安和盐城等经济发展水平一般的城市协调
度较高且呈"集聚状"分布，其余城市呈"分散状"分布。到了

2010 年，经济发展水平相对高且协调度高的城市（高高型）有无锡、上海、苏州、宁波、杭州、镇江、扬州、绍兴、泰州、南京、南通、常州 12 座，相对 2000 年数量上增加 3 座城市。象限 IV 中"低高型"的城市数量上由 2000 年的 8 座减少到 2010 年的 3 座。象限 II 中"高低型"的城市有舟山和温州 2 座。象限 III 中"低低型"的城市有湖州、衢州、金华、丽水、淮安、盐城、台州和宿迁 8 座。此外，象限 I 中无锡和上海，杭州、镇江、绍兴、泰州和绍兴等城市呈"集聚状"分布，象限 III 中湖州、衢州、金华、丽水和淮安等城市呈"集聚状"分布，其余城市呈"分散状"分布。定量分析表明，部分经济发展水平较高的城市，人口城市化与城市人居环境协调度也较高，如上海、无锡等城市。与此同时，经济发展水平较高的城市，协调度未必高，如温州。经济发展水平较低的城市，协调度未必低，如 2000 年的宿迁。

（二）协调度变化原因

（1）人口城市化水平。从人口城市化和城市人居环境协调度的分析可知：人口城市化水平高的上海、无锡等城市的协调度也高；人口城市化水平低的台州、湖州等城市的协调度也低。2000 年，上海的人口城市化水平为 82.53%，无锡的人口城市化水平为 87.87%，到了 2010 年，上海和无锡的人口城市化水平分别上升到 90.21% 和 94.27%。与此对应，上海和无锡的协调度都由高级协调迈入极高级协调层次。2000 年，湖州的人口城市化水平为 29.47%；2010 年，湖州的人口城市化水平上升到 39.51%，人口城市化与城市人居环境协调度由 2000 年的初级协调上升为 2010 年的初中级协调。台州的人口城市化水平由 2000 年的 19.33% 略微上升到 2010 年的 19.99%，台州的人口城市化水平变幅不大，它的人口城市化与城市人居环境协调度一直保持在初级协调层次。

（2）城市人居环境得分。从人口城市化和城市人居环境协调度的分析可知：城市人居环境得分高的城市，它的协调度基本较高；城市人居环境得分低的城市，它的协调度较低。2000年，上海的城市人居环境得分为2.78，位列长三角之首，杭州、宁波和南京分别位居第2至第4名，这四座城市的协调度层次分别为高级协调、高级协调、中级协调和高级协调。2010年，上海城市人居环境得分依然保持第一名，杭州、南京、宁波、苏州等城市的人居环境得分也较高，这5座城市除宁波处中级协调层次，其他都位居（极）高级协调层次。长三角城市人居环境得分与人口城市化协调度与中心城市宜居度等级性相吻合（李陈，2013），即发展水平越好，城市人居环境得分越高的地区协调度越高。

（3）城市人居环境子指标。由以上分析可知上海是长三角地区城市人居环境水平最好，人居环境与城市化协调层次最高的地区之一。2010年，上海的人居居住面积达到34.60 m²，住房投资占固定资产投资比重23.26%，人口密度达到2 605.96 人/km²，而房价收入比上海高达7.10，仅次于杭州的7.81。城市居民可支配收入、人均财政支出、生产者服务员从业人员比重等经济社会发展指标都遥遥领先长三角其他城市。对于基础设施建设，如通信指数高达1.23，也遥遥领先。杭州、南京、苏州等大城市的人居环境子指标也普遍较高。这些能够为长三角地区人口城市化与城市人居环境协调度变化提供指标解释，反映实力强劲的城市具有更多发展优势。

（4）历史基础与政策支持。长三角地区具有良好的自然禀赋条件，地势平坦、淡水资源丰沛，适宜的自然条件为经济发展提供农业基础。长三角地区是全国最发达的地区之一，也是中国综合实力最强的区域，它较早地建立了完善的体制和发展机制，具有完整的城镇体系，也是世界第六大城市群（于洪俊、宁越敏，1983），优良的历史基础为该区域人居环境发展和建设提供充分的条件，也是城市化率上升的有力保障。对于地方政策，例如江苏省政府编制的《江苏省国民经济和社会发展第十二个五年规划纲要》中指出，要"推动科学发展、建设美好江苏"，扎实推进资源节约型和环境友好型社会建设，再如上海市政府在《上海市国民经济和社会发展第十二个五年规划纲要》中明确提出营造生态宜居的绿色家园，指出努力建设生态宜居可持续发展城市的重要性。良好的自然、经济社会基础以及政府的政策支持有力地推动人口城市化与城市人居环境的协调发展。

四、政策启示

（1）提高人口城市化和城市人居环境协调发展是建设国际大都市的基本需求。受国际金融危机和外需萎靡的影响，上海经济增长放缓。严峻的外部环境倒逼上海率先转型、率先发展（刘洋，2012）。2013年上海常住人口2 430万，其中外来人口900万。一方面，上海的持续增长面临严峻的外部环境压力；另一方面，持续增加的外来人口对上海的医疗、卫生、教育等公共事业建设提出基本需求。因此，加快新型城市化建设步伐是实现上海可持续发展的必要手段，也是上海早日实现"四个率先"和"四个中心"建设的基本保障。加快绿色、环保、低碳、生态城市建设是推动上海宜居城市建设的必然要求。只有将新型城市化和宜居城市建设同步进行、同步协调和同步发展，才能真正实现上海的可持续增长，成为美好国际大都市。

（2）推动人口城市化和城市人居环境协调发展是长三角宜居城市建设的重要手段。人口城市化和城市人居环境的协调发展对宜居城市建设起到重要促进作用，城市化的根本目的是实现人的全面发展，宜居城市建设的对象是人，"人"是人口城市化与城市人居环境协调发展的纽带。关注人，实现人的全面发展，是城市可持续发展的最终目的。这就既要有序推进人口城市化质量提升，又要提高城市可持续发展能力；既要拓宽住房保障渠道，又要健全农业人口市民化推进机制；既要推动新型城镇化建设能力，又要健全城镇化发展体制机制。因此，透过协调性研究可知，实现城市宜居性建设需将近期宜居城市发展与长远发展相结合，坚持科学发展观，始终坚持对人的关怀，实现人的全面发展，发挥地方特色，结合市情，确立宜居城市发展的体制和长效机制，实现城市可持续发展。

五、结论与讨论

通过对长三角25座中心城市人口城市化和人居环境之间的协调度动态分析，本文得出以下主要结论：

（1）长三角中心城市的人口城市化和人居环境之间整体协调度较高。2000—2010年，大部分城市的人居环境和人口城市化处于中高级协调阶段，少部分城市呈初级协调和极高级协调。从空间分布上看，长三角中心城市人口城市化与城市人居环境整体协调度呈现"北高南低"的分布特征。从协调度差异上看，长三角中心城市人口城市化与城市人居环境整体协调度总体差异经历"扩大—缩小"的过程。

（2）长三角中心城市的经济发展水平和人口城市化与城市人居环境协调度并不存在直接关系。上海、苏州、无锡、宁波等城市的经济发展水平较高，人口城市化和人居环境之间的协调度相对较高；个别城市经济发展水平较高但协调度较低，如温州。经济发展水平一般的城市又可划分为协调度较高和协调度较低两种类型：连云港、徐州等城市属于前一类型，台州、湖州、丽水等城市属于后一类型。

（3）长三角人口城市化水平高的上海、无锡等城市的协调度也高，人口城市化水平低的台州、湖州等城市的协调度也低；城市人居环境得分高的城市，它的协调度基本较高；城市人居环境得分低的城市，它的协调度较低。实力强劲的城市在人口城市化和城市人居环境建设上具有更多的优势。历史基础是人口城市化与人居环境协调发展的重要因素，如"中国近代第一城"南通就有很高的协调度。地方政策对协调度的提升也起到重要作用。

本文还存在不足的地方有待进一步研究。人口城市化与城市人居环境协调性，除考虑与经济发展水平之间的关系外，还需考虑社会发展水平、社会阶层、区域差异、区位条件、自然等因素。（1）人居环境与社会发展相关研究。对长三角中心城市的分析中可知实力强劲的城市人居环境水平较高，与人口城市化之间的协调层次也较高，但问题在于经济社会本身是一家，这两类属性相互交融，那么人居环境与哪些社会因素相关？与社会发展的关联性又如何？（2）社会阶层分异对人居环境的作用如何？不同的社会阶层与人居环境之间存在怎样的差异感悟？这些在经济统计数据中难找到相关数据，需

诗意地栖居：多空间尺度的人居环境评价研究

要进行问卷调查。结合地理学的传统思维，社会阶层与人居环境之间的关联性在空间上存在哪些地理空间分异。（3）地形、坡度、辐射量、水资源、土壤肥沃等自然因素与城市人居环境存在何种关联？进一步，如果将经济社会属性数据与自然属性数据进行 GIS 叠置分析，那么人居环境关联性空间分异结果又如何？

（刘洋，杨文龙，李陈.原文发表于：世界地理研究，2014，23（2）：94－103）

第四节　长三角中心城市城市化水平区域
差异及其变动

自改革开放以来，中国的城市化进程显著加快，并呈现出某种规律性特征，即"S"型曲线增长规律。准确把握这种规律对于"十三五"期间积极稳妥推进城市化进程至关重要。一般而言，当城市化水平低于30%时，城市化水平增长速度缓慢；当城市化水平超过30%时，城市化水平增长呈现加速状态；当城市化水平大于70%时，城市化水平增长则趋于稳定状态。城市化水平的测度包括单一指标法和综合指数法，研究通常采用综合指数法测度区域城市化水平。综合指数包括人口城市化、地域景观城市化、经济城市化和生活方式城市化（许学强、周一星、宁越敏，2009）。对于城市化差异的测度，一般采用泰尔指数及其分解方法进行测度（郑文升，2007；欧向军，2006；文余源，2005），也有采用城市化变异系数及其综合得分敛散性进行分析（欧向军，2012）。

长三角是中国区域经济最具活力的地区之一，也是城市化进程最快的地区之一。2013年长三角以全国1.26%的陆地面积创造出20.12%的GDP，区域城市化水平达68.74%，城市化进程正处于加速增长状态。但快速城镇化过程中出现区域差异扩大，对区域一体化建设产生了多重影响。因此，本研究利用2005年、2008年、2010

　　　　　　　诗意地栖居：多空间尺度的人居环境评价研究

年和 2013 年的统计资料对长三角 25 座中心城市城市化水平进行测度，在此基础上综合利用泰尔指数、基尼系数、变异系数分析其差异演化过程，进一步利用城市化综合得分进行敛散性分析，为长三角乃至中国城市发展和建设提供理论与现实参照。

一、数据来源与研究方法

（一）指标体系与数据来源

遵循指标选取的有效性、可量可比性、完整性原则，研究采用复合指标法，从人口城市化、地域景观城市化、经济城市化和生活方式城市化 4 个层面，择取 20 个指标，构建长三角中心城市城市化水平综合评价指标体系（表 4.4.1）。

表 4.4.1　城市化水平综合评价指标体系

分　类	评　价　指　标
人口城市化	二三产业从业人员比重；城区人口规模；城区人口密度；城区人口占市区人口比重；市区人口年均自然增长率
地域景观城市化	建成区面积；建成区面积占区域面积比重；绿化覆盖率；人均绿地面积；人均铺装道路面积
经济城市化	人均 GDP；地均规模以上工业总产值；GDP 密度；二三产业产值占 GDP 比重；地均固定资产投资额
生活方式城市化	万人拥有大学生数；万人拥有医院床位数；每百人公共图书馆藏书；人均居民生活用水量；人均居民生活用电量

（二）综合评价测度模型

① 数据标准化处理

采用 Max－Min 标准化方法对原始数据进行无量纲化处理，将不同量纲的指标都限定在［0，1］区间中，使转换后的原始数据具有可比性，其公式为：

$$\mu_{ij} = \frac{x_{ij} - x_{j\min}}{x_{j\max} - x_{j\min}} \tag{1}$$

公式 1 中，x_{ij} 表示原始数据，$x_{j\min}$ 表示原始数据某列中最小值，$x_{j\max}$ 表示原始数据某列中最大值，u_{ij} 表示标准化数据。

② 城市化水平综合评价

构建城市化综合评价测度模型：

$$\mu_i = \sum_{j=1}^{n} \lambda_{ij}\mu_{ij}, \quad \sum_{j=1}^{n} \lambda_{ij} = 1 \tag{2}$$

公式 2 中，u_{ij} 表示标准化数据，λ_{ij} 表示权重（本研究采用等权重的方法测算），u_i 表示城市化水平综合得分。

（三）区域差异测度模型

① 泰尔指数

1967 年，泰尔首次提出一种能够衡量区域发展相对差异的方法，即泰尔指数（Theil Index），又称泰尔系数或泰尔熵，实际上它是广义熵指数的特例（魏后凯，1995；贺灿飞，2004；欧向军，2004），当广义熵指数中 $c=0$，1 时，它就变成泰尔指数。

研究分别分析长三角中心城市城市化水平总体差异、组间差异和组内差异。

假设 X_i 为第 i 个城市的城市化水平综合得分，n 为参与讨论的城市数，则第 i 座城市城市化水平综合得分占长三角城市城市化水平综合得分的份额为

$$T_i = \frac{X_i}{\sum_{i=1}^{n} X_i} \tag{3}$$

诗意地栖居：多空间尺度的人居环境评价研究

设 J_r 和 J_j 分别表示城市化水平综合得分组内差异和组间差异，从而有

$$J = \sum_{i=1}^{n} T_i \ln(nT_i) \tag{4}$$

$$J = J_r + J_j (\text{总差异}) \tag{5}$$

$$J_r = T_1 J_1 + T_2 J_2 + \cdots + T_n J_n (\text{组内差异}) \tag{6}$$

$$J_j = T_1 \ln\left(T_1 \frac{n}{n_1}\right) + \cdots + T_n \ln\left(T_n \frac{n}{n_n}\right) (\text{组间差异}) \tag{7}$$

② 基尼系数

1912 年，意大利经济学家 C.基尼首次提出一种不均衡发展演化指数。由于基尼系数能够准确反映区域收入差异演化情况，从而成为国际流行的区域差异测度指标。本研究将运用基尼系数测度长三角城市化水平总体差异。

城市化水平基尼系数测度公式为

$$Gini = \frac{1}{2u} \sum_{i=1}^{n} \sum_{j=1}^{n} p_i p_j \mid x_k - x_l \mid \tag{8}$$

公式（8）中，u 为长三角城市城市化水平综合得分，x_k 和 x_l 为某市的城市化水平综合得分，p_i 是 i 市 GDP 占长三角 GDP 的比重。

③ 变异系数

变异系数（CV，Coefficient of Variation）又称标准差系数或变差系数，一般采用统计学中的标准差和均值之比来表示，其公式为

$$CV = \sqrt{\sum_{i=1}^{n} (x_i - u)^2 / n} / u \tag{9}$$

公式（9）中，$x_i(i=1,2,3,\cdots,n)$ 是第 i 座城市化指标标准化值，u 是长三角城市化得分均值，n 为城市个数。

二、长三角中心城市城市化水平空间格局

利用综合评价测度模型，我们测算出长三角中心城市 2005 年、2008 年、2010 年和 2013 年城市化水平综合得分。借助 ArcGIS10.1 地理信息软件，将长三角 25 座中心城市的城市化水平综合得分空间化，同时采用标准差划分得分排名，得到城市化水平综合得分的空间分布。

为使研究具有可比性，在城市化水平综合得分空间分布图中，研究试图借鉴宁越敏和张凡（2012）关于中国 13 大城市群的讨论，划分长三角 25 座中心城市中长三角城市群内的城市和非长三角城市群中的城市。属于长三角城市群中的城市有上海、苏州、无锡、常州、镇江、南京、扬州、泰州、南通、杭州、嘉兴、湖州、绍兴、宁波、舟山 15 座城市，其余 10 座城市属非长三角城市群城市。

借助核心-边缘理论来解释长三角中心城市城市化水平综合得分空间分布。核心-边缘理论经历了一系列成长过程：1982 年弗里德曼和沃尔夫首次提出世界城市理论假设，指出在城市等级中，只有少数城市拥有丰厚资源，这些少数城市跨国公司云集，带来集聚效应，人才、资金、技术、信息、能源纷纷流入少数大城市（Friedmann，1982）；1986 年弗里德曼完善了世界城市理论假设（Friedmann，1986）；此后萨森对弗里德曼的理论进行了检验（Sassen，1991，2002）。核心区域一般为城市经济发达、技术水平高、资本、人口高度集中，而边缘区域则相对落后。

诗意地栖居：多空间尺度的人居环境评价研究

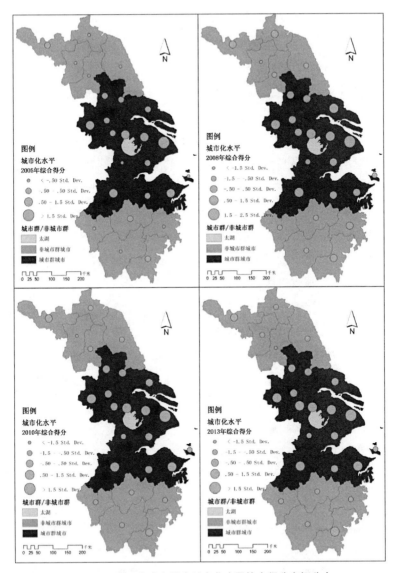

图 4.4.1 长三角中心城市城市化水平综合得分空间分布

综合评价测度模型计算结果显示：2005—2013 年长三角中心城市城市化水平综合得分总体呈现核心-边缘分布的空间结构，研究期内核心-边缘分布的空间结构整体变幅不大。上海、苏州、无锡、杭州、宁波等城市的城市化综合得分位居前列，在长三角中处于核心区域，这类城市不论在人口、资本、技术等流动要素上，还是在城市物质文化建设上都具有绝对优势。南通、泰州、扬州等苏中地区城市以及湖州、嘉兴、绍兴等浙东北城市其城市化综合得分处于第二梯队，也是介于边缘区域和核心区域的过渡地带，即半边缘城市。宿迁、淮安、盐城等苏北地区城市以及丽水、台州、衢州、金华等浙西南城市要素集聚和扩散的力量相对较小，在长三角中心城市中排名处于靠后的位置。我们的分析结果进一步验证城市群在区域经济增长、区域城乡一体化进程中扮演的关键角色，即当前长三角城市群正不断地吸纳外来要素（不限于长三角非城市群，甚至全国范围），同时也在发挥它的溢出效应。

选取 2005 年和 2013 年长三角中心城市二级指标，对比人口城市化、地域景观城市化、经济城市化和生活方式城市化得分，结果显示（表 4.4.2）：

① 上海四个二级指标得分基本处于领先地位，但 2013 年与 2005 年城市化综合得分之比小于 1，表明其他中心城市也在发展，长三角各城市处于整体进步的状况。

② 2005 年和 2013 年，长三角城市化发展基本能够反映核心-边缘理论规律。二级指标得分排名靠前主要为城市群城市，而非城市群城市排名相对靠后。上海、南京、杭州、苏州、无锡等城市的城市化水平处于核心地位，其中上海又在核心城市中充当领头羊地位；

表4.4.2　长三角中心城市城市化得分（2005年和2013年）

城市	人口城市化		地域景观城市化		经济城市化		生活方式城市化		综合得分	得分之比
	2005	2013	2005	2013	2005	2013	2005	2013	2013	2013/2005
上海	3.648 3	4.203 7	3.857 3	3.611 3	4.221 3	3.869 2	3.424 1	3.230 0	14.914 2	0.984 4
南京	2.167 8	2.605 7	3.766 9	3.237 5	2.147 1	2.458 4	1.884 3	2.391 7	10.693 3	1.073 0
无锡	2.300 4	2.370 7	2.910 5	2.911 6	3.824 3	4.199 6	0.855 8	1.209 9	10.691 8	1.081 0
杭州	2.669 7	2.562 8	2.196 7	1.802 2	3.302 2	3.466 6	2.764 1	2.738 6	10.570 2	0.966 8
苏州	2.533 2	2.567 1	2.276 0	2.365 1	3.859 1	4.099 3	0.782 7	1.490 1	10.521 7	1.113 3
常州	2.352 4	2.475 9	2.071 8	1.619 4	2.406 1	3.605 7	0.761 6	1.087 1	8.788 1	1.157 6
温州	2.516 2	2.528 3	1.425 8	1.678 1	2.551 5	2.453 3	1.419 3	2.058 9	8.718 7	1.101 8
宁波	2.147 3	2.241 4	1.660 5	1.243 5	3.333 7	3.489 6	1.925 8	1.645 9	8.620 4	0.950 7
镇江	1.892 8	2.148 5	2.061 4	1.866 6	1.812 6	2.728 6	0.877 2	1.485 8	8.229 5	1.238 6
南通	2.084 7	2.966 8	1.623 0	1.657 9	2.802 1	2.247 1	1.437 1	1.071 4	7.943 2	0.999 5
徐州	2.653 6	2.590 0	1.367 8	1.062 9	2.107 1	2.112 5	1.351 0	1.629 2	7.394 7	0.988 7
嘉兴	1.886 7	2.028 8	1.379 6	1.587 2	1.985 3	1.639 3	1.628 1	1.584 3	6.839 7	0.994 2
绍兴	2.324 0	2.928 0	1.726 8	0.995 4	2.991 4	1.902 2	0.700 8	0.652 2	6.477 8	0.836 6

城 市	人口城市化		地域景观城市化		经济城市化		生活方式城市化		综合得分	得分之比
	2005	2013	2005	2013	2005	2013	2005	2013	2013	2013/2005
扬 州	2.026 6	2.656 8	1.712 1	1.014 9	1.795 7	1.975 3	0.884 9	0.685 8	6.332 9	0.986 5
泰 州	1.942 1	2.734 9	1.577 9	0.929 1	2.367 0	1.822 7	0.695 8	0.421 5	5.908 3	0.897 5
台 州	1.970 9	2.009 8	1.047 7	1.565 8	1.346 2	1.349 8	0.161 1	0.285 3	5.210 7	1.151 3
湖 州	1.807 6	1.685 8	1.494 2	1.921 6	1.143 9	1.038 5	0.822 4	0.546 3	5.192 1	0.985 6
舟 山	2.084 7	1.897 6	0.898 7	0.791 1	1.127 4	1.293 3	1.302 6	0.684 4	4.666 5	0.862 0
连云港	1.760 7	1.292 5	1.677 1	1.504 5	1.103 1	1.108 0	0.788 3	0.735 0	4.640 0	0.870 7
丽 水	1.352 2	1.425 0	0.486 0	0.806 9	0.475 1	0.500 9	1.689 1	1.826 4	4.559 2	1.139 1
金 华	1.790 0	1.831 4	1.414 4	0.667 6	0.834 9	0.653 6	1.704 5	1.098 6	4.251 2	0.740 2
盐 城	1.118 4	1.779 1	1.033 2	0.629 5	0.667 1	0.891 7	0.718 6	0.689 4	3.989 7	1.127 9
衢 州	1.919 7	1.778 4	1.078 5	0.587 5	0.418 5	0.444 6	1.040 2	0.368 7	3.179 1	0.713 3
宿 迁	2.071 9	1.885 1	1.027 6	0.729 7	0.056 8	0.252 6	0.434 6	0.025 1	2.892 5	0.805 5
淮 安	1.202 5	0.938 2	0.902 7	0.692 0	0.301 0	0.367 2	1.214 4	0.309 3	2.306 8	0.637 1

南通、扬州、泰州、嘉兴、绍兴等城市处于半边缘地位；丽水、金华、衢州、淮安、宿迁等城市则处于边缘地位。城市化水平具有一定的地带性特征：上海、苏南地区城市、部分浙江东北地区城市处于核心地位，苏中地区城市、部分浙江东北地区城市处于半边缘地位，苏北地区、浙西南地区城市处于边缘地位。

③ 核心城市与边缘城市城市化综合得分差异明显，部分边缘城市城市化综合得分甚至低于核心城市城市化二级指标得分，如2013年淮安城市化综合得分为2.306 8，远低于上海各项城市化二级指标得分。

④ 行政区划调整对城市化综合实力的影响较大，特别是二级指标得分出现迅速增长与其行政区划调整密切相关，如南通于2009年合并通州市，市区总人口增长1倍，泰州市姜堰区也是由行政区划合并而来。

无论是城市化综合得分，还是二级指标得分，城市群城市的城市化综合实力都在不断推进，而非城市群城市进步似乎缓慢。那么，城市群/非城市群，苏北、苏南、上海、浙东北、浙西南区域内部和区域之间城市化差异是否进一步扩大？

三、长三角中心城市城市化水平区域差异

（一）中心城市城市化水平差异分解变动

综合利用泰尔指数（Theil 指数）、变异系数（CV）和基尼系数（Gini 系数）测度2005年、2008年、2010年和2010年长三角中心城市城市化水平总体差异，这三种区域差异方法测度结果能够相互验证。

对比 2005 年和 2013 年长三角中心城市城市化水平差异系数我们发现：总体差异仍呈现相对扩大的态势、长三角中心城市城市化水平总体差异变化过程经历"扩大—再扩大—缩小"的态势。具体测度结果：泰尔指数由 2005 年的 0.069 1 持续扩至 2010 年的 0.092 3，再缩小到 2013 年的 0.090 9；基尼系数由 2005 年的 0.207 6 持续扩至 2010 年的 0.241 1，再缩小到 2013 年的 0.239 4；变异系数由 2005 年的 0.390 2 持续扩至 2010 年的 0.446 3，再缩小到 2013 年的 0.438 0（图 4.4.2）。2005—2013 年，泰尔指数、基尼系数和变异系数等三大差异系数年均增长率分别为 3.49%、1.79% 和 1.45%，三者年均增长率都在 1 个百分点以上，其中泰尔指数测度最为敏感，它的变化幅度超过基尼系数和变异系数测度结果。

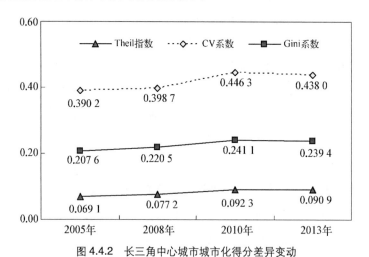

图 4.4.2　长三角中心城市城市化得分差异变动

考虑城市化水平与经济发展水平存在因果关系，研究参考核心-边缘理论，分别从城市群/非城市群（参考宁越敏的划分方案）和行

　　　　　　　　诗意地栖居：多空间尺度的人居环境评价研究

政区划（参考江苏和浙江两省统计年鉴中的区划，苏中苏北包括南通、泰州、扬州、徐州、连云港、宿迁、盐城和淮安8座城市，沪苏南包括上海、苏州、无锡、南京、常州和镇江6座城市，浙东北包括杭州、宁波、嘉兴、湖州、绍兴和舟山6座城市，浙西南包括温州、金华、衢州、台州和丽水5座城市）进行分组，从而对城市化发展水平进行差异分解，试图探讨长三角中心城市城市化综合发展水平的组内差异和组间差异。

① 基于城市群/非城市群的区域差异分解

从城市群/非城市群城市化水平区域差异分解情况看，长三角中心城市城市化水平区域差异主要表现为城市群城市的内部差异、城市群和非城市群之间的组间差异，非城市群组内差异相对较小。泰尔指数分解测度结果显示（表4.4.3）：城市群组内差异贡献率由2005年41.79%缩至2013年37.68%，缩小超过4个百分点；非城市群组内差异贡献率由2005年17.74%扩至2013年22.62%，扩增近5个百分点；城市群与非城市群组间差异贡献率由2005年40.47%持续扩至2010年47.06%，再缩至2013年39.70%。这反映出长三角中心城市城市化水平差异动态变化过程，尤其是城市群城市与非城市群城市内部差异变化。从区域发展水平看，长三角城市群15座城市主要为核心城市或半边缘城市，而非城市群城市基本为边缘城市。但城市群/非城市群的区域差异划分方案过于笼统，不能准确区分核心城市和半边缘城市之间的差异。因此，以下将进一步从行政分区的角度对长三角中心城市城市化水平内部差异分解，试图更好地利用核心-边缘理论来解释城市化发展差异。

表 4.4.3　基于城市群/非城市群的中心城市城市化
水平差异分解（2005—2013 年）

年　份	城市群组内差异		非城市群组内差异		组间差异	
	Theil 指数	贡献	Theil 指数	贡献	Theil 指数	贡献
2005 年	0.028 9	41.79%	0.012 3	17.74%	0.027 9	40.47%
2008 年	0.028 0	36.33%	0.017 1	22.12%	0.032 1	41.55%
2010 年	0.035 4	38.38%	0.013 4	14.56%	0.043 4	47.06%
2013 年	0.034 2	37.68%	0.020 5	22.62%	0.036 1	39.70%

② 基于行政分区的区域差异分解

从行政分区的长三角中心城市城市化水平区域差异分解，可反映区域城市化发展过程中的差异情况。长三角中心城市城市化水平区域差异主要表现为组间差异，与总体差异变化区域一致，即组间差异经历"扩大—再扩大—缩小"的过程、组间差异总体表现为扩大的趋势（表4.4.4）。根据组内差异变化趋势，可分为三种类型：稳定型、波动型和扩大型。稳定型：苏中和浙东北城市组内差异。苏中组内差异最小，2005 年组内差异贡献率不到 1%，至 2013 年贡献率增加不到 0.25 个百分点；浙东北组内差异贡献率基本维持在 10%—13%之间，研究期间变化不超过 3 个百分点。波动型：苏北和沪苏南城市组内差异。这两大行政分区城市化水平内部差异波动幅度较大，研究期间泰尔指数贡献率波动幅度基本超过 5 个百分点。研究还发现，苏北城市与沪苏南城市组内差异贡献率波峰和波谷呈现对应关系，即研究期内苏北组内差异较大时，沪苏南城市组内差异较小；苏北组内差异较小时，沪苏南城市组内差异较大。扩大型：浙西南城市组内差异。浙西南城市的城市化水平综合得分泰尔指数呈现增长趋势，表明组内差异处于持续扩大的过程。

表 4.4.4　基于行政分区的中心城市城市化
水平差异分解（2005—2013 年）

年　份	苏北组内差异		苏中组内差异		沪苏南组内差异	
	Theil 指数	贡献	Theil 指数	贡献	Theil 指数	贡献
2005 年	0.006 7	9.68%	0.000 6	0.82%	0.012 0	17.38%
2008 年	0.011 3	14.68%	0.001 9	2.42%	0.007 5	9.78%
2010 年	0.005 3	5.74%	0.000 0	0.01%	0.010 3	11.21%
2013 年	0.010 1	11.13%	0.001 0	1.06%	0.007 1	7.81%

年　份	浙东北组内差异		浙西南组内差异		组间差异	
	Theil 指数	贡献	Theil 指数	贡献	Theil 指数	贡献
2005 年	0.008 9	12.92%	0.005 0	7.28%	0.035 9	51.93%
2008 年	0.009 0	11.63%	0.005 3	5.87%	0.042 14	54.62%
2010 年	0.011 25	12.09%	0.006 5	7.09%	0.058 93	63.86%
2013 年	0.009 7	10.65%	0.009 1	10.00%	0.053 92	59.35%

（二）中心城市城市化水平敛散性分析

敛散性分析是城市化区域差异演化研究的补充，它的优点在于能够揭示研究区域个体差异演化过程进行统计分析，弥补了泰尔指数仅揭示总体差异、组间差异和组内差异的不足。敛散性的基本原理是：当变量大于平均值但不断向下趋近平均值时，称为向下收敛；当变量小于平均值但不断向上趋近平均值，称为向上收敛；当变量大于平均值但不断向上趋离平均值时，称为向上发散；当变量小于平均值但不断向下趋离平均值时，称为向下发散（欧向军，2006）。研究将以城市化综合得分为依据，计算出各年度综合得分平均值，进一步通过敛散性分析来揭示长三角每一座中心城市的城市化水平差异演化过程。

计算 2005—2013 年长三角中心城市的城市化综合得分与平均得分的比值（表 4.4.5），其计算结果进一步验证核心-边缘理论分析的可行性。城市群、沪苏南和浙东北等发达地区城市的比值基本大于1，表明它们的城市化水平高于平均水平，验证经济越发达城市发展综合实力越强的客观事实。从实证分析结果看，无论是非城市群、苏中苏北、浙西南等相对欠发达城市，其城市化综合得分与平均得分的比值都不高，基本低于平均水平，在城市化水平加快推进的背景下，始终处于半边缘和边缘的被支配地位，区域经济增长过程中的优质资源容易被核心地区城市吸收，而半边缘和边缘地区城市受核心地区城市辐射力亟待加强，才能发挥后发优势，缩小长三角中心城市之间城市化综合发展水平差异。

表 4.4.5　长三角各中心城市城市化综合得分与
平均得分的比值（2005—2013 年）

城　　市	2005	2008	2010	2013
上　海	2.162 6	1.964 8	2.249 2	2.148 6
南　京	1.422 5	1.468 6	1.510 7	1.540 5
无　锡	1.411 8	1.467 9	1.537 3	1.540 3
徐　州	1.067 6	1.116 6	0.862 6	1.065 3
常　州	1.083 6	1.108 9	1.173 1	1.266 1
苏　州	1.349 0	1.535 9	1.599 2	1.515 8
南　通	1.134 3	1.422 1	1.033 9	1.144 3
连云港	0.760 7	0.845 9	0.662 2	0.668 5
淮　安	0.516 8	0.438 3	0.534 6	0.332 3
盐　城	0.504 9	0.500 3	0.483 3	0.574 8
扬　州	0.916 3	0.985 8	1.045 0	0.912 3
镇　江	0.948 3	1.051 0	1.108 7	1.185 6
泰　州	0.939 6	1.051 3	1.008 7	0.851 2

　　　　　　　　　　诗意地栖居：多空间尺度的人居环境评价研究

城　　市	2005	2008	2010	2013
宿　　迁	0.512 5	0.389 2	0.343 1	0.416 7
城市群	1.189 0	1.202 0	1.233 9	1.213 9
非城市群	0.716 5	0.697 0	0.649 1	0.679 2
杭　　州	1.560 5	1.380 2	1.474 9	1.522 8
宁　　波	1.294 2	1.187 2	1.296 0	1.241 9
温　　州	1.129 5	1.082 9	1.134 9	1.256 1
嘉　　兴	0.982 0	0.908 9	0.910 8	0.985 4
湖　　州	0.751 9	0.694 3	0.734 0	0.748 0
绍　　兴	1.105 2	1.162 7	1.205 5	0.933 2
金　　华	0.819 8	0.676 5	0.637 8	0.612 5
衢　　州	0.636 2	0.494 3	0.475 1	0.458 0
舟　　山	0.772 7	0.640 7	0.622 3	0.672 3
台　　州	0.646 0	0.809 8	0.749 4	0.750 7
丽　　水	0.571 3	0.616 2	0.607 8	0.656 8
沪苏南	1.396 3	1.432 8	1.529 7	1.532 8
苏　　中	0.996 7	1.188 5	0.984 4	0.960 3
苏　　北	0.672 5	0.678 3	0.552 0	0.605 9
浙东北	1.077 8	0.995 7	1.040 6	1.017 3
浙西南	0.760 6	0.735 9	0.721 0	0.746 8

长三角中心城市城市化水平综合得分的敛散性描述：

① 2005—2008 年，发散的城市数量多于收敛的城市，与泰尔指数、基尼系数和变异系数测度结果一致，进一步证明区域城市化差异趋于扩大。2005—2008 年，长三角中心城市城市化水平综合得分趋于收敛的有 8 座，其中向上收敛和向下收敛各 4 座，这类城市地理空间上相对分散；趋于发散的城市有 17 座，其中向下发散的 8 座分布于苏北和浙西南地区、向上发散的 9 座集中在苏中苏南地区。

② 2008—2010 年，发散的城市数量仍然多于收敛的城市，与泰尔指数、基尼系数和变异系数测度结果一致，仍证明区域城市化差异进一步扩大。2008—2010 年，长三角中心城市城市化水平综合得分趋于收敛的城市有7座，其中向上收敛4座、向下收敛各3座；趋于发散的城市有18座，其中向下发散8座、向上发散10座。趋于向上发散的城市主要集中在城市群城市地区，向下收敛的城市只有南通和徐州2座城市，向上收敛的城市有淮安、扬州、嘉兴和湖州4座城市，向下收敛的城市有南通、泰州和徐州。

③ 2010—2013 年，发散的城市数量略微少于收敛的城市，与泰尔指数、基尼系数和变异系数测度结果一致，表明区域城市化差异开始缩小。2010—2013 年，长三角中心城市城市化水平综合得分趋于收敛的城市有13座，其中向上收敛7座、向下收敛各6座；趋于发散的城市有12座，其中向下发散4座、向上发散8座。向上发散和向下收敛的城市主要集中在城市群空间范围，向下发散和向上收敛的城市主要分布在非城市群空间范围。

④ 2005—2013 年，发散的城市数量要多于收敛的城市，与泰尔指数、基尼系数和变异系数测度结果一致，意在反映区域城市化差异总体趋于扩大。2005—2013 年，长三角中心城市城市化水平综合得分趋于收敛的城市有9座，其中向上收敛3座、向下收敛各6座；趋于发散的城市有16座，其中向下发散9座、向上发散7座。向上发散和向下收敛的城市主要分布在沪苏南地区和浙东北地区，向下发散和向上收敛的城市主要分布在苏中苏北地区和浙西南地区。

长三角中心城市城市化综合得分敛散性主要表现为发散的状况，

表明城市化综合得分区域差异扩大，其分析结果能够与上文城市化区域差异变化趋势相互应验。结合长三角中心城市的城市化综合得分与平均得分的比值，我们发现：一方面，长三角中心城市城市化区域差异在持续扩大，且城市群与非城市群之间，苏北、苏中、沪苏南、浙东北和浙东南之间的差异更明显，城市化过程中城市发展的中心-外围特征明显，2010年城市化区域差异达到峰值，这显然不利于缩小区域城市化发展区域差异；另一方面，个别处于边缘地区的城市如温州、徐州等，其城市化综合得分与平均得分的比值基本大于1，综合得分要高于平均水平，出现边缘中心城市，2010—2013年长三角中心城市城市化区域差异出现缩小的态势，某种程度上反映长三角整体城市化推进的过程中出现了"溢出效应"，城市化进程朝着有利于区域平衡的方向发展。

四、结论与启示

利用综合评价测度模型、泰尔指数及其分解、基尼系数、变异系数等区域差异方法以及区域城市化水平敛散性分析，对2005年、2008年、2010年和2013年长三角中心城市城市化水平进行实证分析，得出以下主要结论：

（1）长三角中心城市城市化综合实力具有很强的等级性。长三角25座中心城市的经济发展水平与城市化综合得分具有很强的相关性。经济发展实力强劲的城市往往表现出高水平的城市化综合得分，而经济欠发达地区的城市化综合得分排名相对靠后。

（2）长三角中心城市城市化发展具有明显的核心-边缘态势，其差异性和地带性特征明显。上海、南京、苏州、杭州等苏南地区及部分浙东北地区发达城市的城市化综合实力处于核心地位，南通、扬州、绍兴、嘉兴等苏中地区及部分浙东北地区较发达城市的城市化综合实力处于半边缘地位，淮安、宿迁、盐城、丽水、衢州、金华等苏北地区及浙西南地区欠发达城市的城市化综合实力处于边缘地位。

（3）2005—2013 年长三角中心城市城市化总体差异趋于扩大，并且这种区域差异与分解的泰尔指数组间差异变化基本一致。从城市群/非城市群城市化水平区域差异分解情况看，主要表现为城市群城市的内部差异、城市群和非城市群之间的组间差异，非城市群组内差异相对较小。从行政分区的长三角中心城市城市化水平区域差异分解看，组间差异经历"扩大—再扩大—缩小"的过程且总体表现为扩大的趋势，而组内差异则相对较小，由此将组内区域差异演化过程分为稳定型、波动型和扩大型等三类。

（4）长三角中心城市城市化综合得分敛散性主要表现为发散的状况，表明城市化综合得分区域差异扩大，与城市化区域差异测度结果相互应验。一方面，城市化区域差异在持续扩大，城市化过程中的中心-外围特征明显；另一方面，虽然 2005—2013 年长三角中心城市城市化综合得分区域差异扩大，但在 2010—2013 年区域差异出现缩小的态势，这有利于区域城市化平衡发展。

由于历史背景、地理位置、经济基础、国家政策等多方面因素造成的区域城市化综合实力差异不可避免，但政府在制定相关政策的过程中需顺应城市化发展的阶段性规律。即是说，在区域城市化快速推进的过程中，当它处于"极化"阶段时，不可制定"过度分散"的政策；处于"分散"阶段时，则不宜制定"过度集中"的政策。政府在城市化区域差异演化的过程中需因势利导，制定符合城市化规律的政策，才能促进区域稳健增长和可持续发展。长三角是时下中国经济发展最好的板块之一，长三角的城市化政策应符合自身的发展条件，既要促进长三角内部区域城市化协调和可持续发展，又要使长三角在全国经济增长和城市化快速推进的过程中扮演示范作用。当前，从长三角城市群区域的空间尺度上来看长三角城市群的集聚扩散态势，其已呈现出一种资源要素持续集聚的态势（毕秀晶，2014）。因此，"十三五"期间，长三角地区城市化发展政策建议仍以"集聚"为主、"扩散"为辅，方能满足城市化增长的规律性。

（张乐，李陈.原文发表于：生态经济，2016，32（12）：77－82）

第五章

城镇体系与
区域经济差异

第一节　淮海经济区核心区城市职能分类
　　　　定量分析

　　城市职能是指某个城市在国家或区域中所起的作用，所承担的分工（周一星，1995）。城市职能分类首先需讨论城市基本/非基本比率（B/N 比），常用的方法包括普查法、残差法、区位商法、正常城市法和最小需要量法；其次基于基本经济活动部分进行分类，常用的方法包括一般描述法、统计描述法、统计分析法和多变量分析法等。周一星在前人研究的基础上提出了著名的城市职能三要素理论，即专业化部门、职能强度和职能规模三要素（周一星，2010），对中国城市职能分类研究做出突出贡献。张复明和郭文炯（1999）对城市职能进行了有益的探讨，提出城市职能的结构属性和空间特征。城市职能研究是城市科学的重要组成，不少学者分别对广东（徐红宇，2004）、河南（翁桂芝，2007）、辽宁（刘海滨，2009）、云南（陈忠暖，1999）、长三角（樊福卓，2009）等地区的城市职能进行探讨，为区域发展规划提供了指导。淮海经济区核心区（以下简称淮海核心区）处于江苏、山东、河南、安徽四省交汇处，目前对该区域城市职能方面的研究不多，本文在以前研究的基础上进一步对其主要城市职能分类进行探讨（李陈，2009），为区域主要城市职能分工，城市和区域规划提供参考，也为其它省际边缘区发展提供借鉴。

一、研究区域

淮海核心区是淮海经济区的重要组成部分，位于苏、鲁、豫、皖四省交界处，由江苏的徐州、连云港、宿迁，山东的济宁、枣庄，河南的商丘和安徽的淮北、宿州组成。为促进区域协调可持续发展，2010年5月7日启动淮海核心区一体化，包括交通、产业、市场准入、物流、科技创新、金融服务、文化产业、人力资源、社会保障、环境保护等方面的协调与整合，进一步促进区域交通设施一体化，建立区域市场等协调机制，以期实现"双赢"。本文研究范畴为淮海核心区8个地级中心城市，部门指标均为市区数据，以期探讨淮海核心区中心城市基本职能。

二、职能指标的选取

由于2001年和2009年统计年鉴上部门从业人员统计中部分指标发生变动，为使得数据选取具有连续性和可比性，有必要对部分行业进行归并，在参考相关标准的基础上，对各职能部门从业人员进行筛选、归并：剔除"农林牧渔业"，反映城市职能的非农特征；将2000年和2008年的部门进行部分调整，得到职能结构基本相同且具有可比性的部门，它们依次为采掘业、制造业、建筑业、交通通讯业、商业、金融业、房地产业、社会服务业、科教文卫事业、行政管理。

三、淮海经济区核心区主要城市城市职能分类

（一）主要城市城市职能分类

1. 基本职能：区位商法

马蒂拉（J. M. Mattila）和汤普森（W. R. Thompson）提出区位商的分析方法，这种方法的实质是当某城市某部门比重大于全国或区

域比重时，认为该部门具有基本经济活动；当某城市某部门比重小于全国或区域比重时，该部门不具备基本经济活动，数学表达式为：

$$L_{ij} = \frac{e_i/e}{E_i/E}(i = 1, 2, 3, \cdots, n) \tag{1}$$

e_i——某城市中 i 部门从业人员数；

e——某城市中总从业人员数；

E_i——区域或全国 i 部门从业人员数；

E——区域或全国总从业人员数；

L_{ij}——区位商；

L_{ij} 大于 1 时的部门是具有基本活动部分的部门，L_{ij} 小于 1 时的部门则为不具备基本活动部分的部门。

$$B_i = e_i - \frac{E_i}{E} \cdot e \tag{2}$$

B_i 为剩余职工指数，当 B_i 大于 0 时，B_i 就为 i 部门从事基本活动的从业人员。

$$B = \sum_{i=1}^{n} B_i (B_i > 0) \tag{3}$$

B 表示某城市从事基本活动的总从业人员数。

由公式（1）知，区位商的分母可以是全国级部门比重也可以是区域级部门比重，由研究的具体情况而定。本研究选择淮海核心区主要城市区域级部门从业人员比重。选择区域级部门比重的理由：（1）经测算，如果选择全国级部门比重，那么 2000 年徐州、淮北、枣庄采掘业的区位商分别达到5.88、5.65、3.81，2008 年分别高达6.39、7.52、6.37，出现多个极大的区位商，而徐州市和淮北市采掘业从业人员却分别由

2000 年的 11.07 万人和 10.65 万人下降到 2008 年的 8.71 万人和 10.25 万人，对于矿业城市而言，在中国经济转型期间，城市经济结构不断优化升级的背景中，分母选择全国级部门比重，其区位商会出现过高的现象；（2）选择区域级部门比重，可以减少因区位商过高而带来的误判，因为研究区域中矿业城市比重占 37.5% 以上。选择该区域级部门比重，区位商在计算过程中可以得到一定程度上的抵消，可以较好地判别区域内部主要城市之间的经济社会联系，明晰区域主要城市职能分工。

分析淮海核心区主要城市的基本经济活动部分。首先，分别测算出 2000 年和 2008 年徐连宿（迁）淮宿（州）枣济商等主要城市的采掘业、制造业、建筑业、交通通讯业、商业、金融业、房地产业、社会服务业、科教文卫事业、行政管理两年的区位商（表 5.1.1）；其次，根据公式（2）测算出各城市各部门基本职工数，即剩余职工指数；最后，由公式（3）求出各城市基本职工数，即具备从事基本活动的总从业人员数。

表 5.1.1　2000 年和 2008 年淮海核心区主要城市区位商

部门＼城市	徐州	连云港	宿迁	淮北	宿州	枣庄	济宁	商丘
采掘业	**1.30**	0.21	0.00	**1.25**	0.00	0.84	0.01	0.00
	1.21	0.11	0.00	**1.42**	0.39	**1.20**	0.18	0.00
制造业	0.90	0.40	0.09	0.55	0.20	0.59	0.57	0.32
	0.86	0.83	0.27	0.22	0.17	0.60	**1.17**	0.37
建筑业	0.98	0.37	0.04	0.79	0.20	0.32	0.30	0.63
	0.54	0.67	0.17	0.14	0.98	0.42	0.68	0.89
交通通讯业	**1.70**	0.69	0.06	0.11	0.22	0.22	0.31	0.32
	2.13	0.76	0.10	0.15	0.21	0.23	0.43	0.49
商业	0.77	0.35	0.09	0.23	0.35	0.62	0.55	0.66
	0.86	0.62	0.11	0.35	0.37	0.51	0.89	0.78
金融业	0.73	0.55	0.10	0.27	0.41	0.77	0.45	0.34
	0.82	0.75	0.33	0.19	0.38	0.66	**1.12**	0.25

　　　　　　　　　　　诗意地栖居：多空间尺度的人居环境评价研究

城市 部门	徐州	连云港	宿迁	淮北	宿州	枣庄	济宁	商丘
房地产业	**1.35**	0.59	0.13	0.13	0.25	0.55	0.30	0.34
	0.13	0.44	0.01	**1.36**	0.12	**1.32**	0.95	0.17
社会服务业	0.82	0.35	0.14	**1.03**	0.14	0.36	0.31	0.49
	0.97	0.70	0.45	0.45	0.28	0.73	0.42	0.50
科教文卫事业	0.77	0.39	0.11	0.20	0.43	0.72	0.49	0.52
	0.99	0.48	0.35	0.36	0.52	0.65	0.57	0.58
行政管理	0.60	0.37	0.11	0.21	0.41	0.86	0.47	0.60
	0.64	0.40	0.35	0.25	0.37	**1.02**	0.82	0.65

注：表格中各部门上一行为 2000 年区位商，下一行为 2008 年区位商；
数据来源于中国统计出版社出版的《中国城市统计年鉴 2 001》和《中国城市统计年鉴 2009》。

区位商变化分析。以区位商 1 为临界值，大于 1 的部门具备基本活动，小于 1 则不具备基本活动。表 5.1.1 中，2000 年和 2008 年主要城市具备基本活动的部门有采掘业、制造业、交通通讯业、金融业、房地产业、社会服务业和行政管理；连云港、宿迁、宿州和商丘尚不具备基本经济活动，即这四座城市主要行业只能满足自身需求，不具备对外服务的功能。2000—2008 年，区位商上升的部门有徐州的交通通讯业，淮北的采掘业，枣庄的采掘业、房地产业和行政管理，济宁的制造业和金融业；区位商下降的部门有徐州的采掘业、房地产业，淮北的社会服务业。对于矿业城市而言，转型是采掘业区位商下降或上升的重要原因，就矿产资源采掘程度而言，徐州市、淮北市已进入衰退期，而枣庄市处于成熟期（胡兆量，2008）。非矿业城市，如宿迁缺少基本职能，城市经济活动仅能够自身需求。

城市经济基本活动分析。由公式可计算出各城市的剩余职工指数和从事基本活动的总从业人员数。2000 年，徐州的部门剩余职工指数分别为：采掘业 2.57 万人，交通通讯业 2.32 万人，房地产业 0.08 万人，合计 4.97 万人；淮北的部门剩余职工指数为：采掘业 5.64 万人，社会服务业 0.76 万人，合计 6.40 万人。2008 年，徐州的部门剩余职工指数分别为：采掘业 1.48 万人，交通通讯业 3.02 万人，合计 4.50 万人；淮北：采掘业 6.23 万人，房地产业 0.85 万人，合计 7.08 万人；枣庄：采掘业 3.09 万人，房地产业 0.58 万人，行政管理 0.83 万人，合计 4.50 万人；济宁：制造业 3.42 万人，金融业 0.54 万人，合计 3.96 万人。

根据城市经济基本活动分析结果，徐州具备对外服务的部门从业人员总数开始下降，而淮北开始上升，枣庄、济宁从无至有，对外服务功能开始显现。对于区位商为 1 的标准，笔者提出一些疑问：按照区位商为 1 的标准来划分有没有弹性？比如，徐州的对外服务的功能若按照这一标准就会下降，其中制造业、商业、金融业、社会服务业和科教文卫事业接近 1（甚至达到 0.99）而不被纳入对外服务的功能？亚欧大陆桥桥头堡连云港一个对外服务的功能都没有？

2. 职能分类：纳尔逊法

基本职能的分析可知，由区位商模型测算出来的基本经济活动部分的部门区分效果不佳。统计分析法和多变量分析法相结合，在区域或全国数量较多的城市职能分类研究中能够得到较好的运用，通过莫尔（C. L. More）回归模型确定城市部门职工最小需要量，或运用主成分分析和聚类分析的方法进行分类。然而，研究区域中涉及的城市数量较少，不便于分组和进行莫尔回归分析。纳尔逊（H. J. Nelson）模型中，采用各城市各部门比重算术平均值（M）和标准差（S.D）的方法，确定城市职能强度。本文则借助于马克斯维尔（J. W. Maxwell）的分类标准，再结合纳尔逊模型，确定城市基本职能（Basic Function）、城市优势职能（Dominant Function）和城市突出职能（Distinctive Function）。

城市基本职能是具备对外服务部分的部门，划分标准是部门比重均值加 0.5 个标准差（M+0.5S.D）；城市优势职能指在区域中不仅具有对外服务的功能，还具备一定的区域优势，划分标准是部门比重均值加 1 个标准差（M+S.D）；城市突出职能指区域专业化部门具有突出优势，富有地方特色，其专业化水平高于优势职能部门，划分标准是部门比重均值加 1.5 个标准差（M+1.5S.D）。这里将部门比重均值加标准差的值称为职能指数，反映区域中城市对外服务功能的强弱程度。突出职能和优势职能逐级向下兼容，即突出职能的部门包含优势职能，优势职能的部门包含基本职能。

由于城市职能分类主要是针对现状分析，将 2008 年淮海核心区主要城市进行职能分类（表 5.1.2）。淮海核心区主要城市城市职能分工差异明显，10 大部门中徐州具备 7 项基本职能，宿迁对外服务的功能为零，宿州只有建筑业 1 项部门具有对外服务功能。从职能指数上看，优势职能占大部分，基本职能其次，突出职能只有徐州和济宁拥有。对城市职能的定位还需要考虑规模因素，最终才能确定其区域功能的定位。

表5.1.2　基于纳尔逊法淮海核心区城市职能分类

部　门	基本职能 （M+0.5S.D）	优势职能 （M+S.D）	突出职能 （M+1.5S.D）
采掘业	—	徐州（0.275 2）、 淮北（0.323 9）、 枣庄（0.274 2）	—
制造业	徐州（0.190 2）、 连云港（0.183 9）	济宁（0.258 5）	—

部　门	基本职能 （M+0.5S.D）	优势职能 （M+S.D）	突出职能 （M+1.5S.D）
建筑业	—	宿州（0.056 9）、 商丘（0.052 1）	—
交通通讯业	—	—	徐州（0.179 5）
商业	商丘（0.037 6）	徐州（0.041 4）、 济宁（0.042 7）	—
金融业	徐州（0.031 6）、 连云港（0.029 1）	—	济宁（0.043 3）
房地产业	济宁（0.031 6）	淮北（0.045 5）、 枣庄（0.044 2）	—
社会服务业	连云港（0.013 6）、 枣庄（0.014 2）	徐州（0.019 0）	—
科教文卫事业	—	—	徐州（0.158 6）
行政管理	济宁（0.088 2）	枣庄（0.110 0）	—

注：数据来源于中国统计出版社出版的《中国城市统计年鉴2009》；城市名称后的括号中为各职能指数。

（二）城市职能分类：基于城市规模基础上的考虑

一般城市规模可选用非农业人口作指标（薛莹，2007），也可选用建成区面积反映城市规模（谈明洪，2003）。本文选择2008年主要地级市市区建成区面积反映规模而不选用人口作规模；若选市区非农业人口作为城市规模，则会产生一些不合理现象，如2008年宿迁市区的非农业人口规模达118.67万人，而宿迁尚不具备对外服务的功能，这与其城市规模不相称；济宁市区的人口规模仅为56.81万人[1]，这也与济宁市的区域金融中心和区域商业中心的地位不相符合。

---

[1] 2008年及以后山东省不再统计非农业人口，济宁非农业人口数据来源于《中国城市统计年鉴2007》。

将淮海核心区主要城市建成区面积除以京沪同期的平均水平，并将其划分为三大层次：I层次为徐州；II层次为枣庄、连云港、济宁；III层次为淮北、商丘、宿迁、宿州；为了使这种划分具有一定说服力，再引入经济总量变量并作比较，发现区域中心城市地区生产总值排名和建成区面积比重法划分的层次能够较好地吻合（表5.1.3）。

表5.1.3　2008年淮海核心区主要城市
建成区面积和GDP排名

城　　市	建成区面积（平方公里）	占京沪平均比重（%）	建成区比重排名	GDP（亿元）	GDP排名
徐　　州	187	17.02	1	1 039.17	1
枣　　庄	106	9.65	2	615.70	2
连云港	95	8.65	3	308.67	4
济　　宁	88	8.01	4	501.53	3
淮　　北	63	5.74	5	272.24	5
商　　丘	59	5.37	6	208.55	7
宿　　迁	58	5.28	7	244.80	6
宿　　州	46	4.19	8	191.79	8

说明：2008年北京和上海建成区面积分别是1 311和886平方公里，两者算术平方值是1 098.5平方公里；数据来源于中国统计出版社出版的《中国城市统计年鉴2009》。

四、小结

（1）运用区位商法动态分析淮海核心区主要城市基本职能，发现2000年只有徐州和淮北具有对外服务的职能，2008年具备对外服务功能部分的部门扩张到枣庄和济宁，徐州的对外服务功能下降。

（2）为克服区位商法分析的不足，采用纳尔逊法结合城市规模指标对淮海核心区主要城市进行职能分类，得出区域3大层次：I层次——区域特大型综合中心城市（徐州）；Ⅱ层次——区域大型综合中心城市（济宁、枣庄和连云港）；Ⅲ层次——区域中型中心城市（淮北、商丘、宿州和宿迁）。

（3）根据城市职能分类的分析，对主要城市职能进行定位，徐州可命名为区域交通、区域文化和区域经济中心；济宁可命名为区域金融中心、区域商业中心；枣庄和淮北可命名为区域工业中心；商丘和宿州可称为区域建筑业特色城市；连云港可称为区域制造业中心、区域金融中心；宿迁可称为发育中的中心城市。

（李陈.原文发表于：淮海工学院学报（自然科学版），2011，20（1）：80–84）

第二节　淮海经济区主要城市城市流强度
　　　　　　动态分析

一、引言

　　在全球化背景下，国家（地区）之间的经济联系进一步加强，城市之间的联系也越来越强，城市之间经济联系的表现形式——城市流的研究已成为国内外学术界关注的焦点。城市流是指城市间人流、物流、信息流、资金流、技术流等空间流在城市群内所发生的频繁、双向或多向的流动现象，它是城市间相互作用的一种基本形式（张弘鸥，2004）。城市流强度则是城市与外界联系中所产生的那些经济活动。从空间尺度上，我国关于城市流的研究主要集中在省内和省际两个侧面。在省内城市群的研究方面，王海江等（2007）选取河南省的 17 个城市对外服务功能的大小和城市流产业分布状况，将河南省划分为若干功能区；曹红阳等（2007）对黑龙江东部城市流强度分析，根据城市流强度大小，将黑龙江东部城市密集区的城市流强度划分为高、中、低三个层次；雷菁等（2006）利用城市流强度对江西省城市等级体系进行划分，得出省会城市南昌的城市流强度远高于其他城市；陶修华（2007）、杜军等（2006）分别对山东半岛城市群城市流强度进行研究；赵宇鸾等（2008）则对广西北部湾城市群进行研究；朱华友等（2008）对浙中城市群研究，得出浙中城市群的首位度偏低，是一个多核心、组团式城市群。在省际城市群的研究方面，主要集中在经济相对发达地区，如朱英明等（2002）通过沪宁杭城市密集区城市流研究，分析出沪宁杭城市密集区城市流受第三产业的影响最为深刻；张虹鸥等（2004）对珠江三角洲城市群城市流强度研究，得出高城市流强度值城市为广州、深圳，是城市群区域联系的中心，中城市流强度值城市为珠海、佛山，是区域联系的副中心，低城市流强度值城市为东莞、中山、江门、惠州、肇庆，是地方集聚与辐射的中心；姜博等（2008）对辽中南城市群城市流分析，结果表明，除沈阳、大连外，群内其他城市的城市流强度值均较低，一些资源型城市的城市流强度值甚至为零，城市总体经济实力与城市流倾向度的相对比例关系不够协调，城市群结构不优，一体化程度不高，整体功能不强。而对于经济欠发达地区城市群的城市流研究相对较少，为此，本文则运用城市流强度模型探讨经济发展水平较低的淮海经济区主要城市空间相互关系，为欠发达地区相关城市群的发展提供借鉴意义。

二、区域概况、数据来源与分析方法

（一）区域概况

成立于 1986 年的淮海经济区位于苏、鲁、豫、皖四省接壤地带，涉及 20 个地级市，即苏北的徐州市、连云港市、淮安市、盐城市和宿迁市，鲁南的菏泽市、泰安市、莱芜市、济宁市、日照市、枣庄市和临沂市，豫东的开封市、商丘市和周口市，皖北的蚌埠市、淮北市、宿州市、阜阳市和亳州市。淮海经济区经过 20 多年发展，特别是 20 世纪 90 年代中期以来，淮海经济区在经济资源共享、产业优势互补和市场建设互融等方面的区域合作取得丰硕成果，使该区综合实力不断增强。但由于历史等多种因素，该区经济发展一直滞后于沿海其他地区，依然是环渤海和长三角之间经济发展的"断裂带"和我国东部沿海经济发展的低谷区。

（二）数据来源

交通运输仓储及邮政业、批发和零售业、金融业、房地产业、租赁和商业服务业、科学研究、技术服务和地质勘查业和教育的从业人员数、总从业人数、各城市市辖区人均国内生产总值等数据均来源于中国统计出版社出版的《中国城市统计年鉴 2004》和《中国城市统计年鉴 2008》。

（三）研究方法

运用区位商原理、城市流强度模型对淮海经济区主要城市 20 个地级市市区的主要外向部门的区位商（Lq_{ij}）、外向功能量（E_i）、城市流强度（ϕ_i）等指标进行测算，并将所得数据进行比较与分析，试图寻找城市流变化的一般规律。

城市流强度的计算过程如下，其公式为

$$\phi_i = \lambda_i \cdot E_i \tag{1}$$

（1）式中，ϕ_i 为第 i 城市的城市流强度；λ_i 为第 i 城市的城市功能效益，一般以从业人员人均 GDP 表示；E_i 为第 i 城市的城市外向功能量，城市流强度说明了城市与外界（城市与城市或城市与农村）联系的数量指标。

我们选择了城市从业人员作为城市功能量的度量指标，即某城市是否具有外向功能量 E_i，主要取决于该城市某部门从业人员的区位商。

i 城市 j 部门从业人员区位商 Lq_{ij}：

$$Lq_{ij} = \frac{M_{ij}/M_i}{N_j/N}(i = 1, \ 2, \ \cdots, \ n, \ j = 1, \ 2, \ \cdots, \ m) \quad (2)$$

(2)式中，M_{ij} 为 i 城市 j 部门从业人员数量；M_i 为 i 城市总从业人员数量；N_j 为全国 j 部门从业人员数量；N 为全国总从业人员数量。若 $Lq_{ij} < 1$，则 i 城市 j 部门不存在外向功能，即 $E_{ij} = 0$；若 $Lq_{ij} > 1$，则 i 城市 j 部门存在外向功能，因为 i 城市的总从业人员中分配给 j 部门的比例超过了全国的分配比例，即 j 部门在 i 城市中相对于全国是专业化部门，可以为城市外界区域提供服务。因此，i 城市 j 部门的外向功能为

$$E_{ij} = M_{ij} - N_j(N_j/N) \quad (3)$$

而 i 城市 m 个部门总的外向功能量为

$$E_i = \sum_{j=1}^{m} E_{ij} \quad (4)$$

因为 i 城市的功能效率 λi，我们用人均从业人员 GDP 表示（$\lambda i = GDP_i/M_i$），则 i 城市的城市群城市流强度值分析市流强度为

$$\phi i = \lambda i \cdot E_i = (GDP_i/M_i)E_i = GDP_i(E_i/M_i \quad (5)$$

(5)式中 E_i/M_i 反映了 i 城市外向功能量占总功能量的比例，即 i 城市总功能量的外向程度。如果令

$$K_i = E_i/M_i \quad (6)$$

(6)式中的 K_i 为城市流倾向度，城市流倾向度增强意味着该城市的总功能量的外向程度得到增强，说明它在带动本区域经济增长

诗意地栖居：多空间尺度的人居环境评价研究

中起到了重要作用；城市流倾向度下降则正好相反。

三、主要城市外向型服务部门区位商及外向功能量

（一）外向型服务部门区位商分析

由（2）式测算出淮海经济区主要城市外向型服务部门区位商（表5.2.1）。区位商大于1，则具备专业化水平，区位商小于或等于1，则不具备专业化水平，区位商越大专业化程度越高。这里对2003年和2007年淮海经济区主要城市区位商比较分析。

从城市外向型服务部门是否具备专业化水平的角度看，淮海经济区主要城市专业化水平有升有降，变化不大。2007年主要外向型服务部门区位商相对于2003年上升较小，甚至个别服务部门区位商出现下降现象，如交通运输仓储及邮政业，连云港的区位商由2003年的2.08下降到2007年的1.9。淮海经济区主要外向型服务部门辐射能力弱，一个重要的原因是，该区域处于工业化初期向中期过渡阶段，第二产业占重要地位，外向型服务部门尚不能形成规模，城市与城市之间的经济社会联系及城市与周边区域的联系难以发挥对外服务的功能，城市外向型服务部门专业化水平低。

（二）外向型服务部门外向功能量分析

由（3）式测算出淮海经济区主要城市外向功能量（表5.2.2），对2003年和2007年淮海经济区主要城市外向功能量比较分析。

2003年，交通运输及邮政业的总外向功能量为6.7万人，徐州所占比重超过40%；批发和零售业计3.67万人，宿州最高，为0.75万人；金融业总外向功能量为2.61万人，区域内大部分城市具备外向功能量，但普遍不强；房地产业总外向功能量仅0.1万人，外向功

表5.2.1 淮海经济区主要城市外向型服务部门区位商（Lqij）比较

城 市	交通运输仓储及邮政业		批发和零售业		金融业		房地产业		租赁和商业服务业		科学研究、技术服务和地质勘查业		教 育	
	2003	2007	2003	2007	2003	2007	2003	2007	2003	2007	2003	2007	2003	2007
徐 州	2.24	2.49	0.71	0.51	0.67	1.09	0.41	0.17	0.18	0.05	0.22	0.60	0.75	1.01
连云港	2.08	1.90	0.80	0.73	1.38	1.29	0.93	1.16	1.11	0.41	0.76	0.67	1.01	0.98
淮 安	0.75	0.58	1.26	0.77	1.65	1.32	0.39	0.44	0.46	0.76	0.30	0.19	1.73	1.72
盐 城	1.08	0.93	1.28	1.72	1.59	1.56	1.25	0.35	0.60	0.60	0.40	0.47	1.01	1.47
宿 迁	0.95	0.50	0.84	0.61	1.00	0.77	1.00	0.17	0.00	0.18	0.27	0.24	1.84	3.16
蚌 埠	1.97	1.78	0.73	0.68	1.47	1.75	0.70	0.39	0.49	1.73	1.44	1.56	0.95	1.24
淮 北	0.20	0.29	0.40	0.61	0.36	0.36	0.11	0.06	3.32	3.27	0.43	0.17	0.41	0.82
阜 阳	1.67	1.68	1.16	1.39	1.26	1.05	0.45	0.40	0.20	0.55	0.40	0.33	1.89	1.75
宿 州	1.21	0.61	2.35	0.88	1.07	1.04	0.49	0.21	0.05	0.00	0.42	0.79	2.43	1.8
亳 州	0.48	0.34	1.75	1.25	1.27	2.20	1.24	0.67	0.08	0.07	0.12	0.66	2.53	2.76
枣 庄	0.36	0.28	0.76	0.57	0.83	0.50	0.44	0.45	2.22	1.71	0.25	0.23	1.29	1.11
济 宁	1.11	0.75	1.11	0.88	1.46	1.99	0.41	0.90	0.54	0.58	0.42	0.37	1.21	1.12
泰 安	0.60	0.61	1.19	0.60	1.61	1.27	0.61	0.56	0.33	0.23	0.77	0.64	2.02	1.65
日 照	1.73	1.64	1.15	0.98	1.16	1.13	0.54	0.46	0.24	0.12	0.26	0.26	1.41	1.24
芜 湖	0.26	0.21	0.67	0.56	0.62	0.54	0.20	0.15	0.10	0.18	0.21	0.10	1.21	1.39
临 沂	0.78	0.51	0.95	0.64	1.51	1.64	0.32	0.21	1.00	1.25	0.42	0.29	1.70	1.27
菏 泽	1.34	1.09	1.15	1.07	1.94	1.39	0.27	0.27	0.85	0.48	0.40	0.45	1.90	1.50
开 封	0.47	0.53	1.76	1.86	1.23	1.18	1.15	0.71	0.52	0.47	0.46	0.47	1.20	1.50
商 丘	1.36	1.34	1.82	1.95	0.74	0.84	0.40	0.16	0.28	0.39	0.41	0.39	1.76	1.73
周 口	1.61	1.67	1.31	1.52	1.22	2.48	0.93	0.91	0.20	0.11	0.35	0.46	0.89	0.91

资料来源：《中国城市统计年鉴2004》和《中国城市统计年鉴2008》数据计算。

诗意地栖居：多空间尺度的人居环境评价研究

表 5.2.2　淮海经济区主要城市外向型服务部门外向功能量（E_{ij}）比较（单位：万人）

城市	交通运输仓储及邮政业 2003	交通运输仓储及邮政业 2007	批发和零售业 2003	批发和零售业 2007	金融业 2003	金融业 2007	房地产业 2003	房地产业 2007	租赁和商业服务业 2003	租赁和商业服务业 2007	科学研究、技术服务和地质勘查业 2003	科学研究、技术服务和地质勘查业 2007	教育 2003	教育 2007
徐州	2.71	1.97	0.00	0.00	0.00	0.11	0.00	0.00	0.00	0.00	0.00	0.00	0.00	0.02
连云港	0.98	0.94	0.00	0.00	0.18	0.17	0.00	0.05	0.04	0.00	0.00	0.00	0.01	0.00
淮安	0.00	0.00	0.31	0.00	0.44	0.25	0.00	0.00	0.00	0.00	0.00	0.00	1.21	1.28
盐城	0.06	0.00	0.19	0.58	0.23	0.33	0.04	0.00	0.00	0.00	0.00	0.00	0.01	0.63
宿迁	0.00	0.00	0.00	0.00	0.00	0.33	0.00	0.00	0.00	0.00	0.00	0.00	0.18	1.08
蚌埠	0.88	0.71	0.00	0.00	0.22	0.00	0.00	0.00	0.00	0.24	0.17	0.18	0.00	0.24
淮北	0.00	0.00	0.11	0.25	0.00	0.02	0.00	0.00	1.16	1.19	0.00	0.00	0.00	0.00
阜阳	0.51	0.78	0.75	0.00	0.10	0.02	0.00	0.00	0.00	0.00	0.00	0.00	0.85	0.81
宿州	0.13	0.00	0.26	0.07	0.02	0.24	0.02	0.00	0.00	0.00	0.00	0.00	1.09	0.83
亳州	0.00	0.00	0.00	0.00	0.05	0.00	0.00	0.00	0.63	0.50	0.00	0.00	0.73	0.80
枣庄	0.00	0.00	0.09	0.00	0.23	0.61	0.00	0.00	0.00	0.00	0.00	0.00	0.57	0.23
济宁	0.10	0.00	0.15	0.00	0.29	0.16	0.00	0.00	0.00	0.00	0.00	0.00	0.25	0.17
泰安	0.00	0.00	0.09	0.00	0.05	0.06	0.00	0.00	0.00	0.00	0.00	0.00	1.16	0.86
日照	0.46	0.74	0.00	0.00	0.00	0.00	0.00	0.00	0.00	0.00	0.00	0.00	0.33	0.25
莱芜	0.00	0.00	0.00	0.00	0.28	0.53	0.00	0.00	0.00	0.00	0.00	0.00	0.23	0.45
临沂	0.00	0.00	0.00	0.00	0.31	0.19	0.00	0.00	0.00	0.16	0.00	0.00	0.93	0.51
菏泽	0.21	0.81	0.08	0.05	0.14	0.10	0.04	0.00	0.00	0.00	0.00	0.00	0.71	0.57
开封	0.00	0.00	0.80	0.68	0.00	0.00	0.00	0.00	0.00	0.00	0.00	0.00	0.29	0.98
商丘	0.30	0.77	0.64	0.61	0.00	0.00	0.00	0.00	0.00	0.00	0.00	0.00	0.81	0.96
周口	0.36	0.61	0.17	0.26	0.07	0.56	0.00	0.00	0.00	0.00	0.00	0.00	0.00	0.00

资料来源：《中国城市统计年鉴 2004》和《中国城市统计年鉴 2008》数据计算。

能量普遍弱；租赁和商业服务业为 1.83 万人，淮北最高，占 63%；科学研究、技术服务和地质勘查业只有蚌埠有外向功能量；教育业淮海经济区各城市外向功能量普遍较强。

2007 年，交通运输仓储及邮政业徐州为 1.97 万人，仍占有重要的比重；批发和零售业宿州降为零；金融业大部分城市具备外向功能量，略有提高；房地产业、租赁和商业服务业及科学研究、技术服务和地质勘查业变化不大；教育业外向功能量在保持较高水准的基础上进一步上升。

2003—2007 年，由（4）式得出总外向功能量，淮海经济区各城市呈"略微上升，变化不大"的特点。连云港、淮北、亳州、济宁、日照、莱芜、临沂 7 个城市总外向功能量变化不大；而盐城、宿迁、蚌埠、阜阳、菏泽、开封、商丘和周口 8 个城市略微增强；徐州、淮安、宿州、枣庄、泰安 5 个城市相对减弱。个别城市总外向功能量变化明显，如宿迁市外向功能量显著增强，一方面，受行政区划因素的影响（2004 年，宿豫县并入宿迁市，设宿豫区）；另一方面，政府的投入加强，带动城市发展。

2003 年到 2007 年淮海经济区主要城市内部联系并没有显著增强，尽管一些城市的个别行业外向功能量较强，如徐州的交通运输仓储及邮政业，但是许多行业甚至没有外向联系，城市之间对外服务的功能弱，淮海经济区缺少一个或者几个强有力的核心，空间组织松散。

四、城市流强度和城市流倾向度分析

根据 2003 年和 2007 年各城市的人均国内生产总值（λi）以

及各城市的外向功能量（Ei），由（1）式、（5）式和（6）式测算出各城市的城市流强度 ϕi 和城市流倾向度 Ki，结果归纳在表5.2.3。从表5.2.3 中可以看出，2007 年与 2003 年相比，淮海经济区城市流强度值 ϕi 有 11 个城市增强，9 个城市反而变弱，反映淮海经济区主要城市之间的资金、技术、信息、服务业交流并不是逐渐增多，实物交流依然占有相当的地位，表现在城市之间的交通运输仓储及邮政业、批发和零售业、金融业和教育方面外向功能量略显增强或者变化不大。房地产业，租赁和商业服务业和科学研究、技术服务和地质勘查业之间的交流并不明显，反映淮海经济区在这些行业上各个城市很少甚至没有外向功能量。淮海经济区主要城市之间，外向型服务部门联系少，城市之间很难发挥辐射能力。

表5.2.3　淮海经济区主要城市城市流强度 ϕi 与
城市流倾向度 Ki 比较

城　市	ϕi（1） 2003 年	Ki（2） 2003 年	ϕi（3） 2007 年	Ki（4） 2007 年	（4）－ （2）	（3）－ （1）
徐　州	0.08	2 056.44	0.07	3 217.76	1 161.32	−0.01
连云港	0.09	2 080.03	0.08	2 920.15	840.12	−0.01
淮　安	0.10	928.22	0.07	1 270.75	342.53	−0.03
盐　城	0.05	822.46	0.10	2 435.27	1 612.82	0.05
宿　迁	0.07	733.99	0.19	2 427.14	1 693.15	0.12
蚌　埠	0.09	1 270.73	0.15	3 218.99	1 948.26	0.06
淮　北	0.05	596.20	0.07	1 251.38	655.18	0.02
阜　阳	0.14	553.19	0.15	1 118.78	565.59	0.01
宿　州	0.22	890.32	0.07	638.95	−251.37	−0.15
亳　州	0.19	987.97	0.21	1 627.10	639.13	0.02
枣　庄	0.05	525.33	0.03	736.89	211.57	−0.02

城　市	ϕi（1） 2003 年	Ki（2） 2003 年	ϕi（3） 2007 年	Ki（4） 2007 年	（4）－ （2）	（3）－ （1）
济　宁	0.05	669.95	0.06	1 756.76	1 086.81	0.01
泰　安	0.12	1 614.92	0.07	1 828.69	213.78	−0.05
日　照	0.10	1 364.78	0.09	2 817.59	1 452.81	−0.01
莱　芜	0.02	240.09	0.03	950.83	710.74	0.01
临　沂	0.08	1 106.64	0.05	1 721.30	614.66	−0.03
菏　泽	0.14	568.99	0.12	1 124.07	555.09	−0.02
开　封	0.07	749.26	0.11	1 664.80	915.54	0.04
商　丘	0.14	806.40	0.19	1 917.54	1 111.14	0.05
周　口	0.07	774.68	0.14	2 040.22	1 265.54	0.07

资料来源：《中国城市统计年鉴 2004》和《中国城市统计年鉴 2008》数据计算。

从城市流倾向度看，除宿州，淮海经济区其他城市的城市流倾向度都有一定增强，说明淮海经济区主要城市对外服务的功能有一定的提高，可是这种提高是相对的，原有的城市流强度本身就很低，4 年后的城市流强度不但没有提高反而下降，城市流倾向度的提高只是相对意义上的提高。淮海经济区的发展既要加强区域内主要城市之间的联系，又要加强与环渤海和长三角之间的联系。今后，除了应进一步加强城市综合服务能力的建设以外，强化城市的总体实力更为迫切，只有这样，才能带动区域经济发展。

五、主要结论

（1）淮海经济区主要城市的城市流强度普遍较低，城市与城市之间对外服务的功能弱。

（2）淮海经济区主要城市缺少一个或多个有力的中心城市，从选取的指标测算，位于淮海经济区中心的徐州市对外服务功能弱，徐州市只有交通运输仓储及邮政业的外向功能量强，其余甚至没有外向功能量。

（3）淮海经济区主要城市城市流强度弱，不仅反映出淮海经济区城市之间的联系少，还说明了淮海经济区产业结构不尽合理，第三产业比重低。因此，及时调整产业结构，促进产业结构优化升级，发挥劳动力资源优势，是淮海经济区主要城市发展的出路。

（李陈，欧向军，黄翌等.原文发表于：淮阴工学院学报，2009，18（6）：46－51）

第三节 上海市区域经济差异演化及原因分析

区域经济差异是区域发展过程中普遍存在的经济现象和社会现象，早在 20 世纪 50 年代，西方著名经济学家就提出区域经济差异理论，如佩鲁（Perroux）的增长极理论、缪尔达尔（Myrdal）的二元经济结构理论、赫希曼（Hirschman）的"核心-边缘"理论等，分别从各自角度解释了区域经济差异的成因。国内学者在学习和吸收西方区域经济差异理论和方法的基础上，就中国区域经济和社会发展差异现象做了大量的探索和有益的实证研究。在国家尺度的研究上，程永宏认为改革开放以来中国总体基尼系数、城乡内部和城乡之间的基尼系数处于上升态势（程永宏，2007），周民良（1997）指出中国区域差异的现状、成因、影响和区域政策，并通过实证研究得出改革开放以来中国的区域经济差异主要表现为南北方向，刘夏明和魏英琪等（2004）对 1980—2001 年中国区域经济差异进行考察，得出中国区域经济总体差距在 20 世纪 80 年代有所下降，而到 90 年代却呈上升的趋势，李小建和乔家君（2001）首次运用县域经济数据分析了 1990—1998 年中国的县域经济差异演化概况，等等；在省域尺度的研究上，欧阳南江（1993）利用 1980、1984、1990 年广东省各县的人均国民收入（PNI）数据分析其区域经济差异情况，欧向军对江苏省的区域经济差异演化进行了深入探讨，指出苏南、苏中与苏北区域之间差异和区域内部差异呈现不断扩大的态势（欧向军，2004a，b），孙希华和张淑敏（2003）定性和定量分析了山东省的区域经济差异动态变化情况，陈培阳和朱喜钢（2011）以福建省为例，分析了其区域差异特征和动力机制，孙丽萍（2010）利用泰尔指数计算出云南省区域经济差异概况，李吉芝和秦其明（2004）利用辽宁省的统计数据对其经济发展指标的标准差、变异系数、离差、比率、相对发展速度进行计算，分析了辽宁省内部区域经济差异的总体特征和空间特征，等等。

以上研究表明，国内学者对中国和省域的区域经济差异研究颇多，而对直辖市区域经济差异的关注相对较少。这里以上海为例，运用泰尔指数、基尼系数、变异系数等多种区域经济差异的分析方法，比较分析 20 世纪 90 年代中期以来上海区域经济差异演化，并就成因做初步分析。研究范围以上海市 2011 年 6 月份行政区划为准，包括黄浦、徐汇、长宁、静安、普陀、闸北、虹口、杨浦 8 个中心城区（市区）和浦东、闵行、宝山、嘉定、金山、松江、青浦、奉贤和崇明 9 个郊区（县），共计 17 个区县，分析时段为 1995—2009 年。

一、研究方法和数据来源

（一）研究方法

运用基尼系数、泰尔指数和变异系数分析上海区县经济发展差异变化情况，并通过泰尔指数测得上海区县经济发展组间差异和组内差异。

变异系数又称变差系数或标准差系数，它是反映总体差异的相对指标，可用来对比不同时段的区域差异变化程度，计算公式为：

$$CV = \frac{S}{\overline{Y}} = \frac{1}{\overline{Y}} * \sqrt{\frac{\sum\limits_{i=1}^{n} (Y_i - \overline{Y})^2}{N}} \qquad (1)$$

其中，CV 为变异系数，S 为标准差，$\overline{Y}$ 为指标平均值。

基尼系数是区域发展差异实证研究中常用的一种测量方法，将所有区域的指标值对取差，再加所有的绝对差距，计算公式为：

$$G = \frac{1}{2n^2\mu} \sum\limits_{i=1}^{n} \sum\limits_{j=1}^{n} n_i n_j \mid y_i - y_j \mid \qquad (2)$$

G 为基尼系数，n 为区域总数，μ 为评估指标的均值，n_i 和 n_j 分别为 i 和 j 区域指标占总体指标比重，y_i 和 y_j 分别为 i 和 j 区域的评估指标值。基尼系数越大，表明区域之间的差异越大。

泰尔运用信息理论提出了一种可按加法分解的不平等系数即泰尔指数，计算公式为：

$$I(0) = \frac{1}{N} \sum\limits_{i=1}^{N} \log \frac{\overline{y}}{y_i} \qquad (3)$$

式中：N 为区域个数，y_i 是 i 地理区域的人均收入，$\overline{y}$ 是 y_i 的平均值 $\left(\sum\limits_{i=1}^{N} y_i \middle/ N \right)$。

如果将所有的区域按一定的方法划分成 r 组，那么，泰尔指数可以进一步分解如下：

$$I(0) = \sum\limits_{g=1}^{G} P_g I(0)_g + \sum\limits_{g=1}^{G} P_g \log \frac{P_g}{v_g} \qquad (4)$$

上式第一项每一组内各区域之间的平均差异，第二项则表示各组之间的平均差异，v_g 表示第 g 组收入在总收入中的分享，P_g 则表示第 g 组指标在区域总指标中的分享。泰尔指数越大，表明区域之间的差异越大。

（二）数据来源

1990—2010 年上海各区县常住人口和户籍人口数据来源于中国统计出版社出版的 1991—2010《上海统计年鉴》（1990—2004 年采用户籍人口、2005—2010 年采用常住人口作统计），1995—2009 年上海各区县 GDP 数据采集于上海地方志办公室网站公布的 1996—2010《上海年鉴》，土地面积、工业产值等指标也来源于《上海统计年鉴》。研究中涉及的大部分数据可获取，个别区的 GDP 缺失数据采用趋势外推方法求得。

二、区域经济发展特征

（一）经济总量：郊县大于市区

1995 年，市区 GDP 为 204.19 亿元，而郊县的 GDP 为 906.58 亿元（浦东新区占 51.63%），市区中地区生产总值最小的长宁区为 16.90 亿元，仅占经济规模最大浦东新区的 3.61%；2009 年，郊县的地区生产总值为 8 683.68 亿元，是市区 GDP 的 2.79 倍，市区中经济规模最小的闸北区仅占经济规模最大的浦东新区的 2.53%。2009 年，市区的工业总产值为 2 204.00 亿元，仅占郊县的 8.27%，其中浦东新区的工业总产值达 8 481.78 亿元，是整个市区的 3.85 倍。无论从地区生产总值，还是从工业总产值上看，上海郊县的经济规模都大于市区。

（二）发展速度：市区快于郊县

区域差异的产生，并不是一些区域经济水平上升，另一些区域经济水平下降引起的，而是所有区域经济水平都有上升，只是经济增长的速度不同，增长越快，产生的区域差异越大，增长越慢，差异越小（欧向军，2006）。区域经济的发展速度大多数以 GDP 或人均 GDP 的年均增长率来表示，1995—2009 年上海区县经济增长呈现市区快于郊县的格局。地区生产总值中，1995—2009 年徐汇区的年均增长率达 29.29%，高出最低年均增长率崇明县 17.15 个百分点，市区 GDP 年均递增 21.49%，高出郊县 3.97 个百分点；人均 GDP 中，1995—2009 年虹口区人均 GDP 年均递增 28.86%，高出最低年均增长率嘉定区 18.29 个百分点，郊县整体人均 GDP 年均增长率为 12.22%，低于市区 9.05 个百分点。

（三）发展水平：市区高于郊区

2009 年上海人均 GDP 最高的黄浦区达 10.51 万元，最低的杨浦区仅 1.10 万元，两者相差近 10 倍，而同年上海全市的人均 GDP 达到 7.31 万元，同时，市区的人口密度高达 2.26 万人/平方公里，是郊县的 10.8 倍，所以，人均 GDP 指标比较上海区县平均发展水平差异情况不妥。选用 GDP 密度来表示上海发展水平差异更贴近实际，1995—2009 年中心城区（市区）的 GDP 密度一直高于郊县，并且 2005 年以来市区 GDP 密度增长开始加速，出现远快于郊县的格局。2009 年，市区 GDP 密度最高的黄浦区达到 41.18 亿元/平方公里，而郊县 GDP 密度最低的崇明县仅为 1 439 万元/平方公里，两者相差 286.18 倍。

（四）经济效益：市区好于郊县

产业构成上看，市区优于郊县，2009 年上海中心城区和郊县的一二三产业产值比重分别为 0.00：15.62：84.38 和 1.10：52.92：45.98，显然，中心城区产业构成为"三二"型，优于郊县的产业构成"二三一"型，市区的第三产业比重拥有绝对优势。企业收益性分析，市区的经济效益好于郊县，2005 年，市区净利润率为 7.35%（净利润率等于利润总额比上主营业务收入），郊县净利润率为 5.52%，低于市区 1.83 个百分点，而 2010 年市区净利润率提高到 11.06%，高出郊县 4.12 个百分点，市郊的工业产业效益差异在扩大，市区经济效益好于郊县，反映市区的经济增长更集约。

三、区域经济差异演化

以 2011 年 6 年份上海行政区划计算出来的各区县 GDP 密度作为测算上海市区域经济差异的标准。

（一）总体差异

1995—2009 年，上海区县区域经济差异总体上呈扩大的态势，泰尔指数、基尼系数和变异系数分别经历"扩大—缩小—扩大""缩小—扩大"和"缩小—扩大"的过程，差异过程大致可按 2005 年作为分界线，划分为两个发展阶段：

1995—2005 年区域经济总体差异平缓变化阶段。泰尔指数由 1995 年的 0.198 4 扩大到 2002 年的 0.231 7，增加 16.79%，再缩小到 2005 年的 0.217 7，缩小 6.05%，而 2005 年的泰尔指数相对 1995 年却扩大 9.71%。基尼系数由 1995 年的 0.603 6 下降到 2005 年的 0.545 5，年均递减 1.01%。1995—2005 年，变异系数基本保持递减趋势，1995 年变异系数为 0.320 2，到了 2005 年下降到 0.227 6，年均递减 3.36%。总体上这一阶段上海区域经济差异呈现较平缓的变化。

2005—2009 年区域经济总体差异波动增长阶段。2005—2007 年，泰尔指数增长较快，由 2005 年的 0.217 7 扩大到 2007 年的 0.268 1，年均递增 10.98%，2008 年达到最大值 0.282 7，相对 2005 年扩大了 1.30 倍。基尼系数先由 2005 年 0.545 5 上升到 2006 年的 0.616 4，再下降到 2008 年的 0.602 9，2009 年回升到 0.645 3，呈波动增长态势。而这一时段的变异系数的波动性更大，经过"上升—下降—上升"的过程，总体上变异系数呈递增趋势，2005—2009 年平均递增 8.49%，反映这一阶段上海区域经济差异呈现扩大态势。

经过十年发展，上海市区域差异的三大差异指数均在 2005 年下降到最小值，而 2009 年则达到最大值。2005 年前区域差异变化较平缓，2005 年以后区域差异变化较大，总体上呈现扩大的态势。区域差异不仅要分析经济发展的总体差异情况，还有必要了解内部构成，即进一步分析其内部差异和区域之间差异。

（二）组内差异和组间差异

泰尔指数为分析区域经济差异提供了良好的分解方法，它既能测得区域发展的总体差异情况，又能得出区域发展的组间差异和组内差异。基于此，以 1995—2009 年上海各区县的地区生产总值和 2010 年的行政区划面积作基础数据，计算出上海区域内部和区域之间差异演化趋势。泰尔指数内部差异的计算涉及分组，以黄浦、徐汇、长宁、静安、普陀、闸北、虹口、杨浦 8 个中心城区为组一和以浦东、闵行、宝山、嘉定、金山、松江、青浦、奉贤和崇明 9 个郊区（县）为组二分别计算中心城区内部差异、郊区内部差异等组内差异和城郊差异组间差异。

1995—2005 年，中心城区内部差异呈平缓"下降—回升"的态势，1995 年中心城区内部差异泰尔指数为 0.004 8，2003 年降到最小值 0.003 9，2005 年回升到 0.004 1，总体呈缓慢递减趋势，期间年均

诗意地栖居：多空间尺度的人居环境评价研究

递减 1.45%，2005—2009 年，中心城区内部差异呈急剧扩大的态势，2006 年内部泰尔指数达 0.008 7，是前一年的 2.12 倍，2007 年和 2008 年有所回落，但幅度不大，到 2009 年城区内部差异指数达峰值 0.009 1，相对 2005 年扩大 2.22 倍；与此同时，郊区内部差异总体上呈扩大态势，1995 年郊区内部泰尔指数为 0.156 4，2004 年达到 0.200 9，扩大 1.28 倍，2005 年有所回落，缩小 2.44%，2006—2009 年郊区内部差异指数维持在 0.20 以上。

城郊之间差异呈"缩小—扩大"的态势。1995 年城郊组间差异泰尔指数为 0.037 2，而 2005 年降到 0.017 5，年均递减 7.24%，而 2009 年又达到最大值 0.072 9，相对 2005 年年均递增 42.77%。通过多种差异指数测度，不论是总体差异，还是内部差异，都可以判断，2005 年是上海市区域经济差异演变的"分水岭"。2005 年前总体差异变化颇缓，2005 年之后区域差异变化较大，中心城区内部差异和城郊差异泰尔指数急剧扩大，基尼系数和变异系数也呈较大变化。

四、区域差异原因分析

（一）城市化和郊区化双向推动

城市化和郊区化是 2005 年成为上海区域差异拐点的重要原因之一。特大城市的城市化发展到一定发展阶段，能够不断地吸引要素向其集中，产生极化作用。以来沪外来人口为例，无论是中心城区还是郊区，上海都具有很大的吸引力。2005 年来沪外来人口 438.40 万人，2010 年达到 897.95 万人，累计增长 459.65 万人，而户籍人口仅由 2005 年的 1 340.02 万人增加到 2010 年的 1 404.71 万人，累计增长 64.69 万人，户籍人口增长规模远不如外来人口的增长。2005 年，市区和郊县的外来人口数分别是 97.12 和 341.28 万人，到了 2010 年两者外来人口数分别达到 173.35 和 724.59 万人，市区和郊县外来人口分别增长 1.78 和 2.12 倍。从人口密度变化上看，郊区人口密度变化要远快于中心城区。1990—2004 年，上海中心城区平均人口密度由 2.43 万人/km^2 下降到 2.14 万人/km^2，2010 年中心城区人口密度又回升到 2.41 万人/km^2，2004—2010 年，年均递增2.02%；郊县人口密度基本呈上升态势，郊县平均人口密度由 1990 年的 0.095 万人/km^2 迅速上升到 2010 年的 0.27 万人/km^2，年均递增 5.24%。

（二）产业转移带来的影响

产业转移能够给经济增长带来活力，它为经济微观主体——企业的发展提供更大的生存空间，产业优化升级又是区域可持续发展的动力，一方面它拉动经济的增长，另一方面造成区域经济极化，对区域经济总量和结构演化上带来深刻影响。以上海市工业就业人员和工业单位数变化为例，2005 年，中心城区和郊县工业就业人员分别为 35.49 和 226.00 万人，2010 年分别变为 21.16 和 270.50 万人；中心城区的工业单位数由 2005 年的 1 835 个下降到 2010 年的 1 174 个，而郊县的工业单位数由 2005 年的 12 907 个上升到 2010 年的 15 462 个，这一变化过程反映上海的产业不断地从市区向郊区转移的过程，第二产业从业人员更是随之变化，产业优化升级为上海的经济、社会和环境诸多层面带来深远的影响。

（三）区域投资政策的影响

以开发区和服务业集聚区的建设为主体的区域投资政策极大地带动区域整体水平，同时也促使生产和生活要素重新调配、组合，导致区域经济差异化增长。从上海的 4 个国家级经济技术开发区上看，国家级开发区的建设和发展既有力地带动上海整体实力，又导致上海区域经济产生极化。闵行经济技术开发区的开发建设极大地带动了闵行区的经济增长，2009 年闵行开发区实现销售收入 391.04亿元，世界 500 强企业投资的项目占园区企业总数的 40%；虹桥经济技术开发区的建设促进上海市区西部的发展，虹桥开发区引进外资项目 206 个，实际利用外资 30.3 亿美元；漕河泾新兴技术开发区地跨徐汇区和闵行区两个行政区，有力地带动上海西南部区域经济的发展，2009 年实现工业增加值 350 亿元，新引进中外企业 230 家，进出口总额 176.8 亿美元；佘山国家旅游度假区通过建设欢乐谷、辰山国家植物园和天马现代服务业集聚区等重大功能性项目，有力地带动了松江区的经济增长。除 4 个国家级开发区外，上海还拥有 26个市级开发区，不同级别开发区的建设促使不同规模区域经济要素的集聚，产生集聚效应，使得上海区县经济格局产生变化。

（四）行政区划调整的影响

行政区划不仅对城市经济带来影响，而且对城市内部运营模式、管理模式、资源整合、外部交流、行政层级、官员任免等诸多方面产生多层次多维度的影响，涉及经济、社会、政治、观念、文化、生活等方面。正因如此，上海的行政区划的调整很大程度上影响其区域经济发展格局，使合并后的区域整体实力壮大，交流更方便，也促使区域之间和区域内部的经济发展平衡产生差异化增长。例如，2000 年，南市区并入黄浦区，2011 年，卢湾区并入黄浦区，增强了黄浦区的整体实力。2009 年，南汇区并入浦东新区，为上海实现国际金融和国际航运中心创造了良好的条件，利用原南汇区邻港口的优势，并充分发挥原浦东新区的金融中心优势，加快了浦东新区的发展，反映行政区划一定程度上影响到上海区县内部、区县之间的经济差异。

五、结语

运用泰尔指数、基尼系数和变异系数测算出上海区域经济差异变化：1995—2005 年区域差异变化缓慢，2005—2009 年区域差异急剧扩大；组内和组间差异显示：1995—2005 年中心城区内部差异呈平缓"下降—回升"的态势，郊区内部差异总体上呈扩大态势，而城郊内部差异呈"缩小—扩大"的态势。

得出 2005 年是上海市区域经济差异演变"分水岭"的重要结果，初步分析了城市化、产业转移、区域投资和行政区划等是上海区域经济差异的重要成因。研究不足是各区 GDP 统计数据的获取存在"变小"的因素，由于上海各区中一些国有企业不归地方管辖，地方政府的地区生产总值不统计央企，导致各区县 GDP 之和小于全市的 GDP，一定程度上损耗了结果分析的准确性。

（李陈，欧向军.原文发表于：云南地理环境研究，2012，24（2）：6－11）

第四节　雾霾跨界合作治理价格机制探讨

2016 年环保部公布全国上一年的城市空气质量整体情况：总体呈转好趋势，全国 338 个地级及以上城市平均达标天数比例为76.7%，73 个城市空气质量达标，占21.6%，达标城市主要分布在福建、广东、云南、贵州、西藏等省份（中华人民共和国环境保护部，2016）。中国城市空气质量仍然有待进一步改善。而空气污染的预防和治理是一个长期的过程。总量控制、源头治理，立法监督，调整能源结构、优化产业结构等措施都能够不同程度地改善空气质量。由于空气污染的区域性特征，使得雾霾治理迫切需要建立一种区域对话机制——跨界合作与治理，跨界合作与治理需要建立一套能够严格执行的规范制度。

目前，对我国环境污染跨界合作治理的研究集中在水污染治理上，如刘晓红和虞锡君选取 26 家城镇污水处理厂的数据为样本，分析了太湖流域水污染的补偿标准（刘晓红，2007）。为避免公地悲剧，针对地方政府对跨界污染治理进行规避，易志斌在纠正地方政府环境规制失灵的基础上提出确立地方政府的"执行文化"、建立环境行政公益诉讼制度、构建环境规制政策实施效果评估体系和构建跨界河流水污染治理补偿机制等重要措施（易志斌，2009）。这里以长三角雾霾地区联防联控网络的建立为例，对跨界雾霾治理提供一定借鉴。长三角空气污染防治协作机制的建立是个很好的案例。2014年1月7日正式召开第一次工作会议以来，长三角地区联防联控网络初步建立，深层次合作机制初具雏形。在制定的《长三角区域落实空气污染防治协作机制行动计划实施细则》中规定了控制煤炭消费总量、强化污染协同减排等6大重点措施（中华人民共和国环境保护部，2015）。基于此，研究将借鉴公共治理理论并尊重经济规律，对建立雾霾跨界治理的价格机制进行初步探讨，为我国城市雾霾治理提供借鉴。

一、理论基础

跨界合作理论由众多理论构成，最经典的要数公共治理理论。公共治理理论形成于20世纪70年代，其内涵与治理概念的基本含义有着密切的联系。世界银行在1989年世界发展报告中首次使用了"治理危机"之后，许多国际组织和机构开始在其各种报告和文件中频频使用它（滕世华，2004）。诺贝尔经济学奖获得者奥斯特罗姆（2012）在公地治理理论中引用三种有影响力的模型进行解释：公地悲剧、囚犯困境博弈和集体行动的逻辑，这三种模型的中心问题都是搭便车问题，任何时候，一个人只要不被排斥在分享由他人努力所带来的利益之外，就没有动力为共同的利益做贡献。假如将空气看作免费的商品，这种商品具有公共属性，任何群体、个人不需要劳动就可获取，但是空气污染是区域性的环境问题。假如本地区没有污染空气，但相邻地区空气污染了，而由于季风气候导致的局地环流现象，会因空气流动而使本地区受污染。因此，波蒂特、詹森和奥斯特罗姆（2013）提出共同合作、多元治理的方法应对公共资源困境问题。

二、实践意义与迫切性

2013 年国务院发布的《大气污染防治行动计划》明确指出，要求形成"政府统领、企业施治、市场驱动、公众参与的大气污染防治新机制，并建立区域协作机制，统筹区域环境管理"。由此，本文认为雾霾治理跨界合作价格机制应由政府主导下区域内部和区域之间进行联防联控，通过运用价格杠杆和经济手段，对钢铁、水泥、化工等产能过剩及其污染严重的主体（企业、交通、建筑施工、生活污染等）进行综合治理。因此，雾霾跨界合作治理价格机制的建立是一项系统工程，它在经济转型和产业优化升级过程中，将政府、企业和社会通过市场化的运营模式，最终实行雾霾问题的终极治理。

（一）跨界合作治理价格机制建立的实践意义

雾霾治理必须通过跨界合作进行治理，通过价格杠杆的手段，实现雾霾的终极治理。只有在通力合作协同治理的基础上，雾霾才能从根上治理。从根本上治理雾霾等环境问题不仅是实现中国经济可持续发展的要求，更是实现人与自然、人地和谐的必然路径。只有实现雾霾的终极治理，才能满足人民日益增长的物质文化需求，真正提高公众的生活质量，也是全面实现小康社会的必由之路。此外，雾霾等环境问题的根本治理，对人民的身体生活健康也起到巨大的促进作用，有利于缓解肺部疾病。对公众来说，也是一大福祉（well-being）。

（二）跨界合作治理价格机制建立的迫切性

面对严重的雾霾问题，国家已于 2013 年制定了最为严厉的大气污染防治法案以治理雾霾问题。当前，国家试图通过关闭钢铁、水泥、煤炭等高能耗、高污染产业实现"去库存"的目的。"去库存"式供给侧结构性调整一定程度上缓解了雾霾压力问题。但是，改革开放以来，中国经济经历了近 40 年的粗放式经济增长模式。我国经济高速增长初期，工业化程度远远低于当时的发达国家，工业污染还只是"点状"格局。随着工业化进程的快速推进，中国成了"世界工厂"，中国的钢铁产量、水泥产量都位居世界前列，中国在很长一段时间内成了世界经济增长的发动机，然而，它所面临的生态系统严重失衡、环境污染问题严重突出。中国的工业污染由过去的"点状"变成了"面状"，雾霾问题遍地开花，其中以京津冀地区最为突出，改革开放前期常年的"青山碧水，蓝天白云"再也不见。

由于人民物质生活水平的不断提高和对生活质量更高的追求，公众的环境意识日益增强。成为第二大世界经济体后，中国地方政府以往只要 GDP 不考虑环境问题的粗放式经济增长模式再也行不通。当前，一些研究显示肺部疾病俨然成为影响公众健康的首位杀手。一个布满戴"口罩"的行人的交通路面成为过去所看不到的景观。雾霾严重时，白天司机的视线距离不足 5 米，无形中增加了交通事故的概率。面对中国社会各阶层的强烈呼吁，雾霾问题到了不得不治的阶段，再也不能拖延。而雾霾的治理必须通力合作，协同治理。运营市场经济的手段，实现雾霾的跨界治理。

三、运营机制

（一）跨界合作治理价格机制的设计框架

国际知名政策分析家美国匹兹堡大学威廉·邓恩（2011）指出

政策分析的现实世界是复杂的。分析必须仔细审查和评价所获得的大量的定性和定量信息，在方法和技术中做出艰难选择，适应快速变化的时代。雾霾的跨界合作价格机制的建立，是在公共治理理论基础上，借鉴波特的钻石模型，提出一套理论分析框架。研究构建跨界雾霾管理委员会、污染企业、第三方评价机构和市场化运营等"四位一体"雾霾跨界合作治理的价格机制"钻石模型"。

跨界雾霾管理委员会：负责管理区域内部和区域之间的雾霾问题。建议该机构直接隶属国家环境保护部，职权大于地方环保厅但小于国家环境保护部。跨界雾委会专门负责地区雾霾的联动治理和协同治理，在征收雾霾税或雾霾费上起协调作用。对污染企业征收雾霾税或雾霾费，通过运用市场价格机制，在接受第三方机构评估的基础上，对污染企业进行征税或财政补助。

污染企业：雾霾治理整治的重点对象。污染企业接受跨界雾委会的监督，受跨界雾委会的征税或财政补助。污染企业接受造成雾霾污染程度的审核，在第三方评价机构评价的基础上，缴纳雾霾污染税，或在接受雾霾管理委员会一定数额的财政补助后将企业搬迁或关闭。

第三方评价机构：在钻石模型中起监督作用。一方面监管跨界雾委会，另一方面监管污染企业，通过运用价格机制杠杆，推动跨界合作治理的价格机制评估工作。第三方评价机构通过对污染企业的监管，通过跨界雾委会运用价格机制进行征税或补助。

市场化运营：受市场规律支配，在钻石模式中是能动者，起到平衡和杠杆作用。一方面，通过市场化运营模式对造成雾霾污染的企业征税，另一方面，对减能降排的企业给予财政补助。实质上，市场化运营提供了一种价格机制上的平衡。

（二）跨界合作治理价格机制的运营机制

具体的运用模式如图 5.4.1 所示。在建立跨界雾霾管理委员会的基础上，通过征收雾霾税和减能耗财政补贴"双管齐下"式的财政平衡政策来治理雾霾。跨界雾委会制定雾霾减排时间计划表，将各区域雾霾浓度进行汇总，并分类指导。在一定减排时间表中未达到要求的，将向地方政府征收不同程度的雾霾税，如将雾霾税分为 5 等：极其严重污染雾霾税、严重污染雾霾税、重度污染雾霾税、中度污染雾霾税、轻度污染雾霾税。雾霾税征收的手段以月为单位进行，假如北京市 12 月份的空气质量指数月均值达到严重污染级别则征收极其严重污染雾霾税、10 月份达到重度污染级别则征收严重污染雾霾税，以此类推。

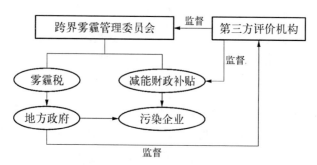

图 5.4.1　跨界合作治理价格机制运营模式

跨界雾委会向地方政府征税，地方政府主要向污染类企业征税，地方政府根据污染企业排放情况，参考环境标准征收不同级别的税收，对污染企业重拳出击。同时，跨界雾委会为污染企业提供减能财政补贴，这又为污染企业提供了排放控制技术上的资金支持。跨界雾委会提供的财政补贴包括两个层面：① 向企业节能减排技术上

　　　　　　　　　诗意地栖居：多空间尺度的人居环境评价研究

提供资金支持；②向污染型企业接纳地提供财政补贴，这时跨界雾委会要向转出地的地方政府征收"雾霾税"（可能转出地的雾霾没有严重超标，但它是污染转嫁的起点）。比如北京将大量的钢铁企业转移到河北省，无形中加剧河北省的雾霾污染程度，这时根据运行规则，跨界雾委会就需要向北京征收"雾霾税"，用以补贴河北高耗能企业的节能减排技术改进上的资金支持。

跨界雾委会接受第三方评价机构监督，第三方评价机构由各城市政府选举以及公众参与选举产生，第三方评价机构成员比例要协调，需要制定第三方评价机构行动章程，第三方评价机构成员投票权重要有规定。第三方评价机构同时还对跨界雾委会提供的减能财政补贴进行监督，以防跨界雾委会寻租行为。

四、主要结论与政策建议

依据公共治理与跨界合作理论，本研究在论述雾霾治理跨界合作的必要性、重要性、研究框架和运行机制的基础上，提出建立国家级空气质量管理委员会的建议，要求委员会定期召开空气质量问题国家级会议。

研究从跨界雾委会、污染企业、第三方评价机构和价格机制建立研究的"钻石模型"设计框架，指出四者之间的相互关系。从而提出跨界合作治理价格机制的运营模式，指出需要建立一套相互监督的循环关系，通过财政政策等经济手段，运用价格机制最终实现雾霾的根治。

跨界雾委会履行监管区域之间和城市内部空气质量污染源职责，对污染源进行整治、清查和处理，包括企业搬迁、污染防治技术改进、污染税征收，给以不同程度的罚款、停业整顿等方式。通过自上而下的合作治理机构的建立，对空气污染进行实时监督。努力做到节能减排，集约资源和能源的利用，减少不必要的浪费。建立区域合作发展的激励机制，建立零排放示范区，对排放严重的区域进行防治技术转移，多管齐下，协调治理空气污染。努力构建多元化的监督机制，努力使社会形成减排风气，使其成为约束企业和约束个体高能耗的行为准则和道德约束。

研究的不足之处在于没有将生活污染和生活排放纳入"钻石模型"设计框架和运营模式中。事实上，生活排放对雾霾的影响也不容忽视，如家用冰箱使用过程中易产生氟利昂等。

（李陈.原文发表于：学理论，2016（10）：108－110）

参考文献

Ash Amin. The Good City [J]. Urban Studies, 2006, 43 (5/6): 1009 – 1023.

C. A. Doxiadis. Ekistics, the science of human settlements [J]. Science, 1970, 170 (3956): 393 – 404.

Fortheringham A S, Charlton M, Brunsdon C. The geography of parameter space an investigation of nonstationarity [J]. International Journal of Geographical Information System, 1996, 10 (5): 605 – 627.

Geurs K. T., Van Wee B. Accessibility evaluation of land use and transport strategies: review and research directions [J]. Journal of Transport Geography, 2004, 12 (2): 127 – 140.

Gu CL, Li Y, Han SS. Development and transition of small towns in rural China [J]. Habitat International, 2015, 50: 110 – 119.

Hansen W. G. How accessibility shapes land use [J]. Journal of the American Institute of Planners, 1959, (25): 73 – 76.

Illingworth Valerie. The Penguin Dictionary of Physics [M]. Beijing: Foreign Language Press, 1996: 92 – 93.

Jianfa Shen. Urban and regional development in post-reform China: the case of Zhujiang delta. Progress in Planning, 2002, 57 (2): 91 – 140.

John Friedmann, Goetz Wolf. World City Formation: An Agenda for Research and Action. International Journal of Urban and Regional Research, 1982.

John Friedmann. The World City Hypothesis, 1986.

Kwan M P, Murray A T. Recent advances in accessibility research: representation, methodology and applications [J]. Geographical Systems, 2003, (5): 129 – 138.

Liu Z, Liu SH, Jin HR, et al. Rural population change in China: Spatial differences, driving forces and policy implications [J]. Journal of Rural Studies, 2017, 51:

189 – 197.

Martina Koll-Schretzenmayr, Frank Ritterhoff, Walter Siebel. In Quest of the Good Urban Life: Socio-spatial Dynamics and Residential Building Stock Transformation in Zurich [J]. Urban Studies, 2009, 46 (13): 2731 – 2747.

MeeKam Ng, PeterHills. World cities or great cities? A comparative study of five Asian metropolises. Cities, 2003, 20 (3): 151 – 165.

Mike Douglass etc.. "The Livability of Mega Urban Regions in Southeast Asia: Bangkok, Ho Chi Minh City and Manila Compared", International Conference on The Growth Dynamics of Mega-Urban Regions in East and Southeast Asia. Asia Research Institute, Singapore, 24 – 25 June.

Mike Douglass. From global intercity competition to cooperation for livable cities and economic resilience in Pacific Asia [J]. Environment and Urbanization, 2002, 14 (1): 53 – 68.

Ricardo MS. Inequality in China revisited. The effect of functional distribution of income on urban top incomes, the urban-rural gap and the Gini index, 1978 – 2015 [J]. China Economic Review, 2017, 42: 101 – 117.

Roy Penchansky, D. B. A., Thomas, J. W. The concept of access: definition and relationship to consumer satisfaction [J]. Medical Care, 1981, 19 (2): 127 – 140.

Sassen, S. The Global City. Princeton, NJ: Princeton University Press, 1991.

Sassen. S. Locating Cities on Global Circuits. Environment and Urbanization, 2002.

Susan M. Walcott, Clifton W. Pannell. Metropolitan spatial dynamics: Shanghai. Habitat International, 2006, 30 (2): 199 – 211.

Tian YS, Kong XS, Liu YL, et al. Restructuring rural settlements based on an analysis of inter-village social connections: A case in Hubei Province, Central China [J]. Habitat International, 2016, 57: 121 – 131.

UN-HABITAT. New Urban Agenda [EB/OL] http: //cn. unhabitat. org/new-urban-agenda-adopted-at-habitat-iii. 2016 – 10 – 21.

Wang C, Huang B, Deng C, et al. Rural settlement restructuring based on analysis of the peasant household symbiotic system at village level: A Case Study of Fengsi Village in Chongqing, China [J]. Journal of Rural Studies, 2016, 47: 485 – 495.

Xiaoping Shen, Laurence J. C. Ma. Privatization of rural industry and de facto urbanization from below in southern Jiangsu, China. Geoforum, 2004, 36 (6): 761–777.

XIONG Ying. Uncertainty evaluation of the coordinated development of urban human settlement environment and economy in Changsha city [J]. J. Geogr. Sci, 2011, 21 (6): 1123–1137.

Yang R, Xu Q, Long HL. Spatial distribution characteristics and optimized reconstruction analysis of China's rural settlements during the process of rapid urbanization [J]. Journal of Rural Studies, 2016, 47: 413–424.

ZHU Xiao-ming, LI Xu-xiang, ZHANG Jing. Coordinated Development of Human Settlement and Economy in County-level Cities in the Yellow River Basin [J]. Journal of Landscape Research, 2010, 2 (3): 95–99.

埃莉诺·奥斯特罗姆著. 余逊达, 陈旭东译. 公共事物的治理之道 集体行动制度的演进 [M]. 上海: 上海译文出版社, 2012.

埃米·R·波蒂特, 马克·A·詹森, 埃莉诺·奥斯特罗姆著. 共同合作 集体行动、公共资源与实践中的多元方法 [M]. 北京: 中国人民大学出版社, 2013.

北京大学中国经济研究中心医疗卫生改革课题组. 北大课题组宿迁医改调研报告 (一) 宿迁医改的大背景及取得的成绩医院领导决策参考 [J]. 2006, (13): 4–7.

彼得·霍尔爵士. 城镇、农村和城镇-农村: 三磁体 [J]. 时代建筑, 2011, (5): 24–27.

毕国华, 杨庆媛, 刘苏. 中国省域生态文明建设与城市化的耦合协调发展 [J]. 经济地理, 2017, 37 (1): 50–58.

毕红星. "点-轴系统" 理论与城市公共体育设施建设布局 [J]. 上海体育学院学报, 2012, 36 (6): 29–32, 38.

毕秀晶. 长三角城市群空间演化研究 [D]. 上海: 华东师范大学博士学位论文, 2014.

卜元卿, 孔源, 智勇, 等. 化学农药对环境的污染及其防控对策建议 [J]. 中国农业科技导报, 2014 (2): 19–25.

苍靖. 我国农业化肥污染控制与管理政策探讨 [J]. 工业技术经济, 2003 (2): 52–53.

曹红阳，王士君，黑龙江省东部城市密集区城市流强度分析［J］. 人文地理，2007（2）.

陈波翀，郝寿义，杨兴宪. 中国城市化快速发展的动力机制［J］. 地理学报，2004，59（6）：1068－1075.

陈浮. 城市人居环境与满意度评价研究［J］. 人文地理，2000，15（4）：20－23.

陈培阳，朱喜钢. 福建省区域经济差异演化及其动力机制的空间分析［J］. 经济地理，2011，31（8）：1252－1257.

陈云峰，孙殿义，陆根法. 突变级数法在生态适宜度评价中的应用——以镇江新区为例［J］. 生态学报，2006，26（8）：2587－2593.

陈忠暖，孟鸣. 云南城市职能分类探讨［J］. 云南地理环境研究，1999，11（2）：39－45.

程永宏. 改革以来全国总体基尼系数的演变及其城乡分解［J］. 中国社会科学，2007（4）：45－60.

邓拓芬. 我国城市化水平的定量分析及预测［J］. 上海统计，2001（6）：14－16.

董锁成，张佩佩，李飞，等. 山东半岛城市群人居环境质量综合评价［J］. 中国人口·资源与环境［J］. 2017，27（3）：155－162.

董晓峰，郭成利，刘星光等. 基于统计数据的中国城市宜居性［J］. 兰州大学学报（自然科学版），2009，45（5）：41－47.

董晓峰，杨保军，刘理臣等. 宜居城市评价与规划理论方法研究［M］. 北京：中国建筑工业出版社，2010.

董晓峰，杨保军. 宜居城市研究进展［J］. 地球科学进展，2008，23（3）：323－326.

杜军，孙希华，高志强等，山东半岛城市群城市流强度研究［J］. 山东师范大学学报（自然科学版），2006，21（4）：91－93.

杜婷，李雪铭，张峰. 长三角优秀旅游城市人居环境与旅游业协调性分析［J］. 旅游研究，2013，5（3）：8－14.

杜长亮，顾校飞，李南. 社区公共体育设施选址规划研究［J］. 中国体育科技，2016，52（3）：13－20.

段杰，李江. 中国城市化进程的特点、动力机制及发展前景［J］. 经济地理，1999，19（6）：79－83.

樊炳有. 体育公共服务的理论框架及系统结构［J］. 体育学刊，2009，16（6）：

诗意地栖居：多空间尺度的人居环境评价研究

14 - 19.

樊福卓. 城市职能的概念性分析框架——以长三角为例 [J]. 上海经济研究, 2009, (9): 61 - 71.

樊杰, 孔维锋, 刘汉初, 等. 对第二个百年目标导向下的区域发展机遇与挑战的科学认知 [J]. 经济地理, 2017, 37 (1): 1 - 7.

樊杰, 刘汉初, 王亚飞, 等. 东北现象再解析和东北振兴预判研究——对影响国土空间开发保护格局变化稳定因素的初探 [J]. 地理科学, 2016, 36 (10): 1445 - 1456.

樊杰. 我国空间治理体系现代化在"十九大"后的新态势 [J]. 中国科学院院刊, 2017, 32 (4): 396 - 404.

范斐, 孙才志. 环渤海经济圈城市化水平区位差异及其变动研究 [J]. 城市发展研究, 2010, 17 (12): 30 - 35.

范斐, 杜德斌, 李恒. 中国地级以上城市科技资源配置效率的时空格局 [J]. 地理学报 2013, 68 (10): 1331 - 1343.

范斐, 杜德斌, 盛磊. 长三角科技资源配置能力与城市化进程的协调耦合关系研究 [J]. 统计与信息论坛, 2013, 28 (7): 69 - 75.

范业正, 郭来喜. 中国海滨旅游地气候适宜性评价 [J]. 自然资源学报, 1998, 13 (4): 304 - 311.

方创琳, 周成虎, 顾朝林, 等. 特大城市群地区城镇化与生态环境交互耦合效应解析的理论框架及技术路径 [J]. 地理学报, 2016, 71 (4): 531 - 550.

盖利亚, 冯文娟, 丁艳梅等. 典型污染场地土壤农药含量的空间分布 [J]. 地球与环境, 2014 (4): 484 - 488.

郜彗, 金家胜, 李锋, 等. 中国省域农村人居环境建设评价及发展对策 [J]. 生态与农村环境学报, 2015, 31 (6): 835 - 843.

葛新. 我国体育公共服务城乡一体化的内涵、困境与实现路径 [J]. 北京体育大学学报, 2017, 40 (8): 8 - 13.

顾朝林. 改革开放以来中国城市化与经济社会发展关系研究 [J]. 人文地理, 2004, 19 (2): 1 - 5.

郭显光. 改进的熵值法及其在经济效益评价中的应用. 系统工程理论与实践 [J]. 1998, (12): 98 - 102.

国家统计局. 国际统计年鉴 2008 [M]. 北京: 中国统计出版社, 2008, 140 - 156.

何文举. 城市规模扩展的环境与资源潜力协调度分析——以湖南省为例 [J].
　　经济地理, 2017, 37 (1): 98 - 106.

贺灿飞, 梁进社. 中国区域经济发展差异的时空变化: 全球化、市场化与城市
　　化 [J]. 管理世界, 2004, 8: 8 - 17.

洪传春, 刘某承, 李文华. 我国化肥投入面源污染控制政策评估 [J]. 干旱区
　　资源与环境, 2015 (4): 1 - 6.

胡兆量, 韩茂莉. 中国区域发展导论 [M]. 第 3 版. 北京: 北京大学出版社,
　　2008: 91 - 95.

黄扬飞, 徐月虎, 丁金宏. 1990 年代我国人口城市化水平的区域差异模式研究
　　[J]. 人口研究, 2002 (4): 72 - 80.

姜爱林. 城镇化水平的五种测算方法分析 [J]. 中央财经大学学报, 2002 (8):
　　76 - 80.

姜博, 修春亮, 陈才, 辽中南城市群城市流分析与模型阐释 [J]. 经济地理,
　　2008, 28 (5): 853 - 856.

蒋蓉, 陈果, 杨伦. 成都市公共体育设施规划实践及策略研究 [J]. 规划师,
　　2007, 22 (10): 26 - 28.

金银日, 姚颂平, 刘东宁. 基于 GIS 的上海市公共体育设施空间可达性与公平
　　性评价 [J]. 上海体育学院学报, 2017, 41 (3): 42 - 47.

勒·柯布西耶著, 金秋野, 王又佳译. 光辉城市 [M]. 北京: 中国建筑工业出
　　版社, 2016: 86 - 170.

雷菁, 郑林, 陈晨, 利用城市流强度划分中心城市规模等级体系——以江西省
　　为例 [J]. 城市问题, 2006 (1): 11 - 15.

李伯华, 曾菊新. 基于农户空间行为变迁的乡村人居环境研究 [J]. 地理与地
　　理信息科学, 2009, 25 (5): 84 - 88.

李伯华, 刘艳, 刘沛林, 等. 湖南省人居环境系统耦合度的时空演化研究 [J].
　　统计与决策, 2016, (18): 104 - 107.

李伯华, 谭勇, 刘沛林. 长株潭城市群人居环境空间差异性演变研究 [J]. 云
　　南地理环境研究, 2011, 23 (3): 13 - 19.

李陈, 欧向军. 发展中地区城市化过程及动力机制研究——以江苏宿迁为例
　　[J]. 云南地理环境研究, 2011, 23 (3): 38 - 44.

李陈, 求煜英, 李恒. 城市人居环境气候适宜性评价 [J]. 资源与人居环境,
　　2012. 10: 59 - 61.

李陈，杨传开，张凡. 基于人-地关系的长三角中心城市人居环境评价［J］. 资源开发与市场，2013，29（3）：272-276.

李陈，张欣炜，杜凤娇. 长三角中心城市宜居度分级及空间差异［J］. 南通大学学报（社会科学版），2013，29（3）：15-20.

李陈，戴磊，林书伟等. 上海市公共体育设施布局的时空差异研究［J］. 上海工程技术大学学报，2019，33（1）.

李陈，欧向军，黄翌等. 淮海经济区主要城市城市流强度动态分析［J］. 淮阴工学院学报，2009，18（6）：46-51.

李陈，欧向军，黄翌等. 基于复合指标法对省际边缘区城市化水平测度——以淮海经济区为例［J］. 国土与自然资源研究，2011（1）：21-23.

李陈，欧向军. 发展中地区城市化过程及动力机制研究——以江苏宿迁为例［J］. 云南地理环境研究，2011，23（3）：38-44.

李陈，汤庆园. 长江经济带住房条件的区域差异研究［J］. 南通大学学报（社会科学版），2017（2）：15-21.

李陈，杨传开，张凡. 基于人-地关系的长三角中心城市人居环境评价［J］. 资源开发与市场，2013，29（3）：272-276.

李陈，叶磊. 中国分省人口文化素质的区域差异研究：1982—2010［J］. 干旱区资源与环境，2018（1）：1-7.

李陈，张欣炜，杜凤姣. 长三角中心城市宜居度分级及空间差异［J］. 南通大学学报（社会科学版），2013，29（3）：15-20.

李吉芝，秦其明. 辽宁省区域经济差异与区域协调发展的初步研究［J］. 中国人口·资源与环境，2004，14（2）：77-80.

李继清，张玉山，纪昌明，等. 突变理论在长江流域洪灾综合风险社会评价中的应用［J］. 武汉大学学报（工学版），2007，40（4）：26-30.

李军，黄敬峰，程家安. 我国化肥施用量及其可能污染的时空分布特征［J］. 生态环境，2003（2）：145-149.

李梅霞. AHP中判断矩阵一致性改进的一种新方法［J］. 系统工程理论与实践，2000（2）：122-125.

李敏. 人与自然关系的协调与重构——关于自然、人类社会与人居环境生态关系的理论思考［J］. 广东园林，1997，（2）：2-13.

李明，龚念，王映. 湖北省旅游"气候宜居度"时空分布初探［J］. 武汉交通管理干部学院学报，1999，1（1）：74-79.

李万珍，谭传凤. 人体的气候适宜度研究［J］. 华中师范大学学报（自然科学版），1994，28（2）：255 - 259.

李小建，乔家君. 20 世纪 90 年代中国县际经济差异的空间分析［J］. 地理学报，2001，56（2）：136 - 145.

李雪铭，晋培育. 中国城市人居环境质量特征与时空差异分析［J］. 地理科学，2012，32（5）：521 - 529.

李雪铭，李建宏. 地理学开展人居环境研究的现状及展望［J］. 辽宁师范大学学报（自然科学版），2010，33（1）：112 - 117.

李雪铭，李婉娜. 1990 年代以来大连城市人居环境与经济协调发展定量分析［J］. 经济地理，2005，25（3）：383 - 386，390.

李雪铭，倪玉娟. 近十年来我国优秀宜居城市城市化与城市人居环境协调发展评价［J］. 干旱区资源与环境，2009，23（3）：8 - 14.

李雪铭，张春花. 城市化与城市人居环境关系的定量研究——以大连市为例［J］. 中国人口·资源与环境，2004，14（1）：91 - 96.

李振福. 城市化水平测度模型研究［J］. 规划师，2003（3）：64 - 66.

联合国国际展览局，中华人民共和国住房和城乡建设部，上海市人民政府. 上海手册 21 世纪城市可持续发展指南·2016［M］. 北京：商务印书馆，2016.

零点公司. 中国宜居城市排行榜［J］. 商务周刊，2005.

刘滨谊. 人类聚居环境学引论［J］. 城市规划汇刊，1996，（4）：5 - 11.

刘滨谊. 人居环境研究方法论与应用［M］. 北京：中国建筑工业出版社，2016.

刘海滨，刘振灵. 辽宁中部城市群城市职能结构及其转换研究［J］. 经济地理，2009，29（8）：1293 - 1297.

刘娜娜，寿丹艺，达良俊. 上海公园绿地鸟类多样性的城市化梯度格局及类群划分［J］. 生态学杂志，2018，37（12）：3676 - 3684.

刘清春，王铮，许世远. 中国城市旅游气候舒适性分析［J］. 资源科学，2007，29（1）：133 - 141.

刘秋雨，张廷龙，孙睿，等. Biome - BGC 模型参数的敏感性和时间异质性［J］. 生态学杂志，2017，36（3）：869 - 877.

刘泉，陈宇. 我国农村人居环境建设的标准体系研究［J］. 城市发展研究，2018，25（11）：30 - 36.

刘睿文，封志明，张伟科. 宁夏人口与资源、环境协调发展研究［M］. 北京：

科学出版社，2011.

刘伟德. 中国人口城市化水平与城乡就业问题探讨 [J]. 经济地理，2001（3）：427-430.

刘夏明，魏英琪，李国平. 收敛还是发散？——中国区域经济发展争论的文献综述 [J]. 经济研究，2004（7）：70-81.

刘晓红，虞锡君. 基于流域水生态保护的跨界水污染补偿标准研究 [J]. 生态经济，2007，（8）：129-135.

刘彦随，李进涛. 中国县域农村贫困化分异机制的地理探测与优化决策 [J]. 地理学报，2017，72（1）：161-173.

刘洋，徐廷廷，俞琦，徐长乐. 长江三角洲经济形势跟踪分析 [J]. 上海城市规划，2012（4）：19-23.

刘洋，杨文龙，李陈. 基于DAHP法的长三角城市化与城市人居环境协调度研究 [J]. 世界地理研究，2014，23（2）：94-103.

刘耀彬，李仁东，宋学锋. 中国区域城市化与生态环境耦合的关联分析 [J]. 地理学报，2005，60（2）：237-247.

刘耀彬，李仁东. 转型时期中国城市化水平变动及动力分析 [J]. 长江流域资源与环境，2003，12（1）：8-12.

娄胜霞. 基于GIS技术的人居环境自然适宜性评价研究——以遵义市为例 [J]. 经济地理，2011，31（8）：1358-1363.

卢汉龙，杨雄，周海旺. 上海社会发展报告（2016）优化社会政策促进社会治理 [M]. 北京：社会科学文献出版社，2016.

陆彦，孙国才，戴伟峰. 江苏省张家港市农产品农药污染现状与治理对策 [J]. 江苏农业科学，2016（5）：514-516.

罗万纯. 中国农村生活环境公共服务供给效果及其影响因素——基于农户视角 [J]. 中国农村经济，2014，（11）：65-72.

马仁锋，沈玉芳，刘曙华. 1949年以来工业化与城市化动力机制研究进展 [J]. 中国人口·资源与环境，2010，20（5）：110-117.

马玉芳. 从经济学理论视角分析城市公共体育设施的免费开放 [J]. 南京体育学院学报，2011，26（6）：88-91.

宁越敏，查志强. 大都市人居环境评价和优化研究——以上海市为例 [J]. 城市规划，1999，23（6）：15-20.

宁越敏，项鼎，魏兰. 小城镇人居环境的研究——以上海市郊区三个小城镇为例［J］. 城市规划, 2002, 26 (10): 31 – 35.

宁越敏, 施倩, 查志强. 长江三角洲都市连绵区形成机制与跨区域规划研究
　　［J］. 城市规划, 1998 (1): 16 – 20.

宁越敏, 严重敏. 我国中心城市的不平衡发展及空间扩散的研究［J］. 地理学
　　报, 1993, 48 (2): 97 – 104.

宁越敏, 李健. 让城市化进程与经济社会发展相协调——国外的经验与启示
　　［J］. 求是, 2005 (6): 61 – 63.

宁越敏. 新的国际劳动分工、世界城市和我国中心城市的发展［J］. 城市问题,
　　1991 (3): 2 – 7.

宁越敏. 中国特大城市近期经济发展动态研究——兼论对城市规划的影响
　　［C］//许学强等主编: 中国经济改革与城市: 发展、规划及教育. 北京:
　　科学出版社, 1994.

宁越敏. 新城市化进程——90 年代中国城市化动力机制和特点探讨［J］. 地理
　　学报, 1998, 53 (5): 470 – 477.

欧向军, 沈正平, 朱传耿. 江苏省区域经济差异演变的空间分析［J］. 经济地
　　理, 2007, 27 (1): 78 – 83.

欧向军, 顾朝林. 江苏省区域经济极化及其动力机制定量分析［J］. 地理学报,
　　2004, 59 (5): 791 – 799.

欧向军, 叶磊, 张洵, 等. 江苏省县域经济发展差异与极化比较［J］. 经济地
　　理, 2012 (7): 24 – 29.

欧向军, 甄峰, 秦永东, 朱灵子等. 区域城市化水平综合测度及其理想动力分
　　析——以江苏省为例［J］. 地理研究, 2008 (5): 993 – 1002.

欧向军, 甄峰, 叶磊等. 江苏省城市化质量的区域差异时空分析［J］. 人文地
　　理, 2012, (5): 76 – 82.

欧向军. 改革开放以来江苏省区域经济差异成因分析［J］. 经济地理, 2004,
　　24 (3): 338 – 342.

欧向军. 江苏省区域发展差异综合分析［J］. 地域研究与开发, 2006, 25 (5):
　　18 – 23.

欧向军. 江苏省县市城市化水平差异研究［J］. 现代城市研究, 2006, (3):
　　45 – 55.

欧向军. 区域经济发展差异理论、方法与实证——以江苏省为例［M］. 北京:
　　经济科学出版社, 2006.

欧阳南江. 改革开放以来广东省区域差异的发展变化 [J]. 地理学报，1993，18（3）：204－217.

乔家君. 改进的熵值法在河南省可持续发展能力评估中的应用. 资源科学 [J]. 2004，（1）：113－119.

任致远. 关于宜居城市的拙见 [J]. 城市发展研究，2005，12（4）：33－36.

上海地方志办公室网 [EB/OL]. http：//www.shtong.gov.cn/node2/node19828/index.html.

上海市统计局. 上海统计年鉴 1991－2010 [M]. 北京：中国统计出版社.

尚杰，尹晓宇. 中国化肥面源污染现状及其减量化研究 [J]. 生态经济，2016（5）：196－199.

沈建法. 1982 年以来中国省级区域城市化水平趋势 [J]. 地理学报，2005（4）：607－614.

沈能，王艳. 中国农业增长与污染排放的 EKC 曲线检验：以农药投入为例 [J]. 数理统计与管理，2016（4）：614－622.

石楠. "人居三"、《新城市议程》及其对我国的启示 [J]. 城市规划，2017，41（1）：9－21.

孙才志，汤玮佳，邹玮. 中国农村水贫困测度及空间格局机理 [J]. 地理研究，2012，31（8）：1445－1455.

孙才志，王雪妮. 基于 WPI－ESDA 模型的中国水贫困评价及空间关联格局分析 [J]. 资源科学，2011，33（6）：1072－1082.

孙才志，林学钰，王金生. 水资源系统模糊优化调度中的动态 AHP 及应用 [J]. 系统工程学报，2002，17（6）：551－555.

孙丽萍. 云南省区域经济差异的分解研究 [J]. 特区经济，2010（10）：191－193.

孙希华，张淑敏. 山东省区域经济差异分析与协调发展研究 [J]. 经济地理，2003，23（5）：611－614.

谈明洪，吕昌河. 以建成区面积表征的中国城市规模分布 [J]. 地理学报，2003，58（2）：285－293.

汤国安，杨昕. ArcGIS 地理信息系统空间分析实验教材（第二版）[M]. 北京：科学出版社，2018.

唐明，邵东国，姚成林，等. 改进的突变评价法在旱灾风险评价中的应用 [J]. 水利学报，2009，40（7）：858－862，869.

陶修华, 曹荣林, 刘兆德. 基于城市流分析的城市联系强度探讨——以山东半岛城市群为例 [J]. 河南科学, 2007, 25 (1): 152-156.

滕世华. 公共治理理论及其引发的变革 [J]. 中国行政管理, 2004, (7): 44-45.

汪光涛. 搞好村庄规划和治理-改善农村人居环境 [J]. 求是, 2006, (9): 26-28.

汪明峰, 林小玲, 宁越敏. 外来人口、临时居所与城中村改造——来自上海的调查报告 [J]. 城市规划, 2012, 36 (7): 73-80.

汪全胜, 黄兰松. 论公共体育设施的供给及制度保障 [J]. 武汉体育学院学报, 2015, 49 (9): 5-11.

王恩涌等. 人文地理学 [M]. 北京: 高等教育出版社, 2004.

王发曾, 程丽丽. 山东半岛、中原、关中城市群地区的城镇化状态与动力机制 [J]. 经济地理, 2010, 30 (6): 918-925.

王海江, 许传阳, 陈志超等. 河南省城市流强度与结构研究 [J]. 河南理工大学学报 (社会科学版), 2007, 8 (4): 390-395.

王金亮, 王平, 蒋莲芳. 昆明人居环境气候适宜度分析 [J]. 经济地理, 2002, S1 (22): 196-200.

王坤鹏. 城市人居环境宜居度评价——来自我国四大直辖市的对比与分析 [J]. 经济地理, 2010, 30 (12): 1992-1997.

王录仓, 李肇琛. 甘肃省各地级市宜居性比较标准的构建与评析 [J]. 干旱区资源与环境, 2009, 23 (7): 77-81.

王希琼. 城市化与第三产业互动发展的偏差检验与优化协调 [J]. 统计与决策, 2011 (16): 117-120.

王远飞, 何洪林编著. 空间数据分析方法 [M]. 北京: 科学出版社, 2008.

王志强. 江苏省城市化发展现状及动力研究 [J]. 城市规划, 2005, 29 (7): 34-38.

王智勇, 郑志明. 大城市公共体育设施规划布局初探 [J]. 华中建筑, 2011, (7): 120-123.

威廉·邓恩著. 谢明等译. 公共政策分析导论 (第四版) [M]. 北京: 中国人民大学出版社, 2011.

魏后凯, 潘晨光. 中国农村发展报告 2016·聚焦农村全面建成小康社会 [M]. 北京: 中国社会科学出版社, 2016.

　　　　　诗意地栖居: 多空间尺度的人居环境评价研究

魏后凯. 区域经济发展的新格局 ［M］. 昆明：云南人民出版社，1995.

文余源. 中国城市化水平地区差异及其变动 ［J］. 地域研究与开发，2005，24 (5)：25 – 29.

翁桂芝，王发曾. 河南省城市职能体系分析与优化 ［J］. 平顶山学院学报，2007，22 (5)：12 – 16.

吴良镛. "人居二"与人居环境科学 ［J］. 城市规划，1997，(3)：4 – 9.

吴良镛. 北京旧城改造与菊儿胡同 ［M］. 北京：中国建筑工业出版社，1994.

吴良镛. 北京宪章 ［J］. 时代建筑，1999，(3)：88 – 91.

吴良镛. 发达地区城市化进程中建筑环境的保护与发展 ［M］. 北京：中国建筑工业出版社，1999.

吴良镛. 关于"南通——中国近代第一城"的探索与随想 ［J］. 南通大学学报 (哲学社会科学版)，2005，21 (1)：51 – 55.

吴良镛. 人居环境科学导论 ［M］. 北京：中国建筑工业出版社，2001.

吴良镛. 人居环境科学发展趋势论 ［J］. 城市与区域规划研究，2010，3 (3)：1 – 14.

吴良镛. 中国城乡发展模式转型的思考吴良镛选集 ［M］. 北京：清华大学出版社，2009.

吴良镛. 人居环境科学的探索 ［J］. 规划师，2001，17 (6)：5 – 8.

吴咏梅，朱志玲，吴启蒙. 银川市城市化与人居环境协调发展初探 ［J］. 现代城市研究，2011，(8)：27 – 34.

武廷海，张能. 作为人居环境的中国城市群——空间格局与展望 ［J］. 城市规划，2015，39 (6)：13 – 25，36.

夏春光，李雪铭. 安全社区建设与城市人居环境协调度研究——以大连市为例 ［J］. 辽宁师范大学学报 (自然科学版)，2015，38 (3)：309 – 407.

夏钰，林爱文，朱弘纪. 长三角地区城市人居环境适宜度空间格局演变 ［J］. 生态经济，2017，33 (2)：112 – 117.

香港特别行政区政府香港天文台. 香港天文台网 ［EB/OL］. http：//gb.weather.gov.hk/contentc.htm.

肖林鹏，李宗浩，杨晓晨. 公共体育服务概念及其理论分析 ［J］. 天津体育学院学报，2007，22 (2)：97 – 101.

熊鹰，曾光明，董力三，等. 城市人居环境与经济协调发展不确定性定量评价——以长沙市为例 ［J］. 地理学报，2007，62 (4)：397 – 406.

徐红宇，陈忠暖，李志勇. 广东省地方性城市职能分类 [J]. 热带地理，2004，24（1）：37－41.

徐顺青，逯元堂，何军，等. 农村人居环境现状分析及优化对策 [J]. 环境保护，2018，46（19）：44－48.

徐小任，徐勇. 中国居民住房内生活设施配置及区域差异 [J]. 地理科学进展，2016，35（2）：173－183.

徐州市政府网 [EB/OL]. http：//www.xz.gov.cn/zwgk/jrxz/xzyw/20100508/13532384328.html.

许学强，周一星，宁越敏. 城市地理学（第2版）[M]. 北京：高等教育出版社，2009.

薛凤旋，杨春. 外资：发展中国家城市化的新动力——珠江三角洲个案研究 [J]. 地理学报，1997，52（3）：193－206.

薛旭初. 化肥、农药的污染现状及对策思考 [J]. 上海农业科技，2006（5）：37－40.

薛莹. 地级以上城市的城市职能分类——以江浙沪地区为例 [J]. 长江流域资源与环境，2007，16（6）：695－699.

闫永涛，许智东，黎子铭. 面向全民健身的公共体育设施专项规划编制探索——以广州为例 [J]. 规划师，2015，31（7）：11－16.

严重敏，宁越敏. 我国中心城市不同历史时期发展特点的比较研究 [J]. 城市经济研究，1992（10）：11－15.

杨卫萍，魏琛，陆天友. 贵州省农村农药使用情况调查及水源地污染现状研究 [J]. 环境监测管理与技术，2015（5）：34－37.

宜居城市课题组专家团队. 人民城市网 [EB/OL]. http：//yjcs.city188.net/zjtdlist.asp.

宜居城市研究室. 宜居城市网 [EB/OL]. http：//www.elivecity.cn.

易志斌，马晓明. 论流域跨界水污染的府际合作治理机制 [J]. 社会科学，2009，（3）：20－25.

于法稳，侯效敏，郝信波. 新时代农村人居环境整治的现状与对策 [J]. 郑州大学学报（哲学社会科学版），2018，51（3）：64－68.

于洪俊，宁越敏. 城市地理概论 [M]. 合肥：安徽科学技术出版社，1983.

郁沁军，于香梅. 河北省城市环境——经济协调度评价 [J]. 统计与决策，2006（7）：109－110.

诗意地栖居：多空间尺度的人居环境评价研究

张锋，胡浩. 中国化肥投入的污染效应及其区域差异分析 [J]. 湖南农业大学学报（社会科学版），2011（6）：33－38.

张复明，郭文炯. 城市职能体系的若干理论思考 [J]. 经济地理，1999，19（3）：19－23.

张弘鸥，叶玉瑶，罗家云等，珠江三角洲城市群城市流强度研究 [J]. 地域研究与开发，2004，23（6）：53－56.

张金桥，王健. 我国公共体育设施供给实践的内在逻辑 [J]. 北京体育大学学报，2013，36（8）：6－11.

张乐，李陈. 长三角中心城市城市化水平区域差异及其变动 [J]. 生态经济，2016（12）：77－82.

张培刚，许炎，胡苏等. 居民需求导向的公共体育设施选择与空间布局 [J]. 规划师，2017，33（4）：132－137.

张三峰. 我国生产者服务业城市集聚度测算及其特征研究——基于 21 个城市的分析 [J]. 产业经济研究，2010（3）：31－37.

张旺，周跃云，赵先超. 泛长株潭城市群各市区人居环境的评价与优化 [J]. 湖南工业大学学报，2011，25（6）：86－92.

张文忠，尹卫红，张锦秋等. 中国宜居城市研究报告（北京）[M]. 北京：社会科学文献出版社，2006.

张文忠. 宜居城市的内涵及评价指标体系探讨 [J]. 城市规划学刊，2007（3）：30－34.

张学研. 建设美丽中国背景下公共体育设施建设布局与优化的研究——基于佛山的实证研究 [J]. 浙江体育科学，2014，36（6）：48－53.

张岩. 我国公共体育设施供需矛盾与解决路径 [J]. 冰雪运动，2015，37（1）：53－56.

张宇，曹卫东，梁双波等. 长江经济带城镇化协同演化时空格局研究 [J]. 长江流域资源与环境，2016，25（5）：715－723.

张宇，贺晓燕，徐传明. 成都市公共体育设施的供求现状及优化措施研究 [J]. 四川体育科学，2015，（1）：113－128.

张玉萍，瓦哈甫·哈力克，党建华，等. 吐鲁番旅游—经济—生态环境耦合协调发展分析 [J]. 人文地理，2014，（4）：140－145.

张郁，张峥，苏明涛. 基于化肥污染的黑龙江垦区粮食生产灰水足迹研究 [J]. 干旱区资源与环境，2013（7）：28－32.

赵万民，汪洋. 山地人居环境信息图谱的理论建构与学术意义［J］. 城市规划，2014, 38（4）：9-16.

赵霞. 农村人居环境：现状、问题及对策——以京冀农村地区为例［J］. 河北学刊，2016, 36（1）：121-125.

赵修涵. 权利冲突视域下公共体育设施使用冲突与解决［J］. 体育科学，2018, 38（1）：27-33.

赵雪雁，王伟军，万文玉. 中国居民健康水平的区域差异：2003—2013［J］. 地理学报，2017, 72（4）：685-698.

赵宇鸾，林爱文，骆建礼，基于城市流强度的广西环北部湾城市群发展研究［J］. 山西师范大学学报（自然科学版），2008, 22（3）：89-93.

甄峰，郑俊，罗绍荣. 城市宜居性评价及规划建设途径——以广东清远为例［J］. 城市问题，2009（10）：29-34.

郑文升，王晓芳，李诚固. 1997 年以来中国副省级城市区域城市化综合发展水平空间差异［J］. 经济地理，2007, 27（2）：256-259.

中华人民共和国国家发展和改革委员会. 长江三角洲城市群发展规划［EB/OL］. http：//www.sdpc.gov.cn/zcfb/zcfbghwb/201606/t20160603_806390.html，2016-06-01.

中华人民共和国国土资源部. 国家新型城镇化规划（2014—2020 年）［EB/OL］. http：//www.mlr.gov.cn/xwdt/jrxw/201403/t20140317_1307601.htm，2014-03-17.

中华人民共和国环境保护部. 环境保护部发布 2015 年全国城市空气质量状况［EB/OL］. http：//www.zhb.gov.cn/gkml/hbb/qt/201602/t20160204_329886.htm. 检索日期：2016-02-10.

中华人民共和国环境保护部. 长三角地区空气污染防治协作机制运作一年联手治霾效果不凡［EB/OL］. http：//www.zhb.gov.cn/zhxx/hjyw/201412/t20141218_293141.htm. 检索日期：2015-05-10.

中华人民共和国中央人民政府. 中华人民共和国中央人民政府网［EB/OL］. http：//www.gov.cn/zwgk/2008-09/16/content_1096217.htm.

中华人民共和国住房和城乡建设部. 第三次联合国住房和城市可持续发展大会（"人居三"）中国国家报告（中文版）［EB/OL］ http：//www.mohurd.gov.cn/zxydt/201507/t20150702_222763.html. 2016-10-21.

周民良. 经济重心、区域差距与协调发展［J］. 中国社会科学，2000（2）：

42 - 53.

周民良. 论我国的区域差异与区域政策 [J]. 管理世界, 1997 (1): 173 - 184.

周一星. 城市地理求索——周一星自选集 [M]. 北京: 商务印书馆, 2010: 104 - 116.

周一星. 城市地理学 [M]. 北京: 商务印书馆, 1995.

朱传耿, 陈潇潇, 顾朝林等. 淮海经济区人口城市化区划研究 [J]. 人口学刊 2008 (2): 26 - 31.

朱宏. 基于低碳出行理念的城市社区公共体育设施规划研究 [J]. 成都体育学院学报, 2013, 39 (3): 26 - 32.

朱华友, 蒋自然, 基于城市流的浙中城市群内在功能联系及其政策响应 [J]. 城市发展研究, 2008 年, 15 (1): 16 - 20.

朱英明, 于念文, 沪宁杭城市密集区城市流研究 [J]. 城市规划汇刊, 2002 (1): 31 - 44.

宗琮. 遵循经济规律自下而上地发展城市化的探究 [J]. 经济研究导刊, 2011, (1): 154 - 155.

后　记

　　人居环境科学是一门以人类聚居（包括乡村、集镇、城市等）为研究对象，着重探讨人与环境之间的相关关系的科学。1990 年代初期，吴良镛先生率先引入希腊学者道萨迪亚斯（C. A. Doxiadis）的人类聚居学说，他结合中国国情，创立了人居环境科学。虽然建筑学、地景学、城市规划学、地理学等诸多学科对人居环境进行了大量的探索与实践，但由于笔者水平有限，且主要受地理学专业训练，要完成一部系统集成、体系完整的专著，是一件十分困难的事情。本书暂以文集的形式出版，待研究深入后，对此再进行补充。

　　本书是作者及其合作者 10 多年来在人居环境领域的初步研究成果。本书重点利用地理学的时空分异与区域差异方法评价城乡人居环境，一定程度上揭示了城乡人居环境地理时空分异特征和发展规律，对城乡人居环境的探索具有一定的学术价值和实践价值。同时，注意到城乡人居环境指标体系的构建与评价会随着社会发展和主要矛盾的变化而不同，部分指标选择有一定价值，但在不同发展阶段仍需改进。这就要求作者关注社会动向和学界探索，分析社会发展主要矛盾的变化，把握本质，透视规律，将评价研究运用到人居环境不同维度中来。

　　书稿在指标选择、研究内容、逻辑框架等诸多方面仍需要进一

诗意地栖居：多空间尺度的人居环境评价研究

步改进。人居软环境指标的选择，需要结合实际，发放问卷，展开调研，有机结合人居软硬环境，为可持续的人居环境建设提供依据。考虑时效性等因素，文中的一些观点不一定正确，部分论述也欠全面，运用的研究方法比较简单，希望日后能够有所改进。敬请前辈和同行们谅解指正！

本书的出版得到多位老师、同仁、朋友的帮助。感谢本书的合作者授权章节部分研究内容给予出版，他们是欧向军、叶磊、张乐、黄翌、刘洋、汤庆园、黄晓丹、沈世勇、孟兆敏、戴磊、林书伟、卢美霖等合作者。本书的完成得益于上海工程技术大学管理学院良好的学术氛围，得益于公共管理系科研团队的帮助，得到张健明、程玉莲、张强、沈勤、沈世勇、孙莉莉、吴磊、邱梦华、许敏、李晗、刘珊、曲大维、孟兆敏、孟卫军、刘丽婷、田园宏、李洁、伍嘉冀、王海迪、赵凤、周淑芬等多位老师的鼓励和支持，在此表示由衷敬意和感谢！书稿的写作离不开妻子杨柳女士的默默支持，她为家辛勤操劳、默默付出，在此表示十分感谢！

李　陈

2020 年 12 月于上海

图书在版编目（CIP）数据

诗意地栖居：多空间尺度的人居环境评价研究／李
陈等著. —上海：上海书店出版社，2021.8
ISBN 978-7-5458-2063-8

Ⅰ.①诗… Ⅱ.①李… Ⅲ.①居住环境—研究 Ⅳ.
①X21

中国版本图书馆 CIP 数据核字（2021）第 129051 号

责任编辑 顾　佳
封面设计 汪　昊

诗意地栖居：多空间尺度的人居环境评价研究
李　陈 等 著

出　　版　上海书店出版社
　　　　　（200001　上海福建中路 193 号）
发　　行　上海人民出版社发行中心
印　　刷　上海世纪嘉晋数字信息技术有限公司
开　　本　890×1240　1/32
印　　张　10.625
字　　数　200,000
版　　次　2021 年 8 月第 1 版
印　　次　2021 年 8 月第 1 次印刷
ISBN 978-7-5458-2063-8/X.2
定　　价　68.00 元